과학잡학사전 통조림

동물편

출판은 사람과 나무 사이에서 이루어지는 가치 있는 일입니다.
도서출판 사람과나무사이는 의미 있고 울림 있는 책으로
독자의 삶을 좀 더 풍요롭게 만들기 위해 최선을 다하겠습니다.

SCIENCE 365
지식을 쌓으려면
통째로, 조목조목!
과학 잡학사전 통조림
동물편
사마키 다케오 외 지음 | 서수지 옮김
SPACE SCIENCE

사람과
나무사이

이 책을 읽는 독자들에게

과학자들은 이 지구상에 수천만 종의 동물이 살고 있다고 추정한다. 먼 옛날에는 존재했으나 지금은 멸종한 동물들도 있다. 이러한 동물들의 생활, 모습, 신기한 행동 양식에 대해 알아보자!

사자, 제비, 거북, 개구리, 송사리, 장수풍뎅이, 달팽이, 지렁이 모두 동물이다. 동물은 먹이를 먹고 생활한다. 동물은 '움직이는 생물'이다. 식물처럼 스스로 영양분을 만들지 않기에 식물이나 다른 동물을 잡아먹어야 한다. 한곳에 계속 머물며 생활하는 동물도 있는데, 이런 동물에게는 먹이가 알아서 찾아온다.

동물은 먹이를 찾으면서도 자신이 잡아먹히지 않도록 지키는 방법을 터득하거나 다른 동물에게 잡아먹히더라도 종은 계속 이어지도록 자손을 자꾸자꾸 늘려나간다. 동물들은 오랜 세월에 걸쳐 진화한 결과, 각각의 생활 양식을 완성했다.

나는 초등학생 시절 학교에서 돌아오면 책가방을 내던지고 산이나 강으로 놀러 나갔다. 개울에서 잡은 물고기나 조개, 산에서 딴 버섯

따위를 들고 와서 어머니께 드리면 반찬으로 만들어져 밥상에 오르기도 했다.

나는 자라서 과학 교사가 되었고, 나중에는 대학교수가 되었다. 초등학생, 중학생, 고등학생, 대학생에게 과학을 가르치고, 과학을 좋아하는 어른을 위한 잡지 《이과 탐험(RikaTan)》에서 과학을 쉽고 즐겁게 전파하고자 편집위원 여러분과 함께 책을 집필하기도 했다.

편집위원들은 때로 자연 속에서 재미난 소재를 찾아내는 모임을 열기도 하고, 동물학자 이마이즈미 다다아키(今泉忠明) 씨와 교류하며 동물을 관찰하는 모임을 갖기도 했다.

이처럼 동물에 관심 있는 사람들이 모여 여러분에게 동물에 관한 호기심이 솟아나는 책을 만들고자 노력했다.

필자들을 대표하여
사마키 다케오

· 차례 ·

생활 양식 | 동물이란?

먼 옛날 동물 | 동물의 역사

친숙한 동물 | 반려동물

생활 양식 | 동물의 분류

포유류 | 포유류의 손과 발

조류 | 새의 몸 구조

먼 옛날 동물 | 캄브리아 몬스터

생활 양식 | 동물의 성

별난 동물 | 알고 보면 위험한 외래 생물

무척추동물 | 곤충의 몸

생활 양식 | 동물의 가족

바다 동물 | 물고기의 특징

먼 옛날 동물 | 고생대의 동물

생활 양식 | 먹이

친숙한 동물 | 반려동물로 삼을 수 있는 동물

포유류 | 늑대나 곰

생활 양식 | 동물의 성장

조류 | 새의 습관

별난 동물 | 해외에서 들여온 동물

먼 옛날 동물 | 바다에서 상륙한 동물

생활 양식 | 크거나 작은 동물

먼 옛날 동물 | 공룡의 모습과 형태

친숙한 동물 | 유대류와 단공류

먼 옛날 동물 | 다양한 공룡

별난 동물 | 멸종 & 멸종위기종

무척추동물 | 계절 곤충

바다 동물 | 물고기의 몸

친숙한 동물 | 개

포유류 | 포유류의 식생활과 운동

조류 | 새의 습성

먼 옛날 동물 | 공룡 시대

별난 동물 | 뱀과 도마뱀의 생태

무척추동물 | 친숙한 벌레

바다 동물 | 재미난 물고기 & 무서운 물고기

친숙한 동물 | 고양이

포유류 | 생태와 특징

먼 옛날 동물 | 사람의 탄생

별난 동물 | 거북

포유류 | 작은 포유류

먼 옛날 동물 | 살아 있는 화석

별난 동물 | 양서류

무척추동물 | 바다 생물

바다 동물 | 바다의 포유류

이 책 사용법

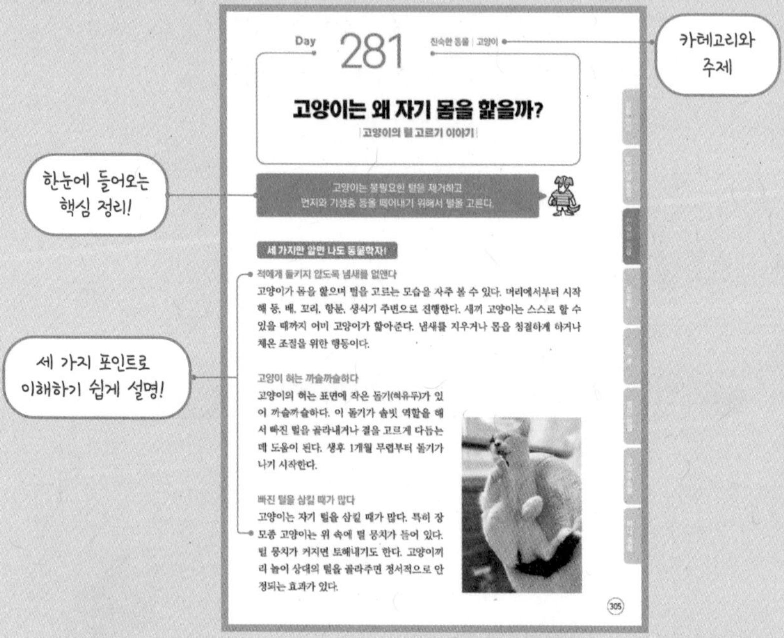

Day 281 친숙한 동물 | 고양이

고양이는 왜 자기 몸을 핥을까?

고양이의 털 고르기 이야기

고양이는 불필요한 털을 제거하고 먼지와 기생충 등을 떼어내기 위해서 털을 고른다.

세 가지만 알면 나도 동물학자!

적에게 들키지 않도록 냄새를 없앤다

고양이가 몸을 핥으며 털을 고르는 모습을 자주 볼 수 있다. 머리에서부터 시작해 등, 배, 꼬리, 항문, 생식기 주변으로 진행한다. 새끼 고양이는 스스로 할 수 있을 때까지 어미 고양이가 핥아준다. 냄새를 지우거나 몸을 청결하게 하거나 체온 조절을 위한 행동이다.

고양이 혀는 까슬까슬하다

고양이의 혀는 표면에 작은 돌기(혀유두)가 있어 까슬까슬하다. 이 돌기가 솔빗 역할을 해서 빠진 털을 골라내거나 결을 고르게 다듬는 데 도움이 된다. 생후 1개월 무렵부터 돌기가 나기 시작한다.

빠진 털을 삼킬 때가 많다

고양이는 자기 털을 삼킬 때가 많다. 특히 장모종 고양이는 위 속에 털 뭉치가 들어 있다. 털 뭉치가 커지면 토해내기도 한다. 고양이끼리 놀이 상대의 털을 골라주면 정서적으로 안정되는 효과가 있다.

305

생활 양식

동물과 곤충 등 다양한 생물의 삶을 알아본다!

먼 옛날 동물

공룡과 화석 등 고대 생물들의 비밀을 소개한다!

친숙한 동물

개와 고양이 등 친숙한 동물에 대해 자세히 설명한다!

포유류

사람과 원숭이 등 다양한 포유류의 비밀을 파헤친다!

조류

새의 몸 구조와 먹이에 관한 궁금증을 밝혀낸다!

별난 동물

파충류와 양서류 등의 신기한 비밀을 살펴본다!

무척추동물

곤충의 몸 구조 등에 얽힌 비밀을 풀어본다!

바다 동물

물고기와 말미잘 등 바다 동물에 관한 불가사의를 알아본다!

Day 001

생활 양식 | 동물이란?

다른 생물을 먹어 영양분을 섭취하는 생물이 동물이라고?

|동물이라는 생물 이야기|

동물은 돌아다니면서 먹이를 구하는 생물이다.

세 가지만 알면 나도 동물학자!

동물은 움직일 수 있다

동물이 자유롭게 움직일 수 있는 것은 몸에 근육이 있기 때문이다. 근육은 액틴(actin)과 마이오신(myosin)이라는 단백질로 이루어져 있는데, 많은 동물이 공유하는 특징이다.

동물은 먹이로 영양을 섭취한다

동물은 먹이를 먹지 않으면 살아갈 수 없다. 다른 생물을 먹어 영양분을 섭취해야 한다. 동물의 몸에는 먹이를 먹기 위한 기관과 소화를 위한 기관이 있다.

몸 구조가 복잡하다

동물은 먹이를 소화하는 기관 외에 호흡을 하거나 몸을 움직이는 기관도 갖추고 있다. 또한 많은 동물이 수컷과 암컷으로 성별이 구분되어 있다. 이런 동물의 복잡한 몸 구조는 반복해서 만들어지는 식물의 단순한 구조와 큰 차이가 있다.

Day 002

물속 바위에 붙어 사는 산호가 왜 동물일까?

|산호 이야기|

산호는 촉수를 움직여 먹이를 잡기 때문에 동물이라고 할 수 있다.

세 가지만 알면 나도 동물학자!

산호는 해파리, 말미잘과 같은 자포동물문

산호는 폴립(polyp)이라는 작은 몸이 모여 이루어진 생물이다. 촉수가 있고, 독침(자포)을 내보내는 세포를 가지고 있어 자포동물(刺胞動物)이라고 한다. 독침을 이용해 먹이를 마비시킨 뒤 잡아먹는다. 산호의 몸에는 입과 위(胃)도 있다.

산호는 조류와 공생

얕은 바다에 서식하는 산호는 황록공생조류라는 조류(藻類)에서 영양분을 받고, 조류는 산호에서 영양분을 받으며 함께 살아간다. 조류와 공생하는 산호는 산호초를 형성한다. 그러나 산호의 천적인 악마불가사리에게 잡아먹혀 골격만 남아 있는 경우도 있다.

나뭇가지처럼 보이는 부분은 골격

산호는 여러 갈래로 나뉘어 있어 나뭇가지처럼 보인다. 나뭇가지 모양 부분은 산호가 내보내는 물질(탄산칼슘)로 이루어진 골격이다. 선명한 빨간색과 분홍색을 띤 산호는 깊은 바다에 서식하는 종류로, 골격이 천천히 성장한다.

동물을 어떻게 분류할까?

|동물의 분류 이야기|

동물은 몸이 만들어진 차이를 분석해서 분류한다.

세 가지만 알면 나도 동물학자!

몸 구성의 차이로 구분

동물은 몸이 어떻게 만들어졌느냐에 따라 세세하게 분류할 수 있다. 예를 들어 골격이 없다거나, 몸이 껍데기로 뒤덮여 있다거나, 부드러운 근육으로만 이루어져 있다거나 하는 식으로 같은 특징을 지닌 생물끼리 모아서 분류한다.

분류해서 이루어진 그룹을 '문(門)'이라고 한다

같은 특징을 지닌 동물끼리 나누어 묶은 그룹 이름 뒤에 '문(門)'을 붙여서 부른다. 가령 사람은 척추동물문, 오징어와 문어는 연체동물문, 곤충과 새우, 게는 절지동물문 등으로 이름을 붙인다. 영어에서는 '문'을 동물은 'phylum', 식물은 'division'으로 구분한다.

알려진 문의 수는 34개

척추동물문, 연체동물문, 절지동물문 외에도 문의 종류는 해면동물문, 자포동물문, 편형동물문 등 34가지나 된다. 처음에는 5가지였는데, 다양한 동물이 연구되면서 점점 늘어났다. 연구가 계속 진행되면 더 많아질 수도 있다.

【생물의 분류 단계】

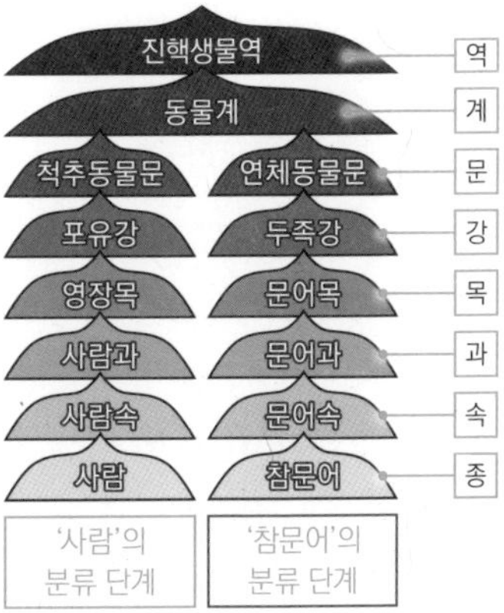

동물은 왜 척추동물과 무척추동물로 나뉠까?

| 척추뼈 이야기 |

동물은 척추뼈가 있느냐 없느냐에 따라 몸 구조가 완전히 다르다.

세 가지만 알면 나도 동물학자!

척추뼈가 있으면 '척추동물'

척추뼈가 있는 동물을 '척추동물'이라고 한다. 개, 고양이, 새, 개구리, 뱀 등 다양한 동물이 척추동물에 해당한다. 사람도 척추동물이다. 예전에는 '척추'를 등뼈라고 불렀다. 척추뼈 안에는 신경 다발(척수)이 지나간다.

척추뼈가 없으면 '무척추동물'

척추가 없는 동물을 '무척추동물'이라고 한다. 무척추동물에는 곤충, 게와 새우 등의 절지동물, 오징어와 문어 등의 연체동물 등이 포함된다.

척추동물은 몸과 뇌가 커질 수 있다

동물의 척추뼈는 몸을 잘 지탱하기 위해 작은 뼈들로 연결되어 있다. 척추뼈와 척추뼈에 이어진 뼈가 있으면 근육이 함께 작용해 힘이 훨씬 강해진다. 또한 무거운 몸을 지탱할 수 있어 대형 동물이 될 수 있다. 몸집이 커지면 뇌도 커지고 지능이 발달해 생존하는 데 유리하다.

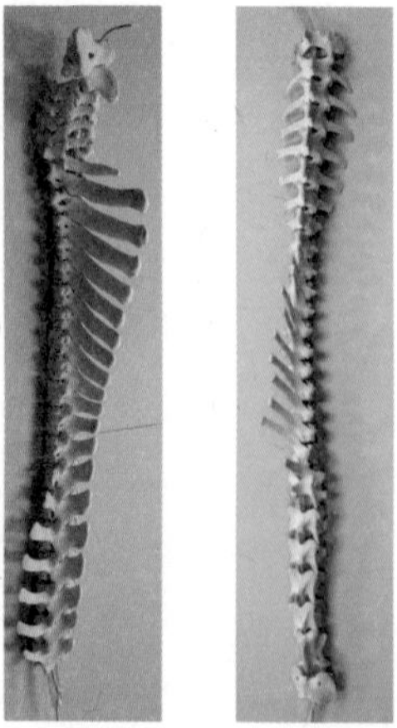

물에 사는 동물은 껍데기 없는 알을 낳고, 뭍에 사는 동물은 껍데기 있는 알을 낳는 이유는?

| 동물의 탄생 방식 이야기 |

동물은 탄생 방식에 따라 '난생(卵生)'과 '태생(胎生)'으로 나뉜다.

세 가지만 알면 나도 동물학자!

알에서 태어나는 동물

척추동물 중 어류, 양서류, 파충류, 조류와 절지동물, 연체동물 등 많은 동물이 알에서 태어난다. 대부분 동물이 알을 낳는다. 물속에서 사는 동물은 껍데기가 없는 알을 낳고 육상에서 사는 동물은 껍데기가 있는 알을 낳는다.

새끼로 태어나는 동물

척추동물 중에서 포유류는 알이 아니라 새끼를 낳는다. 대다수 포유류 새끼는 어미의 몸 안에서 어느 정도 자란 뒤에 태어난다. 새끼가 자라는 자궁 안에는 태반이 있고 탯줄로 어미와 새끼가 이어져 있어 어미를 통해 영양분을 공급받는다. 그런데 포유류 중에 오리너구리처럼 알에서 태어나는 동물도 있다(Day 024 참고).

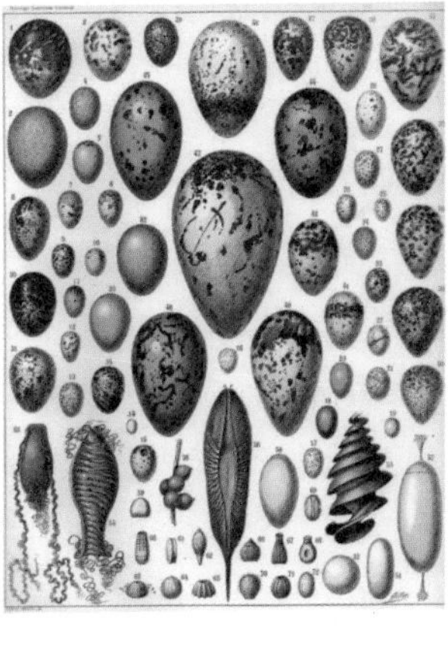

구피는 '난태생 동물'

열대어인 구피 종류와 해마·개구리·뱀·상어는 알이 어미 배 안으로 돌아가서 새끼가 태어난다. 이런 생물을 난태생(卵胎生)이라고 한다.

체온이 큰 폭으로 변하는 짧은코가시두더지가 포유류라고?

|동물의 체온 조절 이야기|

체온이 항상 거의 일정한 동물이 있는가 하면
외부 온도에 따라 체온이 달라지는 동물도 있다.

세 가지만 알면 나도 동물학자!

체온이 거의 일정한 '항온동물'

사람이나 고양이 같은 포유류와 참새, 비둘기 같은 조류 대부분은 몸 바깥의 온도가 변해도 체온이 거의 일정하다. 이런 동물은 추울 때는 몸속에서 열을 만들어 몸을 데우고, 더울 때는 땀을 흘리는 방식으로 체온을 조절한다. 항온동물은 체온을 유지하기 위해 먹이를 잔뜩 먹지 않으면 생존할 수 없다.

체온이 변하는 '변온동물'

잉어 등의 어류, 개구리 등의 양서류, 도마뱀 등의 파충류는 대체로 체온이 외부 기온과 함께 변한다. 그래서 겨울에는 추워서 움직임이 둔해지거나 꼼짝하지 않는다.

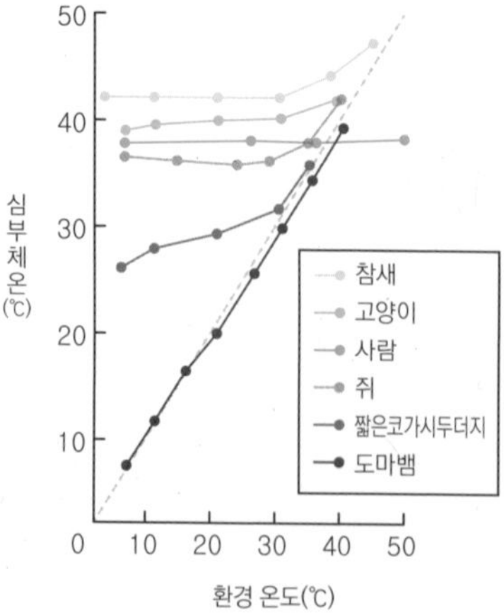

다양한 체온 조절

최근 동물의 체온 조절 방식 연구가 진행되면서 분류군에 따라 단순히 항온 또는 변온이라고 구분할 수 없다는 사실이 밝혀졌다. 예를 들어, 짧은코가시두더지는 포유류이지만 외부 기온에 따라 체온이 큰 폭으로 오르락내리락한다.

동물은 어떤 방식으로 호흡할까?

|동물의 호흡 이야기|

동물은 아가미와 폐 등을 통해 산소를 받아들이는 구조를 갖추고 있다.

세 가지만 알면 나도 동물학자!

폐로 호흡하는 동물

육상에서 생활하는 포유류, 조류, 파충류 등의 동물은 폐로 호흡한다. 폐로 공기를 받아들여 폐 안에서 산소를 혈액 속으로 흡수한다. 흡수된 산소는 혈액을 타고 온몸으로 운반되어 온몸의 세포가 사용한다.

아가미로 호흡하는 동물

물속에서 생활하는 어류와 양서류의 새끼, 연체동물 등은 촘촘한 구조의 아가미를 지니고 있다. 빗과 같은 구조로 생긴 아가미 안에는 혈관이 지나고, 아가미를 통해 물속에 있는 미량의 산소를 흡수한다.

【아가미 구조 평면도】

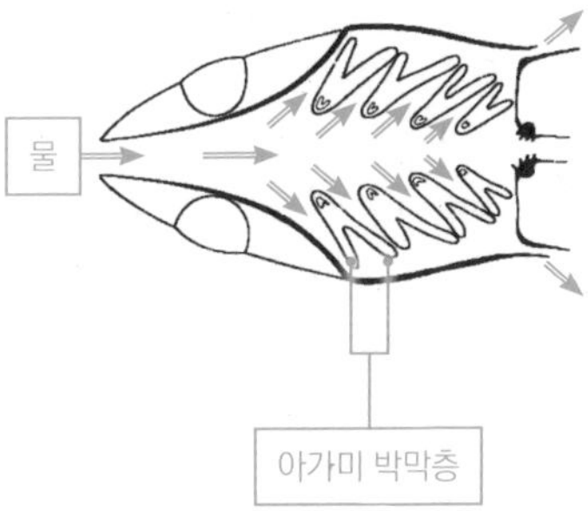

그 밖의 호흡 방식

창자, 피부, 부레를 이용해 호흡하는 생물도 있다. 미꾸라지는 아가미로 호흡하지만 창자 호흡도 한다. 가끔 수면에 입을 대고 뻐끔뻐끔한 뒤 꽁무니로 이산화탄소 거품을 내보낸다. 곤충은 기문(氣門)으로 공기를 받아들여 가느다란 관(기관)을 통해 온몸으로 보낸다.

생활 양식
먼 옛날 동물
친숙한 동물
포유류
조류
별난 동물
무척추동물
바다 동물

생물의 역사는 어디까지 거슬러 올라갈까?

|가장 오래된 화석 이야기|

> 최초의 생물은 약 40억 년 전에 등장했다고 추정된다.

세 가지만 알면 나도 동물학자!

최초의 생물이 등장했을 때 지구의 환경

당시 지구는 심각한 화산 활동이 자주 일어나고 우주에서 운석이 우수수 떨어졌다. 또 태양에서 강렬한 방사선과 자외선이 지표에 쏟아졌다. 따라서 최초의 생물은 이런 가혹한 환경에 노출되지 않는 바닷속에서 탄생했다고 여겨진다.

38억 년 전 생물의 흔적

그린란드의 이수아 지역에서 38억 년 전 바닷속에서 만들어진 암석이 발견되었다. 과학자들은 이 암석에서 생물의 흔적을 보여주는 화학적 증거를 찾아냈다. 최초의 생물은 생물의 흔적보다 더 오래전인 약 40억 년 전에 탄생했다고 추정된다. 38억 년 전의 탄소는 지금 생물체를 구성하는 탄소와 특징이 같았다.

약 35억 년 전 가장 오래된 생물 화석

오스트레일리아 서부에서 발견된, 현미경으로밖에 보이지 않는 남세균(Cyanobacteria)으로 추정되는 미화석(微化石)이 현재 가장 오래된 생물의 화석으로 인정받는다.

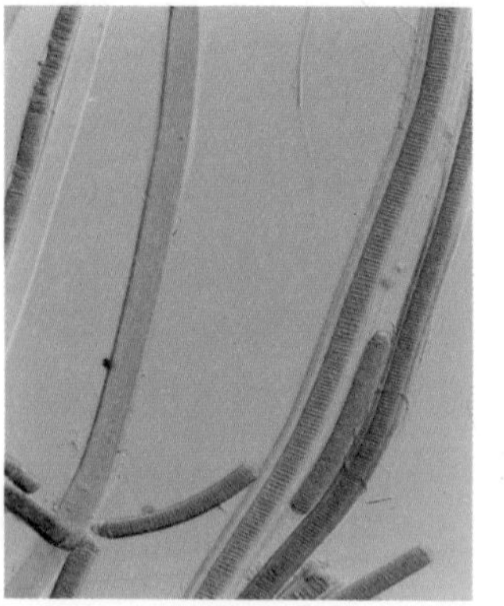

남세균 또는 남조류라고도 하는 시아노박테리아

Day 009 먼 옛날 동물 | 동물의 역사

화석이 만들어질 수 있는 가장 중요한 조건은?

|화석의 형성 이야기|

화석은 지구상에 살던 옛 생물의
유해나 흔적이 현재까지 남아 있는 것이다.

세 가지만 알면 나도 동물학자!

화석이 될 수 있는 생물은 극소수

화석이 될 수 있는 가장 중요한 조건은 생물의 몸이 동물에게 먹히지 않고 썩지 않아야 한다. 동물에게 먹히지 않더라도 곰팡이나 세균에 분해되어 부패하면 화석이 될 수 없다.

생물체가 그대로 남지는 않는다

유해에 토사가 쌓이고 오랜 세월이 지나면 토사와 유해가 점차 암석으로 변한다. 그러나 몸을 구성하는 모든 부분이 남지는 않는다. 분해되기 쉬운 부분은 사라지고 일부만 광물로 변화해 화석으로 남는다.

발자국·둥지·분변 등도 화석이 될 수 있다

발자국이나 생물이 판 구멍, 둥지 등 태곳적에 생물이 남긴 흔적은 모두 화석이 된다. 시베리아 지방에서 털매머드가 물어뜯은 얼어붙은 고깃덩어리(약 1만 년 전)가 발견되었는데, 물어뜯은 흔적에 잇몸 조각까지 고스란히 남아 이 이빨자국도 화석이라고 할 수 있다.

Day 010

먼 옛날 동물 | 동물의 역사

지질 연대를 알아낼 수 있는 특별한 화석이 있다는데?

|지질 연대 이야기|

지층이 켜켜이 쌓여 연대 추정이 가능한 화석을
'표준 화석'이라고 한다.

세 가지만 알면 나도 동물학자!

연대 추정이 가능한 표준 화석

생물 중에는 과거 특정 시대에 넓은 범위에서 대량 서식하며 짧은 시간에 번성하고 멸종한 개체가 있다. 예를 들면 삼엽충, 유공충, 암모나이트 등이다. 이런 생물의 화석은 지층이 형성된 시대를 결정하는 데 필요한 기준이 된다고 해서 '표준 화석'이라고 부른다. 표준 화석은 지층이 형성된 시대의 환경과 기후를 알 수 있는 실마리가 된다.

지층이 생긴 연대 구분 '지질 연대'

지층의 연대는 그 시대에 번성한 생물을 기준으로 삼아 선캄브리아대, 고생대, 중생대, 신생대로 구분된다. 그리고 각각의 시대는 필요에 따라 기(紀)·세(世)→기(期)로 세분된다.

유공충을 포함한 이암(mudstone, 泥岩)

방사성 연대 측정

원자 중에는 처음부터 불안정해 스스로 방사선을 내뿜으며 다른 원자가 되는 방사성을 지닌 물질이 있다. 이런 원자들은 일정한 시간 비율에 따라 붕괴해, 원래 원자와 붕괴한 원자의 양을 계산하면 연대를 알 수 있다.

페름기 말에 생물 역사상 가장 큰 대량 멸종이 발생했다?

|다세포 생물의 탄생 이야기|

선캄브리아기는 거의 단세포 생물의 전성기였고,
이 시대 말기부터 다세포 생물이 등장했다.

세 가지만 알면 나도 동물학자!

선캄브리아기는 길고 단세포 생물만 살았다

약 38억~40억 년 전 지구에 생물이 등장한 뒤 현미경으로 봐야만 확인할 수 있는 작은 단세포 생물이 진화했다. 선캄브리아 후기인 에디아카라기(약 5억 4,000만~6억 4,000만 년 전)에 눈으로 볼 수 있는 크기의 다세포 생물이 대거 등장했다.

고생대 캄브리아기와 오르도비스기

캄브리아기에 생물의 종류가 급속하게 증가한 지질학적 사건을 '캄브리아기 대폭발'이라고 한다. 그 후 어류가 나타났다. 오르도비스기에 앵무조개 등 다양한 동물이 등장했으나 오르도비스 말기에 대멸종이 일어났다.

고생대 실루리아기~페름기

실루리아기에 어류의 수가 늘어났다. 데본기에 곤충이 등장했고, 말기에는 일부 어류가 육지로 올라왔다. 석탄기부터 페름기에 걸쳐 양서류가 번성했고, 페름기에는 파충류가 번성했다. 그리고 페름기 말에 생물사에서 가장 큰 대량 멸종이 발생했다.

지질 시대		연대(년 전)	동물
선캄브리아기			
		5.4억	
고생대	캄브리아기		무척추동물 시대
		4.9억	
	오르도비스기		
		4.4억	
	실루리아기		어류 시대
		4.2억	
	데본기		
		3.6억	
	석탄기		양서류 시대
		3.0억	
	페름기		
		2.5억	

공룡은 구체적으로 중생대 어느 시기에 대형화했을까?

|중생대 이야기|

공룡과 암모나이트의 전성시대인 중생대에
대형 곤충인 어룡과 하늘을 나는 익룡이 번성했다.

세 가지만 알면 나도 동물학자!

중생대 트라이아스기에 공룡과 포유류 출현

지상에서는 파충류 종족의 일원인 크루로타르시(Crurotarsi)류, 그중에서도 사우로수쿠스(Saurosuchus)가 최강의 포식자였다. 훗날 멸종기에도 살아남은 포유류 공통의 조상으로 알려진 단궁류(単弓類, Synapsida)에서부터 공룡과 포유류가 출현했다.

중생대 쥐라기에 조류 출현

쥐라기에 공룡과 포유류가 번성하고 조류도 출현했다. 쥐라기 말기에는 깃털 달린 공룡이 등장하고 최초의 조류가 탄생했다. 당시 번성한 은행나무 등의 겉씨식물을 먹이로 삼았다. 트라이아스기에는 대형 공룡이 나타났다.

지질 시대		연대(년 전)	동물
		2.5억	
중생대	트라이아스기	2.0억	파충류 시대
	쥐라기	1.4억	
	백악기	6,600만	

백악기 후기에 나타난 최강의 육식공룡

쥐라기부터 이어진 육지의 왕자는 공룡이었다. 백악기가 끝날 무렵에는 그 유명한 티라노사우루스와 트리케라톱스가 활약했다. 이 무렵 포유류는 아직 공룡의 그림자에 조용히 숨어 살았다.

Day 013

인류가 발전한 시기는 신생대 몇 기일까?

| 신생대 이야기 |

신생대에는 육상을 대표하는 포유류와
현재도 볼 수 있는 생물(현생종)이 진화하고 발전했다.

세 가지만 알면 나도 동물학자!

신생대 고제3기에는 포유류 번성

중생대 말 대멸종 이후 고제3기(古第三紀, 고진기) 초기에는 포유류가 소형이었으나 말과 코끼리 등의 포유류 조상 대다수가 차례차례 출현해 대형화되었다.

신생대 신제3기에 인류 출현

신생대 신제3기(新第三紀, 신진기)에는 포유류 초식동물인 코끼리, 말 등이 발전하며 이 동물들을 포식하는 날카로운 송곳니를 가진 대형 동물이 증가했다. 번성한 영장류에서 약 700만 년 전에 인류가 등장했다.

신생대 제4기에 인류 발전

신생대 신제3기에 등장한 생물은 대부분 현생종이다. 몇 차례 찾아온 빙하기와 간빙기 동안 번성한 매머드는 마지막 빙하기에 멸종했다. 인류는 약 20만 년 전 아프리카에 출현한 호모 사피엔스 한 종이 전 세계로 퍼져 나갔다. 가장 오래된 인류 화석은 약 700만 년 전 사헬란트로푸스 차덴시스다.

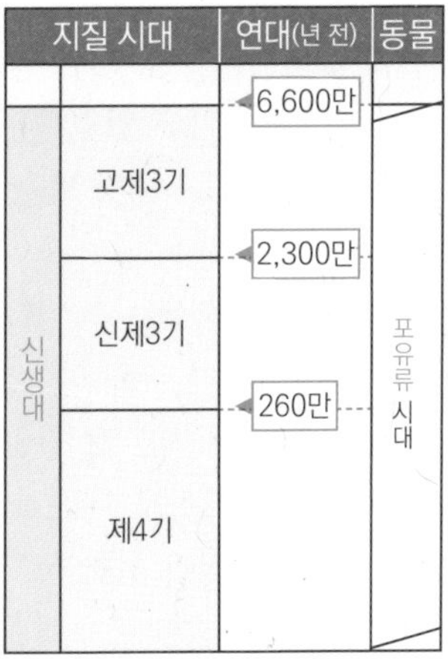

최초의 다세포 동물
에디아카라 생물군의 정체는?

| 에디아카라 생물군 이야기 |

에디아카라 생물군은 약 6억 년 전
연체성(軟體性) 나뭇잎 모양의 생물로, 수수께끼가 많은 화석군이다.

세 가지만 알면 나도 동물학자!

선캄브리아 후기에 살았던 에디아카라 생물군

지구 전체가 꽁꽁 얼어붙은 '얼음별' 시대가 끝난 뒤 바닷속에서는 기묘한 생물들이 살고 있었다. 맨 처음 그 동물 화석이 발견된 호주의 에디아카라 구릉에서 이름을 따와 '에디아카라 생물군(Ediacara biota)'이라는 이름이 붙었다.

생물의 형태가 남아 있는 암석

오랜 단세포 생물 시대에 최초의 다세포 동물인 에디아카라 생물군이 등장했다. 화석은 뼈도 다리도 없는 연체성의 평평한 형태다. 크기는 몇 센티미터에서 10여 센티미터이며, 1미터에 달하는 개체도 있었다. 에디아카라 생물군은 캄브리아기가 되자 모습을 감췄다.

친척 관계를 풀 수 없는 수수께끼가 많다

그 밖에 원형이나 타원형 방석처럼 생긴 디킨소니아(Dickinsonia), 해저에 박힌 나뭇잎 모양의 카르디오디스쿠스(Charniodiscus) 등이 있다. 이 동물들이 현재 동물과 어떤 관계가 있는지 등은 아직 밝혀지지 않았다.

에디아카라기 바닷속에 서식했던
디킨소니아 화석

토끼의 귀는 왜 길까?

|토끼의 귀 이야기|

토끼의 귀는 멀리서 나는 소리를 듣고
몸의 열을 외부로 내보내기 위해서 길다.

세 가지만 알면 나도 동물학자!

천적의 소리를 감지하는 안테나

토끼의 귀는 올빼미 등의 천적이 내는 소리를 감지하는 안테나 역할을 한다. 적이 멀리 있을 때부터 기척을 알아차리면 다가오기 전에 달아날 수 있어 생존전략에 중요한 무기가 된다. 토끼는 3킬로미터 거리의 소리를 감지해서 들을 정도로 청각이 뛰어나다.

몸의 열을 내보내 식히는 냉방기

커다란 귀에는 미세한 혈관이 그물눈처럼 촘촘하게 뻗어 있다. 이 귀를 혈액이 지나가는 동안 몸의 열을 공기로 내보내 식힌다. 토끼는 땀을 흘리지 않기 때문에 귀로 열을 내보내 체온을 조절한다.

귀를 보면 토끼의 기분을 파악할 수 있다?

토끼가 귀를 쫑긋 세우고 움직이는 것은 주위를 경계하며 긴장했다는 증거이거나 더워서 몸을 식히고 있다는 의미다. 반면에, 토끼가 편안할 때나 쉴 때는 귀를 눕혀 축 늘어진 상태가 된다.

하얀색 토끼만 눈이 빨갛다고?

|토끼의 눈 이야기|

하얀색 알비노 토끼는 눈이 빨간 것이 아니라
눈 주위의 빨간색이 비쳐서 빨갛게 보이는 것이다.

세 가지만 알면 나도 동물학자!

하얀색 토끼만 눈이 빨갛다!

토끼는 검은색 토끼, 갈색 토끼, 하얀색 토끼 등이 있다. 그런데 자세히 보면 하얀색 토끼만 눈이 빨갛다. 이런 토끼를 '알비노'라고 한다. 알비노 토끼의 원인은 몸에 색깔을 내는 멜라닌 색소가 생성되지 않기 때문이다. 알비노(albinism, 백색증)는 사람을 포함한 많은 동물에게서 관찰된다.

알비노는 왜 눈이 빨갛게 보일까?

일반적인 토끼의 눈은 사람의 눈처럼 눈동자 가장자리(홍채)가 진한 색을 띠는데, 알비노 토끼는 그 부분에 색깔이 없다. 그래서 눈 주위의 빨간색이 눈 속에 비쳐 빨갛게 보이는 것뿐이다.

【눈의 구조】

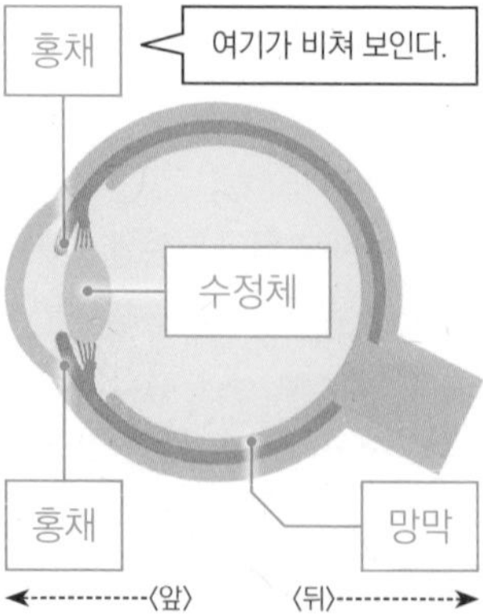

혈관에 흐르는 핏빛 때문에 빨갛게 보인다!

알비노 토끼의 눈에서 빨갛게 보이는 부분은 눈동자 바닥에 있는 망막과 눈동자 뒷부분이다. 이 부위에는 망막을 덮은 혈관이 빽빽하게 퍼져 있다. 다시 말해, 빨갛게 보이는 것은 혈관에 흐르는 핏빛 때문이다.

Day 017 친숙한 동물 | 반려동물

기니피그가 알레르기 검사에 활용된다?

|햄스터와 기니피그 이야기|

햄스터는 '쥐'와 가깝고 기니피그는 '호저(豪豬)'에 가깝다.

세 가지만 알면 나도 동물학자!

튼실한 앞니를 가진 햄스터와 기니피그

'딱딱한 물체를 갉아내기 위한 앞니'를 가진 설치류에는 다람쥐, 쥐, 호저 등이 있다. 설치류의 앞니는 평생 계속 자란다. 하지만 저절로 깎여나가 끝없이 길어지지는 않는다.

햄스터는 어떤 동물일까?

햄스터는 쥐와 비단털쥐의 친척이다. 일반 가정에서 키우는 햄스터는 대부분 골든햄스터라 부르는 시리아햄스터와 정글리안 햄스터라 부르는 중가리아햄스터다. 잡식성이며, 볼주머니 가득 먹이를 물고 있는 모습이 깜찍하다.

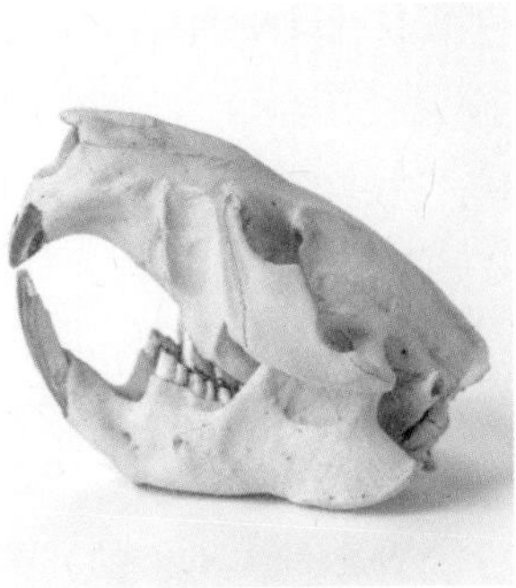

기니피그는 어떤 동물일까?

기니피그는 햄스터보다 약간 크고 꼬리가 없으며 엉덩이가 동글동글하다. 얌전한 성격이라서 실험동물로도 많이 이용된다. 설치류 중에서 사람과 비슷한 성질을 지녀 알레르기 검사에 활용되기도 한다. 앞니 뒤에 있는 틈으로 갉아낸 부스러기를 밖으로 내보낸다.

3,000년 전부터 페럿이 쥐 퇴치 용도로 쓰였다는데?

|페럿 이야기|

페럿은 수달, 스컹크와 함께 족제비과 동물이다.

세 가지만 알면 나도 동물학자!

페럿은 인간과 어떻게 지냈을까?

페럿은 약 3,000년 전부터 쥐를 퇴치하기 위한 용도로 쓰였다. 인간과 인연이 깊은 육식동물이다. 옛날에는 길들인 페럿을 사냥할 때 데려가 토끼 등의 사냥감을 굴에서 몰아내는 데 활용했다. 페럿은 교미할 때 수컷이 암컷의 등을 과격하게 물어뜯는 습성이 있다.

페럿은 냄새가 나지 않을까?

페럿은 스컹크의 친척이라서 항문 주위에 고약한 냄새를 분비하는 냄새샘(stink gland)이 있다. 그러나 반려동물인 페럿은 대체로 분양하기 전 농장에서 냄새샘을 제거하는 수술을 받기 때문에 악취가 나지 않는다.

페럿은 어디서 분양할까?

반려동물로 키우는 페럿을 번식시키고 판매하는 전문 사육장이 있다. 반려동물 전문점에서 팔리는 페럿은 개나 고양이 품종처럼 태어난 농장의 이름이 붙는 경우도 있는데, 농장에 따라 성격과 특징이 달라질 수 있다.

Day 019

고슴도치 등에 난 바늘은 털이 변한 것이라고?

|고슴도치 이야기|

고슴도치는 쥐가 아니라 두더지의 친척이다.

세 가지만 알면 나도 동물학자!

두더지에 가까운 고슴도치

뾰족한 바늘이 나 있는 쥐처럼 생겼지만, 고슴도치는 두더지에 가깝다. 작은 곤충과 지렁이 등을 잡아먹는 육식동물이다. 요즘에는 반려동물로도 인기가 많다. 유럽에서는 '행복의 상징'으로 여겨 사람과 친숙하게 지내며 야외에서도 흔히 볼 수 있다.

고슴도치의 바늘은 털이 변한 것

고슴도치의 등을 빽빽하게 덮고 있는 바늘은 털이 굵어져 딱딱하게 변한 것이다. 손톱과 발톱처럼 케라틴이라는 단백질로 이루어져 있다. 표면은 딱딱하지만 뿌리 부분은 가늘고 부드러워 바늘이 자기 몸을 찌르지는 않는다.

고슴도치도 길들일 수 있다

고슴도치는 외부의 적으로부터 자기 몸을 지키기 위해 바늘을 가지고 있다. 주인을 경계할 때는 바늘을 거꾸로 세워 몸을 동그랗게 말지만, 주인의 손길에 익숙해지면 바늘을 눕혀 다른 반려동물처럼 쓰다듬을 수 있다.

Day 020 친숙한 동물 | 반려동물

유대하늘다람쥐는 캥거루처럼 새끼주머니를 갖고 있다?

|유대하늘다람쥐와 하늘다람쥐 이야기|

흔히 슈가글라이더라 부르는 유대하늘다람쥐는
캥거루의 친척이고, 하늘다람쥐는 다람쥐의 친척이다.

세 가지만 알면 나도 동물학자!

캥거루처럼 새끼주머니가 있는 유대하늘다람쥐

유대하늘다람쥐는 오세아니아와 아시아 등 따뜻한 지역의 나무 위에서 서식한다. 하늘다람쥐를 많이 닮았으며, 날개를 움직이지 않고 나는 작은 동물이다. 이름에 붙은 '유대(有袋)'는 '주머니'라는 뜻이다. 캥거루처럼 암컷의 배에는 새끼를 키우는 주머니가 있다.

100미터 이상 날 수 있는 하늘다람쥐

하늘다람쥐는 전 세계 숲에 서식하는 다람쥐의 친척이다. 평소에는 나무 위에서 살고 이동할 때는 배 옆구리에 붙은 막을 활짝 펼쳐서 난다. 새처럼 날갯짓을 할 수는 없지만, 100미터 이상 날 수도 있다.

서로 닮은 유대하늘다람쥐와 하늘다람쥐

동물은 서로 다른 종류라도 같은 환경에서 서식하면 비슷한 형태로 진화할 때가 많다. 포유류인 돌고래의 조상이 수중생활을 하게 되면서 물고기와 같은 모습으로 변한 것과 같은 이치다.

모든 동물을 반려동물로 길들일 수 있을까?

|반려동물이 될 수 있는 동물 이야기|

야생동물이나 동물원의 동물, 희귀동물을 반려동물로 길들이는 것은 여러 가지 법률로 금지되어 있다.

세 가지만 알면 나도 동물학자!

반려동물 사육을 금지하는 법률들

나라마다 조금씩 다르지만, 일본의 경우 야생동물은 조수보호법, 동물원에서 볼 수 있는 동물 대부분은 동물애호법, 희귀한 동물은 문화재보호법 등 다양한 법률로 사육이 금지되어 있다.

동물을 보호하기 위한 조치 마련

특정한 동물의 사육을 법률로 금지하는 가장 큰 이유는 동물을 보호하기 위해서다. 반려동물로 키우기 위해 포획하면 점점 개체 수가 줄어든다. 서식 환경이 달라지면 동물에게 큰 스트레스를 줄 수 있다. 탈출해서 번식하거나 인간에게 해를 끼칠 위험도 있다.

믿을 수 있는 곳에서 분양받자

반려동물을 분양하는 전문점에서는 인간과 함께 생활할 수 있도록 품종을 개량한 야생동물을 판매한다. 반려동물을 분양받을 때는 평생 책임진다는 각오로 잘 알아보고 신중하게 결정해야 한다.

오징어와 문어의 피가 푸른색인 이유는?

|척추동물의 특징 이야기|

척추동물의 혈액이 붉은색을 띠는 것은 헤모글로빈이라는
색소 때문인데, 오징어와 문어는 헤모글로빈이 없다.

세 가지만 알면 나도 동물학자!

척추동물의 종류

척추동물은 어류(참치 등), 양서류(개구리 등), 파충류(뱀 등), 조류(참새 등), 포유류(사람, 개 등)로 나눌 수 있다. 각각의 종류는 생활 공간에 맞게 몸 구조를 형성했다.

근육이 뼈를 감싸고 있다

척추동물은 척추뼈를 중심으로 여러 개의 뼈가 몸을 지탱하고 근육이 뼈를 감싸고 있어 자유롭게 움직일 수 있다. 혈액 속에 칼슘이 부족하면 뼈에서 보충할 수 있는 구조도 갖추고 있다.

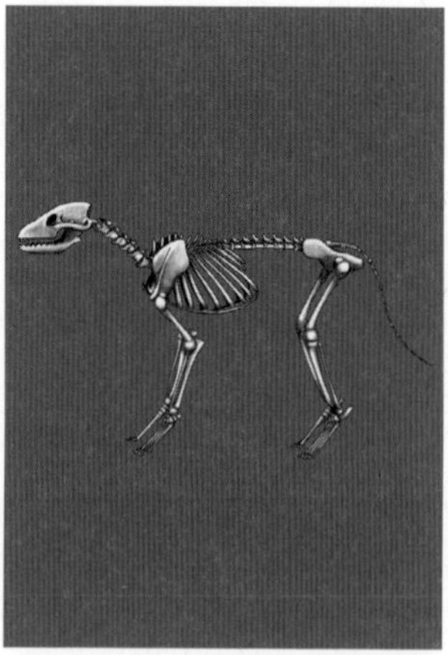

붉은색 혈액은 헤모글로빈 때문

척추동물의 몸에는 붉은 피가 흐른다. 피가 붉은색을 띠는 이유는 산소 운반에 중요한 역할을 하는 '헤모글로빈'의 색소 때문이다. 그런데 오징어와 문어는 혈액 속에 헤모글로빈이 없어서 피가 푸른색이다. 척추 속에는 신경이 지나고, 커다란 뇌로 이어져 있다.

고래는 왜 어류가 아니라 포유류일까?

|고래와 돌고래 이야기|

고래와 돌고래는 물속에 살지만, 폐로 호흡하고
새끼를 낳기 때문에 포유류에 해당한다.

세 가지만 알면 나도 동물학자!

고래와 돌고래가 포유류라는 증거

고래는 사람이 아기를 낳듯 어미가 새끼를 낳아 모유를 먹여 기른다. 새끼 고래는 태어난 뒤 약 1년 동안 어미 곁에서 자란다. 혹등고래를 예로 들면 갓 태어난 새끼는 몸길이가 4~5미터이고 몸무게가 1톤이 넘는다.

고래의 꼬리지느러미는 옆을 향한다

보통 물고기는 꼬리지느러미가 세로 방향인데, 고래는 꼬리지느러미가 옆을 향하고 있어 위아래로 몸을 흔들어 추진력을 얻는다. 고래의 근육에는 미오글로빈이라는 색소가 많아 산소를 저장할 수 있다. 그래서 고래 고기는 검붉은색을 띤다.

고래와 돌고래는 폐로 호흡

물고기는 물속 온도와 체온이 같아지지만, 고래와 돌고래는 어떠한 온도에서도 체온을 약 섭씨 36도로 유지할 수 있다. 또 고래는 머리 위쪽에 코가 있어 공기를 폐로 들이마셔 호흡한다.

Day 024

알을 낳는 포유류가 있다?

| 단공류 이야기 |

오리너구리와 가시두더지는 알을 낳는 포유류다.

세 가지만 알면 나도 동물학자!

오리너구리는 알을 낳고 모유로 새끼를 기른다

호주 동부와 태즈메이니아섬에 사는 오리너구리는 열대우림은 물론 높은 산에서도 서식하며 새우와 게 등을 잡아먹는다. 한 번에 1~3개의 알을 낳는데, 알껍데기가 부드럽다. 새끼는 어미 배에 있는 젖샘의 젖을 빨아 먹고 자란다.

가시두더지도 알로 새끼를 낳는다

뉴기니와 호주 전역, 태즈메이니아섬에 사는 가시두더지는 개미와 흰개미를 먹고 산다. 한 번에 1개의 알만 낳아 육아낭(育兒囊)에서 새끼를 키운다. 젖샘에서 분비되는 젖으로 새끼를 키우는 포유류다.

오리너구리와 가시두더지는 '단공류'

단공류는 대변과 소변, 알이 모두 같은 구멍에서 나온다. 엉덩이에 구멍이 하나밖에 없어 '단공류'라고 한다. 포유류를 제외한 척추동물은 모두 단공류다. 따라서 단공류는 포유류이지만 원시적인 생물로, 오리너구리와 가시두더지가 대표적이다.

Day 025 생활 양식 | 동물의 분류

무척추동물이 전체 동물의 95퍼센트나 된다고?

|무척추동물 이야기|

척추가 없는 동물을 '무척추동물'이라고 하며,
전체 동물의 95퍼센트가 무척추동물이다.

세 가지만 알면 나도 동물학자!

척추동물을 제외한 모든 동물

동물은 크게 34개의 문(門)으로 나눌 수 있다. 척추동물은 그중 하나인 척추동물문에 속한다. 그리고 척추동물을 제외한 나머지 33개 동물을 '무척추동물'이라고 한다.

무척추동물에 해당하는 종류

무척추동물에는 곤충, 새우와 게 등의 절지동물, 오징어와 조개 등의 연체동물, 선충과 회충 등의 선형동물, 해파리와 말미잘 등의 자포동물 등 현재 약 137만 종이 있는 것으로 추정된다.

【동물 종의 비율】

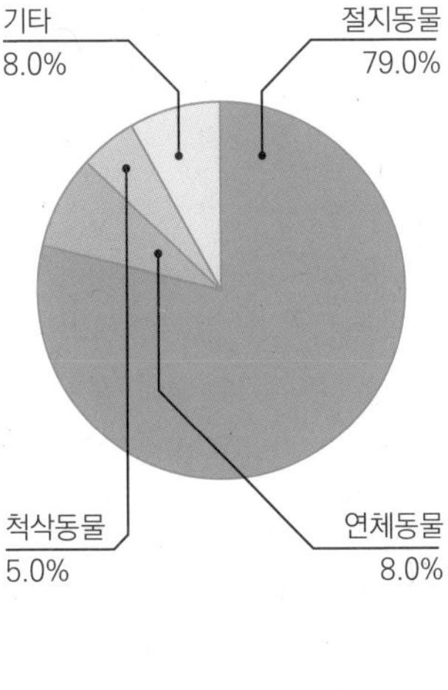

전체 동물의 95퍼센트

전체 생물 종은 약 3,000만 종으로 추정되는데, 현재까지 척추동물은 약 6만 6,000종이 알려져 있다. 그 나머지가 모두 무척추동물이니, 무척추동물의 종류는 엄청나게 많은 셈이다. 아직 존재가 알려지지 않은 무척추동물도 많다.

Day 026

생활 양식 | 동물의 분류

종류가 가장 많은 동물은?

|절지동물 이야기|

동물계에서 종류가 가장 많은 동물은 절지동물이다.

세 가지만 알면 나도 동물학자!

종류가 가장 많은 절지동물

2022년 3월 21일 기준, 밝혀진 동물의 종류는 약 143만 6,000종이다. 그중에서 약 112만 9,000종이 절지동물이다. 절지동물이란 이름 그대로 다리에 마디가 있는 동물로 곤충, 새우, 게가 가장 대표적이다.

절지동물은 외골격을 갖추고 있다

절지동물의 마디가 있는 다리는 단단한 껍데기(외골격)로 이루어져 있고, 그 안에 근육이 있다. 게를 먹을 때 껍데기를 뚝 소리가 나게 꺾으면 나오는 부분이 근육이다. 이 근육이 있어 몸을 움직일 수 있다. 절지동물은 껍데기가 커지면 무거워져 대형화에 불리하다.

연체동물의 다양한 유형

연체동물에는 절지동물과 같은 외골격이 없다. 그 대신 가리비나 꼬막 등이 속하는 이매패류처럼 껍데기를 지닌 종류도 있지만, 껍데기조차 없고 말랑말랑한 근육으로만 자유롭게 움직이는 오징어나 문어 같은 종류도 있다.

Day 027

전체 절지동물 중 곤충의 수가 가장 많은 뜻밖의 이유는?

| 절지동물의 분류 이야기 |

절지동물 중에서 곤충이 가장 많고,
그다음은 거미류, 새우·게류 순이다.

세 가지만 알면 나도 동물학자!

절지동물 중에서 곤충이 가장 많다

곤충류는 지금까지 밝혀진 종류만 95만 1,000종으로 절지동물 중에서 압도적으로 개체 수가 많다. 전체 절지동물의 84퍼센트가 곤충류다. 그리고 거미류, 새우·게류, 노래기강 순이다.

곤충은 식물과 더불어 진화

곤충의 수가 많은 것은 식물과 관련 있다. 식물의 종류 중에는 씨앗이 되는 밑씨가 씨방에 감싸인 포자식물이 가장 많다. 포자식물이 많으면 곤충은 꽃에서 꿀을 얻고, 식물은 곤충을 이용해 꽃가루를 옮길 수 있다.

【절지동물문의 비율】

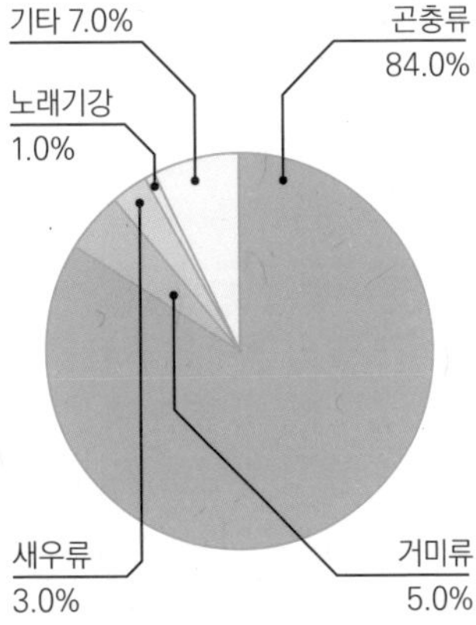

공진화의 원리

곤충과 포자식물은 서로 공존하며 생존에 유리한 성질을 진화시켰다. 이런 방식으로 곤충과 포자식물은 함께 진화해 수를 늘렸다. 이것을 공진화(共進化, coevolution)라고 한다. 참고로, 꽃의 모양과 곤충의 모양이 묘하게 같아지는 사례가 있다.

두족류 중 지능이 가장 높은 동물은?

|조개와 오징어 이야기|

연체동물 중에서 가장 많은 종류는 고둥과 이매패류이고, 그다음은 두족류인 오징어와 문어 종류다.

세 가지만 알면 나도 동물학자!

연체동물 중 조개가 가장 많다

연체동물 중에는 조개가 가장 많다. 고둥류(복족류)가 약 8만 8,000종, 이매패류(부족류)가 약 1만 5,000종으로, 둘을 합치면 연체동물 전체의 89퍼센트나 된다. 따라서 연체동물은 대부분이 조개류라고 할 수 있다.

조개는 껍데기로 몸을 보호

조개류 중에서 소라와 우렁이와 같은 고둥, 바지락이나 모시조개와 같은 이매패류는 껍데기를 가지고 있다. 이 껍데기는 탄산칼슘으로 이루어져 단단하다. 위험한 상황이 닥치면 껍데기 안에 숨어 몸을 보호한다.

오징어와 문어는 두족류

연체동물의 몸은 몸통, 머리, 다리로 나뉘는데 머리에 다리가 나 있는 종류를 두족류(頭足類)라고 한다. 다리 시작 부분에 입이 있고, 물고기 등을 씹어서 으깨는 이빨을 가지고 있다. 무척추동물 중에서 눈이 가장 발달하고 뇌가 상당히 커서 지능이 높은 동물로 여겨진다.

원숭이가 나뭇가지를 잘 잡을 수 있는 비결은?

| 원숭이의 다리 이야기 |

원숭이와 침팬지는 다리를 팔처럼 사용한다.

세 가지만 알면 나도 동물학자!

무지대향성인 원숭이류

침팬지뿐 아니라 원숭이 종류의 다리는 무지대향성(拇指對向性, opposability)이다. 무지대향성이란 팔처럼 엄지발가락과 다른 네 발가락이 서로 맞댈 수 있는 능력을 말한다. 이런 능력 덕분에 원숭이 종류는 엄지와 네 개의 발가락으로 물체를 에워싸듯 잡을 수 있다.

나무 위 생활에 적합한 원숭이류의 몸

나무 위에서 생활하려면 나무 열매와 과일을 잘 따고 적이 나타나면 나무 위로 잽싸게 도망쳐야 한다. 그래서 손이든 발이든 나뭇가지를 잘 잡을 수 있는 구조가 중요하다.

【침팬지의 발】

장시간 걸을 수 있는 사람의 발

사람의 발에는 커다랗고 튼튼한 뒤꿈치와 아치형 발뼈가 있다. 그래서 발에 가해지는 충격을 완화하고, 발로 크게 차는 동작이 가능하며, 긴 시간 걸어도 지치지 않는다. 사람은 평발로 태어나지만 커가면서 발바닥 가운데의 장심이 아치형으로 오목하게 들어간다.

침팬지 등 원숭이류 손의 지문이 '미끄럼 방지 역할'을 한다?

| 원숭이류의 손 이야기 |

원숭이류는 손에 지문이 있어
미끄러지지 않고 물건을 꽉 잡을 수 있다.

세 가지만 알면 나도 동물학자!

나뭇가지를 꽉 잡을 수 있는 원숭이류의 손

주로 나무 위에서 생활하는 원숭이들은 나뭇가지를 꽉 잡을 수 있는 손을 가지고 있다. 대부분 손가락이 다섯 개인데, 거미원숭이처럼 엄지손가락이 없는 원숭이와 다람쥐원숭이처럼 가운뎃손가락이 철사처럼 가늘고 긴 종류도 있다.

원숭이류의 손에는 지문이 있다

침팬지, 고릴라, 오랑우탄 등은 지문이 있다. 지문은 미끄럼 방지 역할을 한다. 사람도 지문이 있다. 사람이 손가락으로 물체를 꽉 잡거나 섬세한 작업을 할 수 있는 능력은 인류의 조상이 나무 위에서 생활했기 때문이다. 참고로, 다람쥐원숭이는 마다가스카르섬에 사는 야행성 원숭이다(Day 288 참고).

【침팬지의 손】

엄지손가락을 움직이는 근육

사람은 엄지손가락을 움직이는 근육이 8개인데 침팬지는 6개다. 그래서 침팬지와 비교하면 사람의 엄지손가락은 뿌리 부근이 도톰하게 솟아 있다.

고래 몸속에 다리 흔적이 남아 있다는데?

| 고래의 다리 이야기 |

고래의 조상은 육상에서 살아
지금도 몸 속에 다리 흔적이 남아 있다.

세 가지만 알면 나도 동물학자!

고래의 조상

가장 오래된 고래는 약 5,000만 년 전에 출현한 파키케투스(Pakicetus)라는 포유류다. 파키케투스는 멋들어진 뒷다리가 있으며, 몸길이는 약 2미터였다. 땅 위를 걸을 수도 있고 물속에서 헤엄칠 수도 있었다. 파키케투스의 귀 뼈는 고래와 같은 특징을 지니고 있었다.

오늘날 고래는 다리가 없다

물속에서는 다리로 몸을 지탱할 필요가 없다. 따라서 수천만 년에 걸쳐 다리가 짧은 개체만 살아남았다. 고래도 다리가 달린 종류는 사라져 오늘날 고래는 다리가 없다.

새끼일 때는 다리의 흔적을 볼 수 있다

고래류는 새끼를 한 번에 한 마리만 낳는다. 초기 태아일 때는 뒷발을 관찰할 수 있는데, 태어나기 전에 사라져버린다. 성체가 되어도 다리뼈에 연결된 골반이 자그마하게 남아 있는데, 이를 '볼기뼈(innominate bone)'라고 한다.

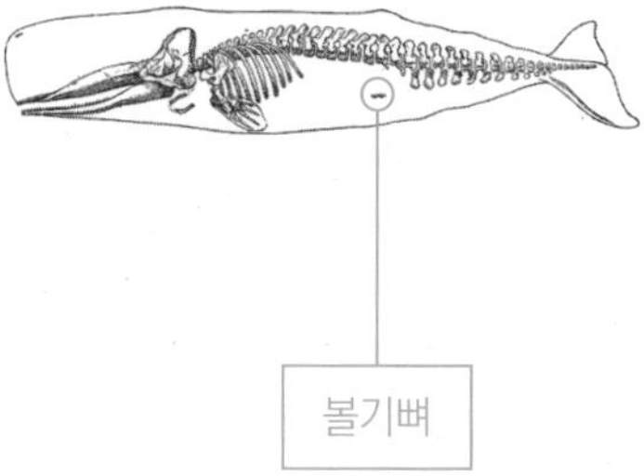

두더지가 땅을 잘 파는 비밀은 앞발 때문이다?

|두더지의 앞발 이야기|

두더지의 앞발에는 다섯 개의 발가락과 별개로
엄지발가락 바깥으로 튀어나온 부메랑처럼 생긴 뼈가 있다.

세 가지만 알면 나도 동물학자!

겨울에는 굴을 더 깊게 판다

두더지는 굴을 파고 땅속에서 생활한다. 두더지 굴은 지표에서 10~15센티미터 정도 깊이인 경우가 많다. 그러나 겨울이 다가오면 지렁이 등의 먹이가 추위를 피하려고 깊은 곳으로 이동해, 두더지도 먹이를 따라 지표에서 20~30센티미터 정도 깊이에 새로운 굴을 판다.

두더지는 평형 자세로 굴을 판다

먼저 코끝으로 흙의 형태를 더듬어 확인한 뒤 양쪽 앞발을 찔러 넣고 흙을 옆구리 쪽으로 쑥 밀어낸다. 두더지는 앞발의 발바닥이 각각 바깥을 향하고 있어 평형 자세로 굴을 판다.

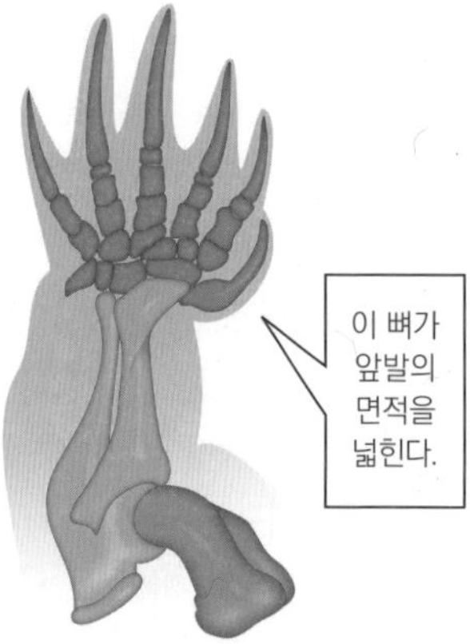

두더지의 굴 파는 속도

흙이 얼마나 단단한가에 따라 다르다. 1미터를 파는 데 3~30분이 걸린다. 삽처럼 큼직한 앞발이 없으면 불가능한 작업 속도다. 참고로, 두더지는 하루에 자기 몸무게의 절반이나 되는 먹이를 섭취한다(Day 330 참고).

Day 033 포유류 | 포유류의 손과 발

박쥐의 피막에 있는 가느다란 깃털을 제거하면 무슨 일이 일어날까?

|박쥐의 날개 이야기|

박쥐는 가느다란 털만 있고 깃털은 없다.

세 가지만 알면 나도 동물학자!

깃털 대신 피막이 있다

깃털이 없는 박쥐의 손뼈와 발뼈 사이에는 피막이 있다. 이 피막은 펼치면 새의 날개 역할을 해 하늘을 날 수 있다. 얇고 유연한 피막 안에는 근육과 혈관, 신경이 지난다. 혈관이 있기 때문에 구멍이 뚫리더라도 작은 구멍은 저절로 메워진다. 참고로, 사람의 태아도 손가락 사이에 물갈퀴 모양의 피막이 생기는 시기가 있다.

뛰어난 비행 능력

박쥐는 공중을 날 때 팔과 손가락을 움직여 날개의 형태를 자유롭게 조절할 수 있다. 그래서 엄청난 속도로 날고 상당한 급선회와 급하강도 할 수 있다.

박쥐

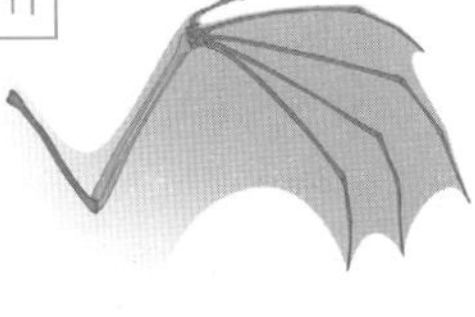

기류를 감지하는 센서

박쥐의 피막에는 아주 가느다란 털이 나 있다. 이 털로 공기의 흐름을 감지해서 훨훨 날 수 있다. 따라서 제모 크림으로 이 털을 제거한다면 박쥐는 날 수 없을 것이다.

새

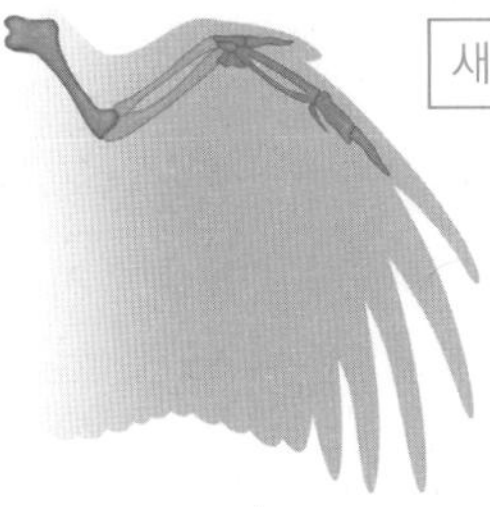

말 조상의 몸집이 쥐 정도 크기였다고?

|말의 발가락 이야기|

5,000만~6,000만 년 전 말의 조상은
발가락이 네 개였는데 지금은 한 개뿐이다.

세 가지만 알면 나도 동물학자!

말의 가장 오래된 조상

에오히푸스(Eohippus)라는 별명을 가진 히라코테리움(Hyracotherium) 말은 쥐 정도 크기였다. 북아메리카 대륙과 유럽 삼림지대에서 생활했다. 화석이 발견되어 앞다리 발가락이 네 개, 뒷다리 발가락이 세 개였다는 사실이 밝혀졌다. 이빨의 크기와 형태로 볼 때 어린 나뭇잎 등을 먹고 살았을 것으로 추정된다.

가운뎃발가락 한 개로 몸을 지탱하는 말

삼림이 초원으로 탈바꿈하는 과정에서 말은 몸집이 커지고 발가락 수가 줄어들었다. 특히 가운뎃발가락 발톱이 두껍고 단단해져 발굽으로 변화한 말은 더 빠르게 달릴 수 있어 육식동물로부터 도망쳐 자손을 번성시켰다.

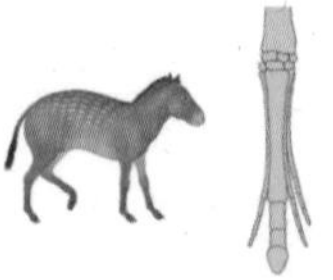

말은 유제류(有蹄類) 말목(기제목)

말의 발가락은 한 개로 홀수여서 말목을 기제목(奇蹄目)이라고도 한다. 코뿔소와 맥도 유제류에 속한다. 발굽은 사람의 손발톱처럼 케라틴으로 이루어져 있고, 한 달에 8밀리미터가량 자란다.

Day 035

소의 발가락이 다섯 개에서 두 개로 줄어든 절박한 이유는?

|소의 발가락 이야기|

포유류의 조상은 발가락이 다섯 개였는데 소와 기린은 두 개다.

세 가지만 알면 나도 동물학자!

공룡 시대에 살던 포유류의 조상은 발가락이 다섯 개

포유류의 조상은 중생대 트라이아스기 후기부터 쥐라기 전기에 걸쳐 살았다. 이 시대는 공룡의 전성기여서 공룡이 잠든 밤에 살금살금 나와서 곤충과 지렁이를 잡아먹으며 연명했다. 몸길이는 10~40센티미터이고 손가락과 발가락은 각각 다섯 개씩 있었다.

발가락 두 개로 몸을 지탱할 수 있는 소류

공룡이 멸종하자 그동안 밤의 어둠 속에 몸을 숨긴 채 살던 포유류 새끼 중에서 부모보다 몸집이 커진 개체와 낮에 돌아다니는 활동 시간이 바뀐 개체 등이 나타나 수를 불려나갔다. 오늘날 소의 조상은 가운뎃발가락과 넷째 발가락 두 개로 몸을 지탱하고, 더 빠르게 육식동물로부터 도망쳤다.

소류는 우제류

소류의 발가락은 두 개로 짝수여서 우제류(偶蹄類)로 분류된다. 우제류는 사슴, 낙타, 기린, 멧돼지, 하마 등 185종류나 된다.

왜 동물 중에서 새만 깃털을 가지고 있을까?

|새의 몸 특징 이야기|

깃털을 가진 새는 날기에 적합한 몸 구조로 되어 있다.

세 가지만 알면 나도 동물학자!

깃털을 가진 동물은 오직 새뿐

곤충과 박쥐, 날다람쥐 등의 동물도 하늘을 난다. 하지만 곤충의 날개, 박쥐와 날다람쥐의 피막은 새의 날개와 달리 깃털로 덮여 있지 않다. 모든 동물 중에서 유일하게 새만 깃털을 가지고 있다.

앞다리가 날개로 진화

새의 깃털은 체온을 유지하기 위해 돋아났다. 그런데 앞다리의 깃털이 튼튼한 날개가 되어 하늘을 날 수 있는 몸으로 변신했다. 펭귄과 타조처럼 날개를 가지고 있지만 날지 못하는 새도 있다. 그러나 날지 못하는 새는 있어도 깃털이 없는 새는 없다.

새의 몸은 날기 위한 특별한 구조

새가 하늘을 날려면 몸이 가벼워야 한다. 그래서 새는 뼛속이 텅 비어 있고 턱뼈, 근육, 이빨, 위가 없어졌으며 소화관과 미골(尾骨)도 짧아졌다.

새는 어떻게 하늘을 날 수 있을까?

|새가 하늘을 나는 원리 이야기|

새가 날 수 있는 것은 날개를 움직이는 커다란 근육과 날개의 형태, 가벼운 몸 때문이다.

세 가지만 알면 나도 동물학자!

커다란 근육과 그 근육을 떠받치는 용골돌기

새는 가슴의 칸막이처럼 커다랗게 비어져 나온 용골돌기에 큼직한 근육이 붙어 하늘을 날 때 충분한 힘을 낼 수 있다. 이 근육이 가슴근육과 연결되어 강한 날갯짓을 할 수 있다.

비행기 날개, 프로펠러와 같은 구조

위로 솟은 돌기처럼 생긴 반달 모양의 날개가 하늘에 뜨는 힘(양력)을 형성한다. 그리고 날개 끝의 깃을 프로펠러처럼 자유롭게 움직여 앞으로 나아가는 힘(추진력)을 생성한다. 새의 날개에 바람이 닿으면 위쪽 압력이 줄어들어 양력이 만들어진다.

날기에 특화된 뼈 구조

새의 뼈는 대부분 속이 텅 비어 있고 가벼우며 튼튼한 구조다. 똑바로 이어진 등뼈와 바구니처럼 생긴 갈비뼈가 한 묶음이 되어 착지할 때의 충격 등으로부터 내장을 보호한다.

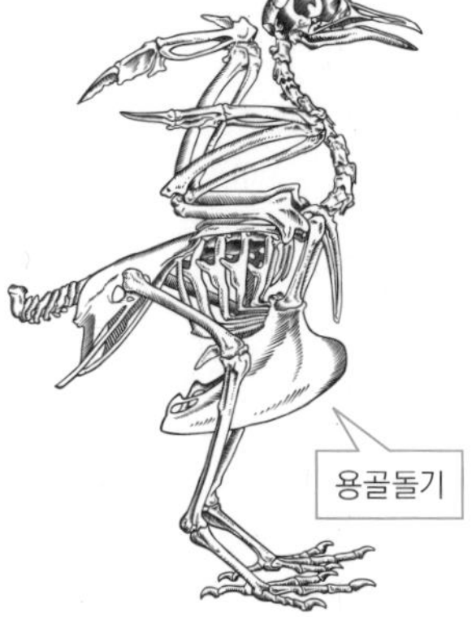

Day **038** 조류 | 새의 몸 구조

칼새는 10개월 이상 어느 곳에도 머물지 않고 날 수 있다는데?!

|에너지 효율 등급이 높은 비행 이야기|

새는 날개를 쉬지 않고 움직이면 지치기 때문에 피로가 덜 쌓이는 구조로 진화했다.

세 가지만 알면 나도 동물학자!

바람을 이용해 에너지 소비를 줄여 비행한다

연을 날릴 때 바람이 있으면 연이 점점 위로 솟구쳐 줄곧 하늘에 떠 있는다. 새도 연처럼 바람을 이용하면 힘을 덜 들이고 오랜 시간 날 수 있다.

10개월 이상 계속 나는 새도 있다

칼새에 소형 기록계를 달아서 분석한 결과 10개월 이상 아무 곳에도 머물지 않고 비행을 계속했다. 칼새는 평생 공중에서 비행하며, 잠을 자는 동안에도 날 수 있다. 알을 낳을 때만 비행을 멈춘다. 군함조와 콘도르 등도 기류를 타고 날면서 잠을 잔다.

직박구리는 파상 비행으로 에너지를 절약

직박구리는 작은 날갯짓으로 상승하면 날개를 접고 활공 비행한다. 이 과정을 반복하는 '파상 비행'으로 에너지를 절약한다. 참고로, 백할미새는 나는 것보다 뛰는 게 편해 뛰어서 도망칠 때가 많다.

Day 039

새도 소변을 볼까?

| 새의 소변 이야기 |

새는 액체 소변뿐 아니라 대변과 소변이 뒤섞인 변도 본다.

세 가지만 알면 나도 동물학자!

새의 소변은 액체가 아니라 요산 덩어리

소변은 단백질이 분해되었을 때 생성되는 유독한 암모니아를 몸 밖으로 버리는 역할을 한다. 그런데 육상에서 딱딱한 껍데기가 있는 알을 낳는 파충류와 조류는 물을 사용해 암모니아를 버릴 수 없다. 따라서 해롭지 않은 요산 덩어리로 바꾸어 배출한다.

새는 대변과 소변을 함께 내보낸다

포유류는 대변을 항문으로 배출하고 소변을 별도의 요도로 배출한다. 하지만 파충류와 조류는 항문과 요도가 하나로 합쳐진 구멍(총배설강)으로 함께 배출한다. 새는 액체 소변을 대량으로 저장할 필요가 없어 방광을 가지고 있지 않다.

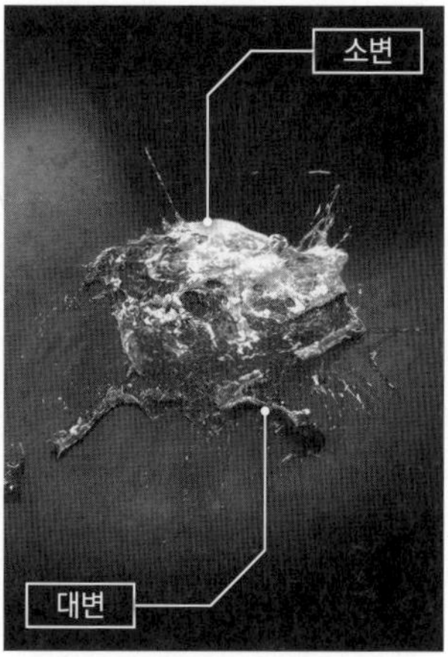

새의 배설물에서 하얀 부분이 소변

새의 배설물을 관찰하면 검고 갈색을 띤 부분과 하얀 부분이 있다. 검고 갈색을 띤 부분이 대변이고 하얀 부분이 소변이다.

왜 어떤 새는 날지 못할까?

|날지 못하는 새 이야기|

비행을 하면 엄청 피곤하기 때문에 굳이 날 필요가 없는 새는 날지 않고 빨리 달리는 쪽으로 진화했다.

세 가지만 알면 나도 동물학자!

날개를 퍼덕여서 날려면 많은 에너지가 필요

새가 하늘을 날려면 엄청나게 많은 에너지를 사용해 가슴근육을 계속 움직여서 날갯짓을 해야 한다. 그래서 날지 않아도 생활하는 데 별로 문제가 없으면 날지 않는 것이 편하다. 참고로, 펭귄은 바닷속에서 하늘을 날듯 날개를 사용해서 헤엄친다.

공룡의 멸종으로 날기 중단

새는 육식공룡에게서 도망치기 위해 날게 되었다는 가설이 있다. 그래서 공룡이 멸종하고 나자 더 이상 도망칠 필요가 없어진 타조 등의 조류는 날기를 멈추고 빠르게 달리는 몸으로 진화했다.

작은 섬에는 날지 않는 새가 많다

대륙에서 떨어진 작은 섬에는 새를 잡아먹는 동물이 없어 날아서 도망칠 필요가 없다. 그래서 외딴섬에는 오키나와뜸부기, 갈라파고스가마우지 등 날지 못하는 새가 많다.

용골 돌기(비행에 필요한 뼈)가 없는 타조

나무를 계속 쪼는 딱따구리의 뇌는 어떻게 멀쩡할까?

|딱따구리 이야기|

딱따구리의 뇌는 가볍고 정면에서 오는 충격을 흡수하는 구조로 되어 있어 나무를 계속 쪼아도 멀쩡하다.

세 가지만 알면 나도 동물학자!

나무를 쪼는 목적은 세 가지

첫째, 영역을 선언하고 이성에게 구애하기 위해 힘차게 두드리는 드러밍(drumming)의 의미다. 둘째, 옹이 안에 있는 벌레를 찾기 위해서다. 셋째, 자기 몸이 들어갈 수 있는 커다란 둥지를 짓기 위해서다. 둥지를 짓는 데 2~3일 걸린다.

언제나 온 힘을 다해 나무를 쪼지는 않는다

드러밍할 때는 나무를 두드리기만 하고 구멍을 뚫지 않는다. 먹이를 찾을 때는 곤충이 나올 정도로 적당한 크기의 구멍을 뚫는다. 둥지를 지을 때만 강한 힘으로 나무를 쪼아댄다.

충격을 흡수할 수 있는 머리 구조

윗부리가 시작되는 부분에 있는 스펀지 형태의 뼈가 충격을 흡수하며 작고 가벼운 뇌가 머리뼈 안을 꽉 채워 충격을 줄여준다. 아래부리가 길어 주로 튼튼한 턱뼈가 충격을 받아낸다. 이마 뒤에서 시작되는 머리뼈를 한 바퀴 도는 긴 혀도 충격 흡수에 도움이 된다.

Day **042** 조류 | 새의 몸 구조

펭귄이 아주 추운 곳에서 살 수 있는 특별한 비결은?

| 펭귄 이야기 |

펭귄은 온몸을 뒤덮은 깃털과 두툼한 피하지방,
그물 모양으로 얽힌 혈관 덕분에 추위를 이길 수 있다.

세 가지만 알면 나도 동물학자!

단열 효과가 뛰어난 깃털

깃털로 덮여 있는 새의 몸에서 깃털이 나지 않는 부분이 몇 군데 있다. 그러나 펭귄은 거의 몸 전체를 복슬복슬한 깃털이 덮어 공기를 가두기 때문에 체온을 유지할 수 있다. 하늘을 날지 않는 펭귄의 뼈는 속이 비어 있지 않고 꽉 차 있어 묵직하다.

피하지방이 단열성을 높인다

펭귄은 두툼한 피하지방이 몸 전체를 뒤덮고 있다. 이 피하지방은 열 손실을 방지하는 역할을 한다. 특히 몸집이 큰 황제펭귄은 피하지방의 두께가 2센티미터나 된다.

따뜻한 동맥이 차가운 정맥을 데운다

발 등의 동맥에는 체내에서 데워진 혈액이, 정맥에는 발끝을 지나 식은 혈액이 흐른다. 그리고 동맥과 정맥이 그물처럼 얽키설키 만나는 부분에서 동맥의 열이 정맥을 데워, 차가워진 혈액은 몸으로 거의 돌아오지 않는다.

눈을 가진 최초의 동물은?

|눈 달린 동물 이야기|

고생대 캄브리아기에 나타난 동물의 화석에서 눈이 확인되었다.

세 가지만 알면 나도 동물학자!

동물에게 눈이 없으면?

눈이 없으면 사냥감을 찾지도 천적에게서 도망치지도 숨지도 못한다. 촉각과 청각, 후각 등 다른 감각기관에 의존해야 한다. 그러나 눈이 있으면 어디에 무엇이 있는지, 대상이 어디로 움직이는지 등 주위 정보를 훨씬 쉽게 알 수 있다.

눈을 가지면 유리한 점

포식자에게 눈이 있으면 사냥감의 위치와 종류, 크기 등을 확실히 감지해 더 쉬운 사냥감을 노릴 수 있다. 피식자에게 눈이 있으면 천적의 위치를 파악해 어디로 도망칠지 알 수 없다.

눈을 가진 최초의 동물

캄브리아기에 등장한 삼엽충 등은 눈의 존재가 확실히 규명되었으나 현재의 곤충처럼 복잡했다. 에디아카라 생물군은 대멸종 때 살아남았더라도 눈을 가진 동물에게 잡아먹혔을 것이다. 고생대 캄브리아기에는 특히 외골격(딱딱한 껍데기)을 지닌 절지동물류가 번성했다.

Day 044

캄브리아기 대폭발로 다세포 생물 종류가 급증했다는데?

| 캄브리아기 대폭발 이야기 |

캄브리아기 대폭발은 지금도 볼 수 있을 법한 동물이 캄브리아기에 대거 출현한 사건이다.

세 가지만 알면 나도 동물학자!

캄브리아 몬스터 화석을 발견한 찰스 둘리틀 월컷

캄브리아기 대폭발로 등장한 동물들을 캄브리아 몬스터(Cambrian monster)라고 한다. 미국 지질조사소의 찰스 둘리틀 월컷(Charles Doolittle Walcott)이 1909년 캐나다 요호 국립공원의 버제스(Burgess) 동물 화석군 산지에서 발굴했다.

셰일 표면이 빛나는 현상은 화석 때문

셰일(shale)은 표면이 얇게 벗겨지는 성질을 지닌 암석이다. 월컷이 발견한 빛나는 물질은 셰일 표면이 주변보다 거무스름한 화석이었다. 그는 모암을 찾아 1919년까지 6만 5,000점에 이르는 화석을 발굴했다.

'캄브리아기 대폭발'이라고 불리는 이유

캄브리아기에 다세포 생물 종류가 급격하게 증가해 '캄브리아기 대폭발'이라고 부른다. 중국 청장(澄江) 화석군에서도 딱딱한 껍데기나 눈을 가진 동물이 발견되었고, 일본 히다치시(日立市)의 캄브리아기 지층에서도 해면과 극피동물 화석이 발견되었다.

Day 045

캄브리아기 바다는 동물의 공통 고향이다?

|본격적인 동물의 탄생 이야기|

캄브리아기 동물은 다리와 지느러미 등의 운동기관이 발달했으며, 동물들끼리 생존경쟁이 치열했다.

세 가지만 알면 나도 동물학자!

현재 동물들의 원형 완성

캄브리아기에는 오늘날의 새우와 게, 곤충과 같은 절지동물이 특히 번성했다. 그 밖에도 조개와 오징어, 문어 같은 연체동물, 척추동물의 원형이 바다에서 태어났다. 캄브리아기 바다는 모든 '동물'의 공통 고향이라고 할 수 있다.

운동능력 향상

캄브리아기에 등장한 동물들은 빠르게 헤엄치거나 해저로 잠수하거나 활발하게 다른 생물을 잡아먹었다. 유유자적하던 에디아카라 생물군(Day 014 참고)과는 완전히 달랐다.

다양한 공격과 방어 수단 보유

다리와 지느러미가 발달하고 운동능력이 향상되었다. 외골격 등 딱딱한 껍데기로 몸을 감싸고, 사냥감을 잡는 팔, 손발톱 같은 돌기를 지닌 집게발, 촉수, 가시 등의 공격 수단과 방어 수단을 지닌 동물이 나타났다. 그리고 조류(藻類) 등 광합성이 가능한 생물을 토대로 생태 피라미드가 만들어졌다.

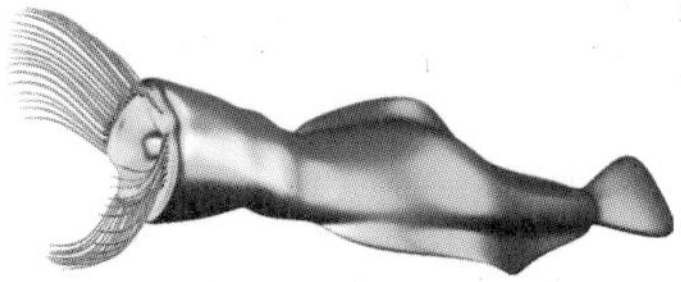

캐나다 '버제스 셰일 동물군'에서 발견된 카피나토르. 입 주위에 있는 50개의 가시를 사용해 소형 갑각류를 잡아먹었다.

지구 최강의 캄브리아 몬스터는?

|아노말로카리스 이야기|

당시 가장 크고 가장 강력한 동물은
다른 동물을 잡아먹던 아노말로카리스였다.

세 가지만 알면 나도 동물학자!

캄브리아기 최대 최강 동물 아노말로카리스

캄브리아기의 동물은 대개 몇 밀리미터에서 몇 센티미터 크기였다. 그러나 절지동물인 아노말로카리스(Anomalocaris) 종류는 크기가 몇십 센티미터나 되었고, 그중에는 1미터에 이르는 거대한 개체도 있었다. 바닷속을 헤엄쳐 다니며 다른 동물을 잡아먹었다.

부리부리한 큰 눈이 특징

머리에서부터 옆으로 튀어나온 커다란 눈이 특징이었다. 겹눈으로 1만 6,000개의 렌즈가 있었다. 현재 동물 중에서 아노말로카리스를 능가하는 겹눈을 가진 동물은 잠자리 정도다. 잠자리는 겹눈이 3만 개 정도 된다.

큼직한 촉수가 또 하나의 특징

몸 양옆에 아가미가 있고, 안쪽에 가시 달린 커다란 촉수가 있었다. 머리 부분 바닥에 둥그런 입이 있었는데, 그 입에 날카로운 돌기가 늘어서 있었다. 껍데기가 너무 딱딱해서 씹을 수 없었다고 주장하는 연구자도 있다.

Day 047

캄브리아기 가장 기묘한 생물 할루키게니아의 정체는?

| 할루키게니아 이야기 |

캄브리아 몬스터인 할루키게니아는 길쭉한 몸에 여러 개의 가시와 7개의 다리가 대칭으로 달려 있었다.

세 가지만 알면 나도 동물학자!

캄브리아기 가장 기묘한 생물

할루키게니아(Hallucigenia)는 화석이 최초로 복원되었을 당시 가느다란 바늘처럼 생긴 7개의 다리가 있고, 등에 촉수가 한 줄로 늘어선 모습이었다. 한마디로 '캄브리아 몬스터'라는 이름에 걸맞은 기묘한 모습이었다.

최초의 복원도는 위아래가 뒤집혔다

그 후 중국에서 할루키게니아와 가장 가까운 종류의 완전한 화석이 발견되었다. 이 화석을 토대로 최초 복원도의 위아래가 뒤집혔다는 사실이 밝혀졌다. 다리라고 생각한 부분이 등을 보호하는 가시였고, 등에 늘어선 촉수라고 믿었던 부분이 다리였다.

머리와 꼬리도 거꾸로

머리와 꼬리도 거꾸로였다. 꼬리라고 생각했던 부분을 전자현미경으로 관찰했더니 대칭되는 눈 한 쌍과 이빨이 있는 입이 있었다. 그리고 혹처럼 생긴 머리라고 여겼던 부분은 사후 항문에서 배출된 내장의 내용물이었다.

척추동물의 조상은 두삭동물일까 멍게일까?

|두삭동물 이야기|

작은 물고기처럼 생긴 두삭동물(頭索動物)은
척추동물의 조상일 수도 있다.

세 가지만 알면 나도 동물학자!

두삭동물은 등에 등뼈와 비슷한 척삭이 있다

두삭동물은 이쑤시개처럼 가늘고 길쭉한 모습이다. 몸길이는 3~5센티미터이고 턱이 없다. 입으로 들이마신 바닷물을 걸러 영양을 섭취한다. 등뼈는 없지만 머리에서부터 꼬리까지 튼튼한 막대기 형태의 척삭(脊索) 한 줄이 지난다.

척추동물은 발생 초기에만 척삭을 가진다

척추동물의 척삭은 발생 초기에만 등장하고 나중에 등뼈로 흡수된다. 멍게도 척삭을 가진 동물이다. 멍게는 유생일 때 올챙이처럼 생겼는데, 머리부터 꼬리까지 척삭이 있다. 참고로, 사람도 태내에서 등뼈가 생길 때까지는 척삭을 가지고 있다.

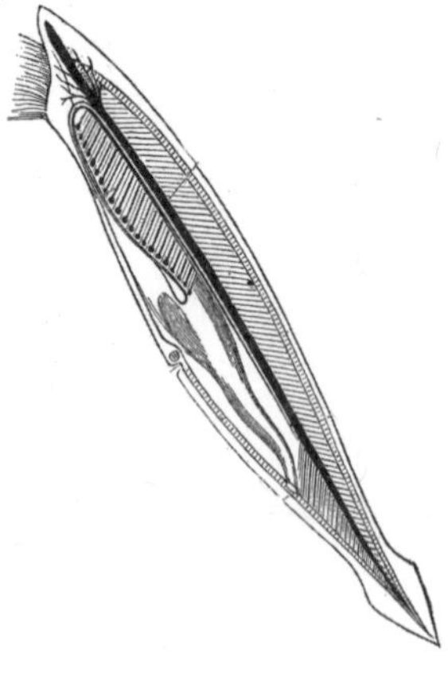

척추동물의 조상은 두삭동물

척추동물의 조상은 두삭동물인가, 멍게인가? 이 문제를 두고 학계에서 대논쟁이 벌어졌다. 유전자 분석(게놈 해독) 등으로 두삭동물이 멍게보다 빨리 등장했고 그 뒤에 척추동물과 멍게로 나뉘었다는 사실이 밝혀졌다.

가장 오래된 물고기 밀로쿤밍기아의 정체는?

| 가장 오래된 물고기 이야기 |

가장 오래된 물고기이자 가장 오래된 척추동물은 캄브리아기 전기에 살았던 밀로쿤밍기아다.

세 가지만 알면 나도 동물학자!

가장 오래된 물고기 밀로쿤밍기아

오르도비스기에 등장한 물고기가 가장 오래되었다고 여겼으나 중국의 캄브리아기 지층에서 몸길이 3센티미터가량의 밀로쿤밍기아(Myllokunmingia) 화석이 발견되었다. 척추동물의 증거인 원시적인 척추를 가진 밀로쿤밍기아는 원삭동물인 피카이아(Pikaia)보다 2,000만 년 더 오래되었다.

밀로쿤밍기아는 무악류

밀로쿤밍기아는 무악류(無顎類)로 분류되며 가장 오래된 척추동물이다. 현재 캄브리아 몬스터 중에서 유일한 척추동물이다. 턱이 없는 무악류는 넓은 의미에서 원시적인 어류를 말하는데, 턱을 가지게 되어 어류로 진화했다.

어류와 같은 특징

척추 한 줄과 한 쌍의 눈이 있고, 몸 옆면에 아가미와 구멍이 늘어서 있으며, 등지느러미와 배지느러미도 있었다. 화석에서 소화관과 생식선도 발견되었다. 턱이 없어 바닷속 진흙에서 유기물을 들이마셔 영양분을 섭취했다.

동물은 왜 암컷과 수컷으로 나뉠까?

|동물의 유성생식 이야기|

동물의 유성생식에서는 수컷이 만드는 정자와
암컷이 만드는 난자가 필요하다.

세 가지만 알면 나도 동물학자!

유성생식이란?

동물의 수컷은 헤엄치는 능력이 있는 정자를, 암컷은 난자를 생성한다. 정자와 난자가 합체하는 것을 '수정'이라고 한다. 이렇게 정자와 난자가 합체한 수정란에서 새로운 후손이 생기는 현상을 '유성생식'이라고 한다.

유성생식과 서로 닮은 자녀들

동물의 후손은 유성생식으로 수컷의 유전자 절반과 암컷의 유전자 절반을 물려받는다. 그렇지만 같은 부모에게서 태어난 자녀들끼리 유전자가 완벽하게 일치하지 않아 외양이 똑같지는 않다. 다만 일란성쌍둥이는 기본적으로 유전자가 같다.

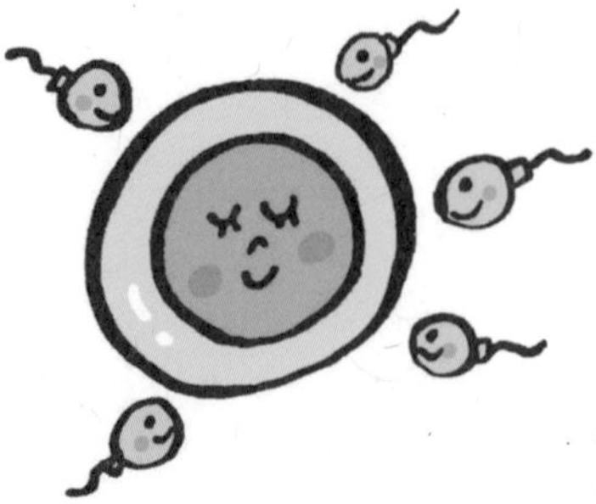

유성생식은 왜 유리할까?

유전자가 다른 후손의 개체 수가 많으면 각각의 강점과 약점이 다르다. 그러면 사는 환경이 달라져도 누군가는 살아남는다. 지구의 환경이 변하는 동안 살아남은 동물이 현재 우리와 함께 살고 있는 것이다.

Day 051 생활 양식 | 동물의 성

수컷과 암컷의 구분이 없는 동물은 어떻게 번식할까?

|동물의 무성생식 이야기|

말미잘 등의 동물은 부모의 몸이 나뉘는
'무성생식'으로 개체 수를 늘린다.

세 가지만 알면 나도 동물학자!

대표적인 무성생식 동물 '말미잘'

무성생식 동물의 예로는 말미잘의 분열과 자포동물인 히드라의 출아(出芽) 등이 알려져 있다. 미국의 태평양 연안에 사는 담황줄말미잘이 몇 킬로미터 해안선에 걸쳐 모두 무성생식으로 증식한 사례가 있다.

무성생식 동물인 '해파리'는 유성생식도

해파리는 유성생식으로 태어난 유생 폴립이 스트로빌라(strobila)라는 형태가 된다. 스트로빌라는 에피라(ephyra, 해파리 유생)가 몇 마리 엉겨 붙은 형태다. 이 덩어리에서 떨어져 나온 에피라가 성체 해파리가 된다. 성체 해파리는 유성생식도 한다.

【해파리의 일생】

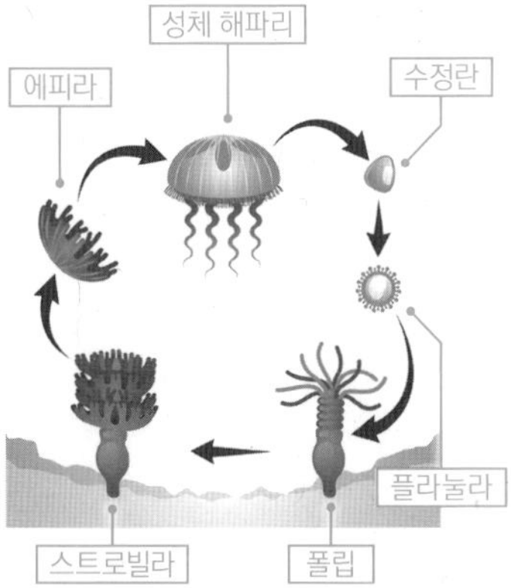

무성생식과 유성생식 둘 다 가능한 동물

무성생식 동물이 유성생식을 하는 사례가 많다. 유성생식을 하면 각양각색의 유전자 자손을 만들어 다양한 환경에서 살 수 있다. 무성생식은 증식에 유리하지만 무한정 증식하는 것은 아니다. 짚신벌레는 약 350번 분열한다.

Day 052

생활 양식 | 동물의 성

여느 동물과 달리 인간은 왜 여자보다 남자가 약간 많이 태어날까?

| 수컷과 암컷의 비율 이야기 |

동물은 오랜 시간에 걸쳐
수컷과 암컷의 수가 거의 같도록 진화했다.

세 가지만 알면 나도 동물학자!

수컷이 많이 태어나는 집단의 경우

수컷이 많이 태어나는 집단에 암컷을 대량으로 낳는 돌연변이를 지닌 암컷이 태어나면 어떻게 될까? 다음 세대에서는 이 개체의 자손 중 암컷의 비율이 증가한다. 이 과정이 몇 세대에 걸쳐 반복되면 암컷의 비율이 점점 높아진다.

암컷이 많이 태어나는 집단의 경우

반대로 암컷이 많이 태어나는 집단에 수컷을 대량으로 낳는 돌연변이를 지닌 수컷이 태어나면 어떻게 될까? 그러면 이번에는 수컷의 비율이 증가한다. 이 과정이 반복되면 수컷의 비율이 점점 높아진다.

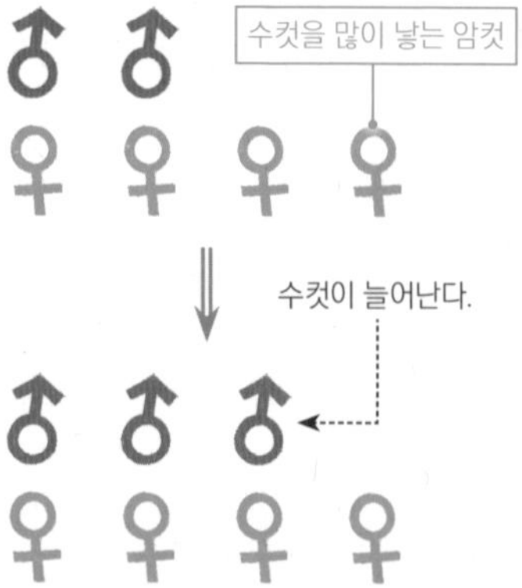

수컷을 많이 낳는 개체의 자손도
수컷을 많이 낳아, 수컷의 비율이 증가한다.

최종적으로는 수컷과 암컷의 수가 비슷해진다

동물 집단에서 태어나는 수가 적은 성별의 자손을 많이 낳는 돌연변이를 지닌 개체가 자손을 더 많이 남길 수 있다. 이 과정이 계속 반복되면 수컷과 암컷은 거의 같은 수가 된다. 하지만 사람의 경우는 엄밀하게 따지면 남자가 여자보다 약간 많이 태어난다.

Day 053

수컷도 되고 암컷도 되는 동물이 있다고?

|자웅동체 이야기|

동물은 대체로 수컷과 암컷이 따로 분리되어 있지만,
두 성별을 동시에 가진 동물도 드물지 않다.

세 가지만 알면 나도 동물학자!

수컷과 암컷의 성징(性徵)을 모두 갖춘 동물

대부분 동물은 정자를 만드는 수컷과 난자를 만드는 암컷의 몸이 따로따로다. 이런 동물을 '자웅이체(雌雄異體)'라고 한다. 그런데 몸 안에 정자를 만드는 정소와 난자를 만드는 난소를 둘 다 가진 동물도 있다. 이런 동물을 '자웅동체(雌雄同體)'라고 한다.

대표적 자웅동체 동물 '지렁이'

지렁이는 자웅동체 동물이다. 하지만 자기 난자와 정자로 수정할 수 없어 두 마리의 지렁이가 번갈아서 서로의 정자를 교환하고, 받은 정자로 자기 난자를 수정시킨다. 민달팽이도 마찬가지 방법으로 수정이 이루어진다.

【정자를 서로 교환하는 지렁이】

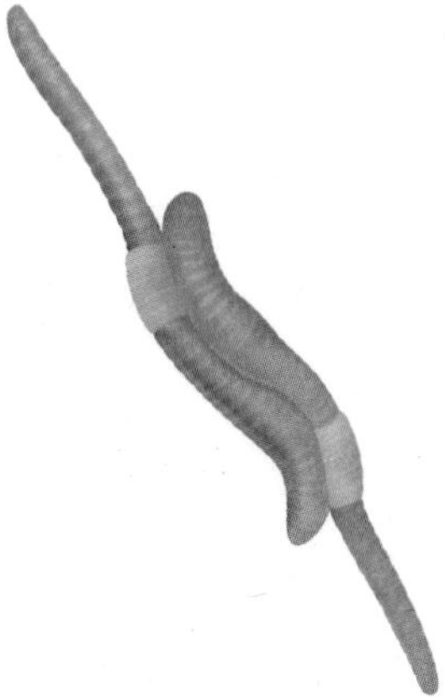

'군소'도 자웅동체 동물

갯벌 등에서 사는 껍데기가 없는 조개의 일종인 군소도 자웅동체다. 머리 쪽이 수컷이고 꽁무니 쪽이 암컷으로 이루어져 있다. 수컷인 머리 부분과 암컷인 꼬리 부분이 교미해 몇 마리가 함께 엉겨 붙어 있을 때도 있다.

암컷이 죽으면 수컷이 암컷으로 성전환하는 동물은?

| 성전환 이야기 |

흰동가리는 수컷에서 암컷으로,
청줄청소놀래기는 암컷에서 수컷으로 성전환이 이루어진다.

세 가지만 알면 나도 동물학자!

수컷에서 암컷으로 성전환

영화 〈니모를 찾아서〉의 주인공 흰동가리(clownfish)는 무리 속에 수컷, 암컷이 한 마리씩밖에 없다. 나머지는 생식하지 않는 미성숙한 개체다. 무리 안에서 가장 큰 개체가 수컷, 두 번째로 큰 개체가 암컷이 된다. 암컷이 죽으면 수컷이 암컷으로 성전환한다.

암컷에서 수컷으로 성전환

큰 물고기에 붙어 기생충을 잡아먹는 청줄청소놀래기는 수컷 한 마리와 암컷 여러 마리가 무리를 형성한다. 그리고 수컷이 죽으면 암컷 중 가장 큰 개체가 수컷으로 성전환한다.

성전환하는 이유

흰동가리 등 일부일처 물고기는 강한 암컷이 알을 많이 낳기 때문에 수컷이 암컷으로 성전환한다. 청줄청소놀래기 등 일부다처 물고기는 강한 수컷이 유전자를 물려주기 쉬워 암컷이 수컷으로 성전환한다. 청줄청소놀래기는 암컷, 수컷 모두 성전환이 가능하다.

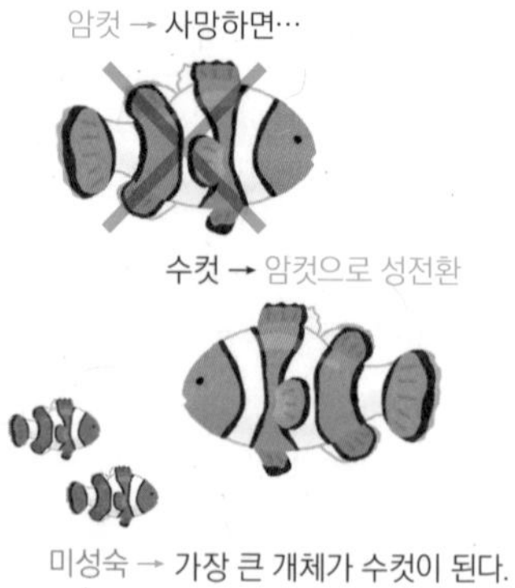

암컷이 죽으면
수컷이 암컷으로 성전환한다.

악어와 바다거북은 알 주변 온도에 따라 성별이 달라진다?

|온도에 따른 성 결정 이야기|

악어와 바다거북은 알이 자랄 때
주변의 온도에 따라 성별이 결정된다.

세 가지만 알면 나도 동물학자!

악어의 성별 결정법

악어는 알을 품고 있을 때 온도로 성별이 결정된다. 예를 들어, 미시시피악어는 섭씨 33.5도에서 알을 품으면 모두 수컷이 되고, 섭씨 30도에서 품으면 모두 암컷이 된다. 일반적인 온도에서는 수컷과 암컷의 비율이 거의 같다.

수컷이나 암컷 중 한 가지로 태어날 때도 있을까?

호주 동북 해안에 있는 세계에서 가장 큰 산호초 군락 그레이트배리어리프에 서식하는 바다거북을 조사한 결과 99퍼센트가 암컷인 지역이 있었다. 지구 온난화가 원인으로 추정된다. 어쩌면 바다거북이 번식할 수 없는 날이 올지도 모른다!

온도는 TRP가 감지

온도는 TRP(Transient Receptor Potential)라는 단백질이 감지한다. TRP가 온도에 반응하면 알 속에서 성장 중인 새끼가 수컷이 될지 암컷이 될지 결정된다. TRP는 우리가 더위나 추위를 느낄 때도 도움이 된다.

난생과 태생의 차이는 뭘까?

|난생과 태생 이야기|

수정란에서 분열된 세포가 알에 저장된 영양분으로 자라면 '난태생'이고 어미에게서 영양분을 받아서 자라면 '태생'이다.

세 가지만 알면 나도 동물학자!

알에서 영양분을 받는 '난생'

유성생식을 하는 동물의 경우 수정란에서 세포가 분열되며, 이 세포가 커져 새끼가 된다. 이때 어미에게서 영양분을 받아 커지면 '태생', 알에 저장된 영양분으로 자라면 '난생'이라고 한다. 참고로, 포유류 중에서도 원시적 동물인 오리너구리와 가시두더지는 난생이다(Day 024 참고).

어미에게서 영양분을 받는 '태생'

포유류는 알이 어미에게서 영양분을 받아 새끼가 되는 전형적인 태생 동물이다. 그 밖에 파충류인 보아뱀, 어류인 상어와 가오리 종류의 70퍼센트도 태생이다.

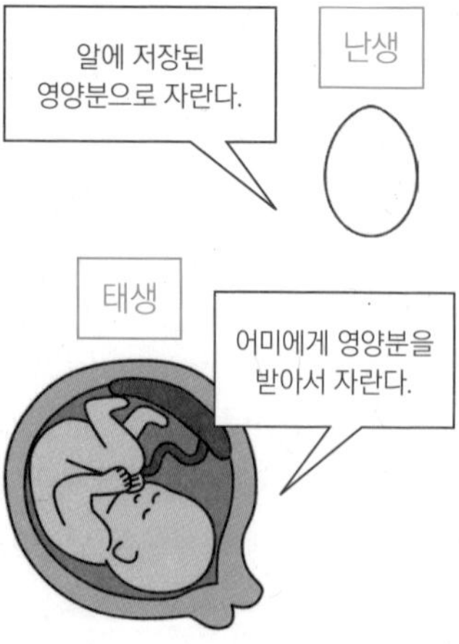

태생인 어류도 있다

바다거북은 어미가 모래 해변에 알을 낳고 알 속에 저장된 영양분으로 새끼가 자란다. 연어는 강으로 돌아와 강바닥에 알을 낳는다. 파충류와 어류, 조류 등은 대체로 난생이다. 하지만 붕어와 비슷한 민물고기 납자루와 쏨뱅이목 바닷물고기 볼락처럼 태생 어류도 있다.

철새나 회유어는 외래 생물일까 아닐까?

| 외래 생물 이야기 |

원래 살던 고유의 생물이 아니라 인간이 다른 나라에서 들여온 생물을 '외래 생물'이라고 한다.

세 가지만 알면 나도 동물학자!

외래 생물이란?

외래 생물이란 인위적 또는 자연적으로 외국에서 유입되어 본래 원산지나 서식지를 벗어나 존재하게 된 생물을 말한다. 즉, 외국에서 들여온 생물종을 포함해 국내 토착종이나 특정한 생태계에서 역사적으로 서식하지 않았으나 자연적인 서식 범위를 벗어나 스스로 번식하거나 경쟁력을 가지고 살아가는 생물종을 의미한다.

자연스럽게 이동하는 생물은 다르다

철새나 회유어처럼 스스로 이동하는 생물은 외래 생물이라고 할 수 없다. 씨앗이 바람을 타고 날아가거나 해류를 타고 흘러가서 자란 식물도 외래 생물이 아니다. 인간이 들여온 생물만 외래 생물이라고 한다.

【아메리카너구리(라쿤)】

우연히 들여온 생물도 포함된다

인간이 반려동물이나 식용으로 들여온 생물뿐 아니라 화물에 섞이거나 선박 등의 바닥에 붙어서 우연히 유입된 생물도 외래 생물에 해당한다.

외래 생물이 진짜 위험천만한 이유는?

| 외래 생물의 피해 이야기 |

외래 생물이 늘어나면 생태계를 망가뜨리거나
농작물과 인간에게 해를 끼칠 수 있다.

세 가지만 알면 나도 동물학자!

생태계가 망가진다

먹고 먹히는 등 다양한 관계를 유지하며 생활하는 생물과 이 생물들을 둘러싼 자연환경을 아울러 '생태계'라고 한다. 원래 환경에 외래 생물이 침입해 먹이를 뺏어가거나 생활 공간을 점령하면 생태계의 균형이 무너질 수 있다.

토착 생물이 멸종할 수도 있다

원래 그 지역에 살고 있던 생물을 '토착 생물'이라고 한다. 생태계의 균형이 무너지면 먹이가 사라지거나 외래 생물에 잡아먹혀 토착 생물이 멸종할 가능성이 높아진다.

농림수산업과 인간에게 해를 끼친다

외래 생물이 바다의 물고기를 잡아먹거나 나무가 고사하는 등 심각한 피해가 발생할 수 있다. 인간에게 해를 끼치는 외래 생물도 있다. 사납거나 독이 있는 생물도 있고, 기생충이나 바이러스 등의 병원체를 보유한 생물도 있을 수 있다. 한국의 대표적인 외래 생물로는 붉은귀거북과 황소개구리가 있다.

외래 생물 피해 예방 3대 원칙은?

| 외래 생물 유입 방지 이야기 |

외래 생물의 서식 범위가 확장되면 완벽하게 제거할 수 없다.

세 가지만 알면 나도 동물학자!

외래 생물 피해 예방 3대 원칙

환경부에서는 피해를 예방하기 위해 나쁜 영향을 주는 외래 생물종을 국내로 '들여오지 않고', 기르는 외래 생물을 적절하게 관리해 도망치지 않게 하거나 '버리지 않고', 적응해서 토착화해 귀화 생물이 될 우려가 있는 외래 생물을 다른 지역에 '확산시키지 않는다'라는 3대 예방 원칙을 정해 홍보하고 있다.

특히 피해를 주는 생태계 교란 생물

외래 생물 중에서 생태계 등에 피해를 주는 생물을 '생태계 교란 생물'이라고 한다. 원칙적으로 사육, 재배, 보관, 운반, 수입, 판매, 양도, 방출 등을 금지한다. 분포 확산 방지를 위해 '방제' 작업이 이루어진다. 1998년에 황소개구리, 큰입배스 등이 생태계 교란 생물로 지정된 이후 현재 총 38종을 지정해 관리하고 있다.

【외래 생물인 미국 가재】

낚시도 주의가 필요

생태계 교란 생물인 배스 등을 낚시로 잡았을 때는 산 채로 가지고 돌아가거나 다른 장소에 방생하는 행위가 법으로 금지되어 있다.

꽃부니호박벌을 야생화하는 일이 왜 위험할까?

|외래 생물인 꿀벌 이야기|

꿀벌은 수분(꽃가루받이)을 돕지만 야생화해 문제를 일으키기도 한다.

세 가지만 알면 나도 동물학자!

수분을 돕는 꿀벌

수분(受粉)이란 수술의 화분낭 속에 들어 있는 꽃의 가루인 화분(花粉)이 암술머리에 옮겨붙는 것을 말한다. 토마토와 가지의 꽃가루는 곤충이 아닌 바람에 의해 이동하지만 온실 재배에서는 인간이 직접 꽃가루를 묻혀주거나 약품을 사용한다. 유럽이 원산지인 꽃부니호박벌은 자연적으로 수분이 어려운 작물의 수분을 돕기 위한 '자원곤충'으로 도입되었다.

꽃 아래에 구멍을 뚫어 꿀을 빨아 먹는다

꽃부니호박벌은 혀가 짧아 꿀이 깊숙한 곳에 있는 꽃의 경우 꽃 아래에 구멍을 뚫어 꿀을 빨아 먹는 '강탈' 방식을 사용한다. 이런 방법으로 꿀을 빼앗긴 식물은 수분을 할 수 없어 씨앗이 맺히지 않는다.

【꽃부니호박벌】

질병의 원인인 진드기도 우려 대상

수입된 꽃부니호박벌에 기생하던 진드기가 질병의 원인이 되어 재래 벌을 폐사시킬 우려도 있다. 전 세계적으로 꽃부니호박벌의 야생화가 문제되고 있다.

생활 양식 | 먼 옛날 동물 | 친숙한 동물 | 포유류 | 조류 | 별난 동물 | 무척추동물 | 바다 동물

Day 061

몽구스를 도입한 일본의 정책이 엄청난 자충수가 된 까닭은?

|몽구스 이야기|

몽구스는 오키나와에 많이 사는 반시뱀의 천적인데, 멸종위기종과 농작물까지 먹어치워 골칫거리가 되고 있다.

세 가지만 알면 나도 동물학자!

독사인 반시뱀과 쥐를 퇴치하기 위해 해외에서 도입된 몽구스

일본에서 문제가 되는 작은아시아몽구스는 남아시아에 널리 서식하는 포유류다. 작은아시아몽구스는 곤충과 동물, 과일 등 무엇이든 먹어치우는 잡식성이다. 독사인 반시뱀과 사탕수수밭에 사는 쥐를 퇴치하기 위해 메이지 시대 오키나와 지역에 들여왔다.

해수 구제 효과는 없었다

해수 구제를 위해 들여온 몽구스는 정작 해수 구제에 효과가 없었다. 오히려 오키나와뜸부기, 오키나와딱따구리, 오키나와가시쥐 등을 잡아먹는 피해가 발생해 문제가 되고 있다.

【작은아시아몽구스】

재래 생물이 잡아먹힌 걸 어떻게 알까?

몽구스의 위에 들어 있는 내용물과 배설물을 분석해서 재래 생물의 피해 사실을 알아냈다. 아마미오섬(奄美大島)에서는 몽구스의 몸에서 아마미검은토끼, 류큐가시쥐, 나무타기도마뱀 등이 발견되었는데, 이들은 아마미오섬에만 서식하는 귀중한 생물이다.

붉은등줄과부거미는 왜 위험할까?

|붉은등줄과부거미 이야기|

독을 지닌 암컷 붉은등줄과부거미에 물리면
통증과 발열 등의 증상이 나타나고, 심한 경우 사망할 수도 있다.

세 가지만 알면 나도 동물학자!

일본 각지에서 발견

일본에서는 전국 각지에서 붉은등줄과부거미가 발견된다. 화물과 건축 자재에 섞여 들어온 것으로 추정된다. 1995년 오사카에서 최초로 발견되었다. 콘크리트 건축물과 움푹 들어간 곳, 구멍, 뒷면, 틈새 등에 거미줄을 친다.

31종의 외래종 독거미

31종의 과부거미가 유입 주의 외래 생물로 지정되어 있다. 맹독성 과부거미의 암컷에는 알파 라트로톡신이라는 신경독소가 있어 물리면 통증과 발열 등의 증상이 지속되고, 심하면 사망할 수도 있다.

【붉은등줄과부거미】

물리지 않으려면 어떻게 해야 할까?

야외에서 작업할 때는 고무 등으로 코팅된 작업용 장갑과 안전화를 착용한다. 수풀이나 배수로 등의 틈새에 무심코 손을 집어넣는 행동은 위험하다. 만약 과부거미 종류에 물리면 상처 부위를 비누로 씻고 흐르는 물로 헹군 뒤 병원으로 가야 한다.

Day 063

아메리카너구리도 유해 동물일까?

| 아메리카너구리 이야기 |

흔히 '라쿤'이라고 부르는 아메리카너구리는
귀여운 생김새와 달리 재래 동물과 농작물 등에 피해를 준다.

세 가지만 알면 나도 동물학자!

동물원과 가정에서 기르던 개체가 야생화

아메리카너구리는 귀엽게 생긴 외모 때문에 반려동물로 수입되었다. 그런데 성장하면 사나워지는 경우가 많다. 감당할 수 없어 유기하거나 사육 시설에서 탈출해 야생화한 아메리카너구리가 도심에서 간혹 발견되고 있다.

재래 동물과 농작물, 건축물에도 피해

아메리카너구리는 환경에 적응해 무엇이든 먹어 치운다. 옥수수와 수박, 멜론, 가축 먹이 등의 피해도 심각하다. 일본에서는 일본가재, 일본정수도롱뇽 등을 잡아먹는 피해와 역사적 건조물, 문화재 파손 등의 문제가 발생하고 있다. 아메리카너구리가 옮기는 회충증이나 광견병에 걸릴 위험도 있다.

함부로 포획할 수 없다

아메리카너구리는 조수 보호 및 수렵에 관한 법률로 보호받는 야생 포유류라서 함부로 덫을 놓거나 포획할 수 없다. 독단적으로 처리하지 말고 관련 기관에 문의하자.

곤충이 탈피해야만 하는 이유는?

|곤충의 공통점 이야기|

곤충의 종류는 엄청 다양한데, 종끼리 공통된 성질이 있다.

세 가지만 알면 나도 동물학자!

외골격이라는 딱딱한 껍데기

곤충의 몸은 '외골격'이라는 딱딱한 껍데기로 이루어져 있다. 그리고 외골격 안쪽에 근육이 붙어 있다. 애벌레 시절에는 다양한 형태로 존재하는데, 성충이 되면 몸이 머리, 가슴, 배 부분으로 나뉜다.

곤충의 다리는 6개

가슴에서 돋아난 곤충의 다리는 전부 6개다. 마디가 구부러진 듯한 모양으로 생겨, 곤충 종류를 '절지동물'이라고 한다. 다리 끝에 발톱이 있는데, 이곳에서 흡반과 점액이 분비되는 곤충도 있다.

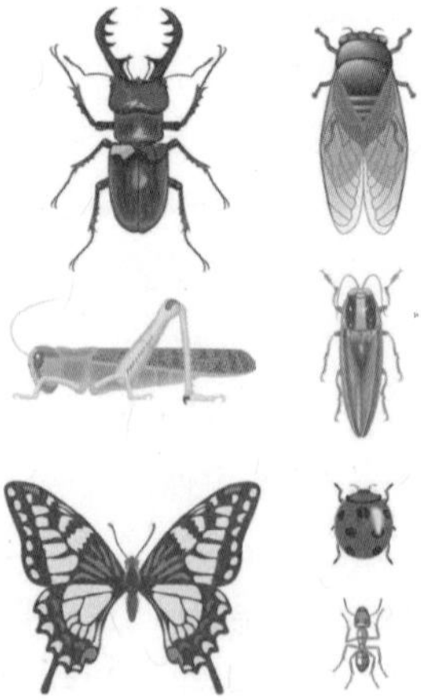

애벌레와 성충의 형태가 완전히 다르다

애벌레에서 고치가 되면 고치 안은 끈적끈적한 점액질 상태가 된다. 그런데 자세히 살펴보면 고치 안에 성충의 몸이 될 부분이 만들어져 있다. 고치 안에서 애벌레가 성충으로 탈바꿈한다. 곤충은 외골격이 단단해서 탈피하지 않으면 몸집이 커지지 않는다.

Day 065 무척추동물 | 곤충의 몸

곤충이 번성한 것은 날개 덕이라고?

|곤충의 날개 이야기|

> 곤충의 날개는 곤충의 공통적인 성질에 따라 네 장이 기본이다.

세 가지만 알면 나도 동물학자!

날개는 네 장이 기본적인 형태

곤충은 배에서부터 네 장의 날개가 돋아 있다. 나비와 잠자리를 보면 이해하기 쉽다. 사슴벌레나 딱정벌레는 단단한 날개 속에 부드러운 날개가 한 장씩 접힌 상태로 들어 있다. 곤충들은 이 날개를 잘 활용하면서 생활한다. 파리의 뒷날개 두 장은 퇴화해서 마치 날개가 두 장인 것처럼 보인다.

날개가 있어 번성

일개미는 날개가 없지만, 교미를 위해 결혼비행에 나서는 여왕개미와 수개미는 날개가 있다. 그러나 날 필요가 없어지면 날개가 떨어져 나간다. 곤충이 지금처럼 번성한 것은 날개 덕분이라고 추정된다.

날개의 형태는 매우 다양

날개는 날기 위한 용도 외에도 다른 쓰임이 있다. 귀뚜라미 종류는 날개를 비벼서 소리를 낸다. 사람 눈에는 그저 새하얗게 보이는 배추흰나비의 날개는 특수한 빛을 비추면 수컷과 암컷의 날개 모양이 다르게 보인다.

Day 066 무척추동물 | 곤충의 몸

곤충의 입은 왜 저마다 다르게 생겼을까?

|곤충의 입 이야기|

곤충의 입은 섭취하는 먹이에 따라 모양이 다르다.

세 가지만 알면 나도 동물학자!

꿀을 빨아 먹는 빨대 모양의 입

나비는 빨대 대롱처럼 입을 늘려서 꿀을 빨아 먹는다. 통이 아니라 끈처럼 생긴 주둥이 두 줄이 이어져 있고, 꿀이 그 틈으로 스며들어 빨려 올라간다. 나방과 매미, 노린재 등도 빨대 모양의 입을 가지고 있다. 나방 중에는 성체가 되면 입이 있는데도 먹이를 먹지 않는 종류가 있다.

파리는 핥는 입

파리와 등에는 먹이를 빗처럼 생긴 입으로 핥아 먹는다. 커다란 턱을 가진 사슴벌레와 딱정벌레도 꿀을 핥아 먹는 유형이다. 입이 불그스름한 빗처럼 생겨 잘 보인다.

잠자리와 나비는 씹는 입

사마귀는 다른 곤충을 잡아 아귀아귀 씹어 먹는, 씹는 유형의 입을 가진 곤충이다. 날아다니는 먹이를 잡아먹는 잠자리도 같은 유형이다. 풀을 먹는 메뚜기 종류도 씹는 유형의 입을 가지고 있다.

곤충은 어디로, 어떻게 호흡할까?

| 곤충의 호흡 이야기 |

곤충은 다른 동물과 달리 '기문'으로 호흡한다.

세 가지만 알면 나도 동물학자!

곤충은 코가 없다

곤충도 생활하려면 산소가 필요하다. 그런데 곤충은 코가 없어서 배에 있는 '기문(氣門, stigma)'이라는 구멍으로 산소를 받아들인다. 많은 곤충이 배에 8쌍, 가슴에 1쌍 또는 2쌍의 기문을 가지고 있다. 코가 없는 곤충은 냄새를 촉각으로 감지한다.

물속에서 생활하는 곤충도 기문이 있다

물방개와 잠자리 애벌레인 수채 등은 물속에서 생활한다. 수중생활하는 곤충도 기문을 사용해서 호흡한다. 때때로 수면에 올라와 길쭉한 관이나 꼬리를 공기 중에 내놓고 산소를 기문까지 운반한다.

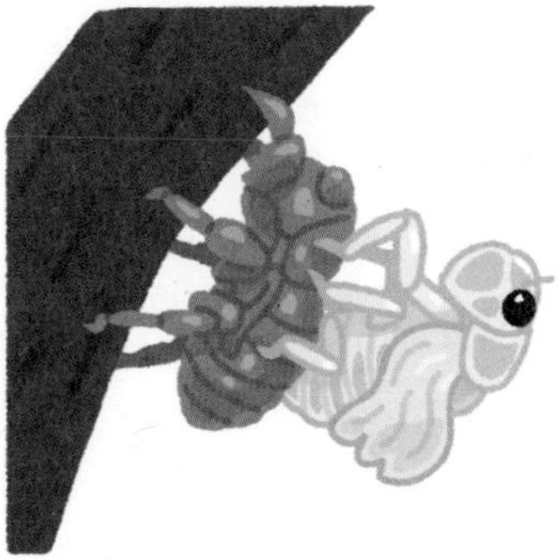

허물을 보면 알 수 있다

매미나 잠자리의 허물을 발견하면 기문 흔적을 찾아보자. 허물 안쪽에 하얀 실처럼 보이는 부분이 기문의 흔적이다. 자세히 보면 관처럼 생겼다.

귀뚜라미와 베짱이의 귀가 앞다리에 붙어 있다고?

|곤충의 귀 이야기|

곤충은 소리를 느끼는 귀가 다리와 배에 있다.

세 가지만 알면 나도 동물학자!

인간의 귀에 해당하는 부위는 없다

소리는 공기의 진동이다. 사람은 이 진동을 귀의 고막으로 감지한다. 그런데 고막이 없는 송충이나 구더기는 귀 주위에 있는 신체 표면의 털로 소리를 느낀다. 촉각으로 소리를 느끼는 곤충도 있다.

귀뚜라미와 베짱이의 귀는 다리

청아한 음색을 내는 귀뚜라미와 베짱이 종류는 귀가 앞다리에 있다. 고막도 있다. 메뚜기과 곤충인 풀무치의 귀는 몸에 붙어 있는데, 가슴과 배 경계의 움푹 들어간 부분이 귀다.

매미의 귀는 배에 있다

수컷이 큰 소리로 우는 매미도 귀를 가지고 있다. 매미의 귀는 놀랍게도 배에 있다. 매미의 배를 뒤에서 보면 덮개처럼 생긴 부위가 붙어 있는데, 뚜껑을 열듯 덮개를 열면 그 안에 하얀 막이 보인다. 이 막이 고막에 해당한다. 올빼밋과 새를 닮은 귀매미는 머리에 귀 모양 털이 있다.

사마귀는 앞다리로 무엇이든 자를 수 있을까?

곤충의 앞다리 이야기

사마귀는 앞다리 사이에 먹이를 끼워서 잡아먹을 수 있는 구조다.

세 가지만 알면 나도 동물학자!

낫처럼 생긴 앞다리로 먹이를 잡는 사마귀

사마귀의 앞다리는 다른 곤충과 모양이 딴판이다. 커다란 가시처럼 생긴 돌기가 붙어 있는데, 먹이에 접근한 뒤 앞다리를 단숨에 뻗어 낚아챈다. 그러면 먹이는 도망칠 수 없다. 하지만 낫처럼 먹이가 잘리는 것은 아니다.

물속에 사는 게아재비

사마귀와 닮아 '물사마귀'라고도 부르는 게아재비는 물속에서 산다. 낫처럼 생긴 앞다리로 작은 물고기 등을 잡아서 체액을 빨아 먹는다. 물장군이나 장구애비처럼 수중생활하는 곤충도 있다. 같은 형태의 앞다리로 물고기 등을 잡아먹는다.

삽처럼 생긴 앞다리를 가진 땅강아지

땅강아지는 땅속에 파고들어 식물의 뿌리를 먹는다. 삽처럼 생긴 앞다리로 땅속에 굴을 팔 수 있다. 헤엄도 잘 쳐 폭우가 쏟아져 구멍으로 물이 들어와도 멀쩡하다. 사마귀와 게아재비, 땅강아지 모두 날 수 있다.

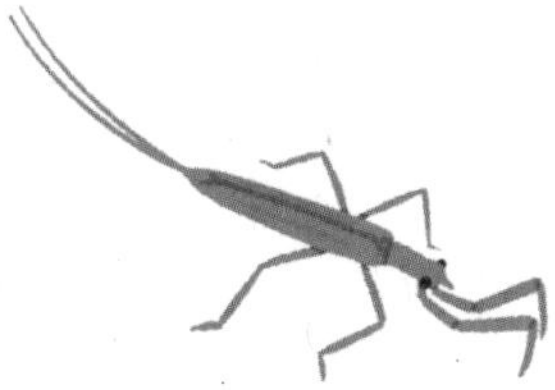

Day 070 무척추동물 | 곤충의 몸

파리는 왜 앞다리를 비빌까?

|파리 이야기|

다리 뒷면으로 맛을 느끼는 파리는
깨끗하게 청소하려고 앞다리를 비빈다.

세 가지만 알면 나도 동물학자!

맛을 느끼는 다리 뒷면

파리는 다리 끝의 뒷면으로 맛을 느낄 수 있다. 다리 뒷면에 이물질이 묻으면 맛을 느끼지 못해 먹이를 찾을 수 없다. 그래서 뒷면에 묻은 이물질을 깔끔하게 제거하려고 항상 부지런히 청소한다.

흡반 역할도 하는 다리

파리는 천장은 물론 유리에도 앉을 수 있다. 작은 갈고리발톱 외에 흡반도 있다. 다리에서 점성이 있는 물질을 분비해 달라붙을 수 있다. 그러나 먼지가 묻어 있으면 찰싹 달라붙지 못하고 미끄러지기도 한다.

병원균까지 제거하지는 못한다

파리는 쓰레기나 배설물 등을 가리지 않고 먹는다. 지저분한 쓰레기나 배설물 위를 걸어서 다리로 확인한다. 따라서 파리가 아무리 다리를 열심히 닦아도 병원균이 남아 파리가 음식물 위에 앉으면 위험하다. 한마디로 파리는 해충이다.

파충류와 조류의 알에 왜 껍데기가 생겼을까?

|알껍데기 이야기|

물속에서 산란하는 알은 말랑말랑하고
육상에서 산란하는 알은 단단하다.

세 가지만 알면 나도 동물학자!

물속에서 산란하는 알은 말랑말랑

원래 생물은 바닷속에서 진화했기에 알도 물속에서 기른다. 덮밥에 올려지는 연어알, 청어알을 떠올려보자. 탱글탱글해서 껍질까지 씹어먹을 수 있다.

육상에서 생활해도 말랑말랑한 알들

생물이 육상에서 생활하면서 주위에 물이 없는 환경이 펼쳐졌다. 하지만 개구리나 작은 도마뱀처럼 생긴 영원(newt) 등의 양서류는 알이 말랑말랑하고 건조한 환경에 약해 물 주변에서 벗어날 수 없다.

알껍데기가 생기면 육상에서도 살아갈 수 있다

파충류와 조류는 알 주위에 양막이라는 막이 생겨 수분을 저장하면서 알에 껍데기가 생겼다. 그래서 공기 중의 산소는 흡수할 수 있지만 수분을 상실해 육상에 적합한 알이 되었다. 껍데기가 단단하면 충격과 병원체로부터 보호받을 수 있다. 참고로, 파충류는 단단한 알도 있고 가죽처럼 질긴 알도 있다.

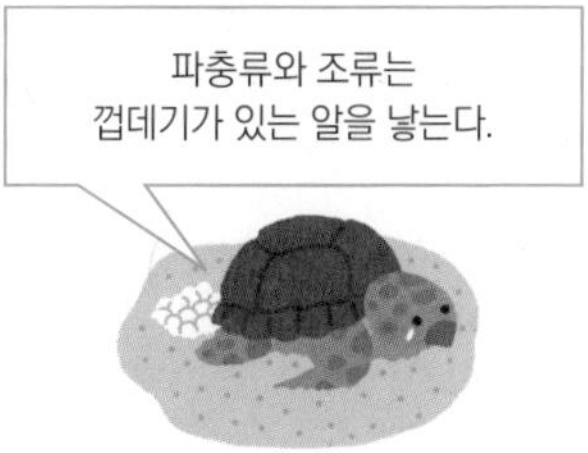

Day 072

토끼는 새끼를 많이 낳고 사자나 코끼리는 새끼를 적게 낳는 이유는?

| 새끼의 수 이야기 |

불안정한 환경에서 생활하는 동물은 새끼를 많이 낳고 안정된 환경에서 살아가는 동물은 새끼를 적게 낳는다.

세 가지만 알면 나도 동물학자!

새끼가 살아가기에 불안정한 환경이란?

자연계에는 먹고 먹히는 관계가 존재한다. 포식자가 많은 환경에서 사는 동물은 언제든 잡아먹힐 수 있다. 바닷속에서 사는 동물은 산란한 알이 어디로 흘러갈지 가늠할 수 없다. 이러한 환경은 새끼가 살아가기에 불안정하다.

살아남기 위해 새끼를 많이 낳는다

불안정한 환경에서는 새끼가 살아남아 성체가 될 가능성이 매우 낮다. 해류를 따라 흘러가며 사는 개복치는 수억 개의 알을 낳는다고 알려져 있다. 포유류 중에서 다른 육식동물에게 잡아먹히기 쉬운 토끼는 새끼를 많이 낳는다.

새끼 수가 많은 동물	새끼 수가 적은 동물
빠르게 성숙	늦게 성숙
부모의 돌봄이 덜 필요하다.	부모의 돌봄이 많이 필요하다.
새끼가 작다.	새끼가 크다.

새끼를 적게 낳는 동물

사자나 코끼리 같은 대형 포유류와 독수리 등 대형 조류처럼 천적이 없는 동물은 안정된 환경에서 새끼를 적게 낳아 야무지게 육아에 전념한다. 사람도 천적이 없어 새끼를 적게 낳고 안정된 환경에서 육아에 집중한다.

쥐는 기하급수적으로 증가할까?

|동물의 증식 이야기|

쥐는 새끼를 많이 낳는 대표적인 동물이지만
늘어나는 데 한계가 있다.

세 가지만 알면 나도 동물학자!

쥐는 새끼를 얼마나 낳을까?

쥐 수컷과 암컷이 한 마리씩 있는데 암컷이 새끼 네 마리를 낳으면 다음 세대는 암컷이 두 마리가 된다. 이 암컷이 네 마리씩 새끼를 낳으면 여덟 마리로 불어난다. 이렇게 같은 배율로 늘어나는 방식을 '기하급수적 증가'라고 한다.

기하급수적으로 증식하는 상황과 그 한계

생물이 기하급수적으로 증식하려면 충분한 먹이와 공간 등의 조건이 갖추어져야 한다. 많은 동물이 같은 공간에서 살면 이런 조건이 갖추어지지 않아 폐사하는 개체가 증가하고 태어나는 개체가 줄어든다.

【초록색 메뚜기】

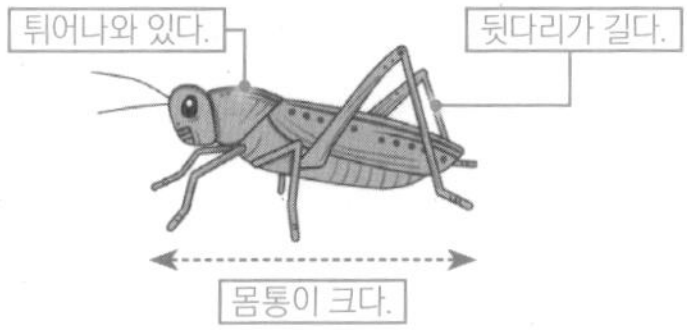

너무 많이 늘어나면 상변이하는 동물도 있다!

동종 개체가 많아 겉모습에 변화가 나타나는 것을 '변이'라고 한다. 풀무치나 멸구는 커다란 날개가 자라 장거리 비행이 가능한데, 변이한 멸구가 중국에서 일본까지 날아가기도 한다. 변이한 사막메뚜기가 거대한 무리를 지어 농작물 등에 피해를 준 사례도 있다.

【거무스름한 메뚜기】

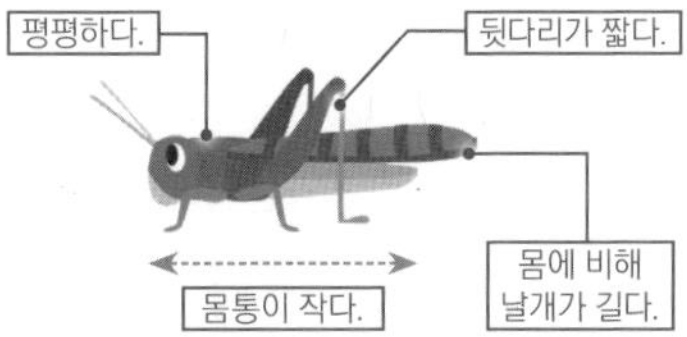

Day 074

침팬지와 일본원숭이의 새끼는 아버지가 누구인지 알 수 없다?

|동물의 가족 이야기|

동물의 가족 형태는 일부일처, 일부다처 등 다양하다.

세 가지만 알면 나도 동물학자!

일부일처제 동물

긴팔원숭이는 수컷 가장, 어미, 새끼가 함께 생활한다. 인간사회에서 말하는 가족이다. 펭귄도 일부일처로 가족을 형성한다. 일부일처인 동물은 수컷과 암컷의 몸집이 거의 비슷하다.

일부다처제 동물

고릴라는 수컷 가장 한 마리에 암컷 3~5마리가 무리를 지어 생활한다. 강한 수컷만 암컷을 여러 마리 거느릴 수 있다. 따라서 암컷을 차지하지 못해 무리에 끼이지 못하는 수컷이 존재한다. 일부다처인 동물은 수컷 간의 경쟁이 치열해 암컷보다 수컷의 덩치가 크다. 일부다처제 동물의 경우 수컷은 뿔이나 엄니 등 '무기'가 발달한 종류가 많다.

암컷이 여러 수컷과 교미하는 동물

침팬지와 일본원숭이는 수컷과 암컷 여러 마리가 무리를 지어 생활해 새끼의 아버지가 누구인지 알 수 없다.

해마는 수컷의 배에 달린 주머니에서 새끼를 기른다는데?

|동물의 육아 이야기|

수컷과 암컷 중 육아 담당은 동물의 종류에 따라 다르다.

세 가지만 알면 나도 동물학자!

동물은 새끼를 어떻게 기를까?

새끼를 기를 때는 아직 먹이를 얻는 능력이 충분하지 않은 새끼에게 영양을 공급하는 것이 가장 중요하다. 또한 작고 연약한 새끼를 적에게서 지켜주고, 앞으로 살아갈 수 있도록 교육도 시켜야 한다.

암컷이 새끼를 기르는 동물

포유류는 새끼를 낳은 암컷이 새끼에게 젖을 먹이기 때문에 대체로 암컷이 새끼를 돌본다. 꿀벌도 일벌은 모두 암컷이라서 암컷이 애벌레를 돌본다.

수컷이 새끼를 기르는 동물

개구리의 일종인 산파두꺼비는 암컷이 수컷의 몸에 알을 낳으면 알이 수컷의 몸에 달라붙은 채로 자란다. 노린재목에 속하는 물자라도 수컷의 몸에 산란한다. 그리고 해마는 수컷의 배에 달려 있는 주머니에서 새끼를 기른다. 참고로, 산파두꺼비의 '산파(産婆)'는 출산을 돕는 조산사를 가리킨다.

Day 076

화려한 공작은 천적에게 발견되기 쉬운데, 어떻게 멸종하지 않고 살아남았을까?

| 배우자 선택 이야기 |

동물의 배우자 선택 권한은 대개 암컷에게 있으며, 암컷은 강한 수컷을 선호한다.

세 가지만 알면 나도 동물학자!

혹독한 자연에서 살아남기 위해

자손이 번성하려면 혹독한 자연에서 살아남는 '강력한 유전자'를 남길 필요가 있다. 암컷은 낳을 수 있는 새끼의 수에 한계가 있어 더욱 강한 유전자를 지닌 수컷을 선택하려고 애쓴다.

강한 유전자 선별법: '싸움에 강한 수컷'

수컷은 자손을 남기기 위해 암컷의 관심을 끌려고 싸운다. 고릴라, 사자, 바다코끼리 등 수컷한테만 뿔 또는 엄니 등의 무기가 있거나 몸집이 큰 동물은 강한 수컷이 선택된다.

강한 유전자 선별법: '화려한 수컷'

암컷이 화려한 수컷을 선택하는 경향도 있다. 공작 등 수컷이 화려한 동물은 자연에서 천적에게 발견되기 쉬운데도 살아남았다. 이는 화려하면서 체력도 있고 적에게서 도망칠 수 있는 능력이 뛰어나다는 증거다. 공작의 깃털은 기생충에 강하고 날개를 유지할 수 있는 면역력을 나타낸다는 이야기도 있다.

Day 077 생활 양식 | 동물의 가족

1,500종 이상의 동물이 동성애를 한다고?

|동물의 동성애 이야기|

> 과학적 조사 결과, 적어도 500종 이상의 동물에게서 동성애 행동이 확인되었다.

세 가지만 알면 나도 동물학자!

광범위한 종에서 동성애 행동 관찰

사람을 제외한 동물의 성 행동은 자손을 만들기 위해 이성 간에 이루어지는 경우가 많다. 그런데 1,500종 이상의 동물에게서 동성 간의 성 행동이 관찰된다. 과학적 조사 결과, 적어도 500종 이상의 동물에게서 동성애 행동이 확인되었다. 동물들 사이에도 사람이 느끼는 '사랑'이 존재하는지는 알 수 없다.

동물의 동성애 사례

일본원숭이와 침팬지는 가끔 젊은 수컷끼리 껴안는 등의 행동을 보인다. 동성 커플 플라밍고가 다른 커플에게 버려진 새끼를 입양해서 기른 사례도 보고되었다. 펭귄 수컷 커플이 훔친 알을 기르는 사례가 관찰되기도 했다.

동성애 현상이 나타나는 이유

동물이 동성애와 같은 행동을 보이는 이유는 아직 확실히 밝혀지지 않았다. 동성애 행동으로 사회의 유대관계를 강화하거나 분노를 달래는 걸까? 암컷이 적을 때 수컷끼리 동성 커플이 되기도 한다.

물속에 녹아 있는 미량의 산소를 어류는 어떻게 흡수할까?

| 어류 이야기 |

어류는 등뼈가 있는 동물로, 물속에 살며
팔다리가 없고 평생 아가미로 호흡한다.

세 가지만 알면 나도 동물학자!

어류는 아가미로 호흡

물속에는 아주 약간이지만 산소가 녹아 있다. 아가미에는 수많은 혈관이 분포해 아가미로 산소를 받아들인다. 대량의 물을 아가미로 통과시켜 미량의 산소를 잔뜩 흡수하도록 진화했다. 또한 어류는 소변도 대부분 아가미로 배출한다.

전 세계에 존재

어류는 바다에서 생활하는 해수어, 강과 호수, 늪 등의 민물에 서식하는 담수어, 바닷물과 민물이 섞인 기수역에서 사는 기수어, 수심 200미터 이상의 심해에서 사는 심해어 등으로 전 세계에 분포한다.

팔다리가 없고 지느러미로 이동

아가미는 어류의 몸 여기저기에 붙어 있다. 헤엄칠 때, 해저를 기어다닐 때, 모래 속으로 파고 들 때 등 다양한 역할을 한다. 날치의 가슴지느러미는 새의 날개처럼 큼직해서 공중을 활강할 수 있다. 빨판상어의 흡반은 등지느러미가 진화한 기관이다.

【어류】

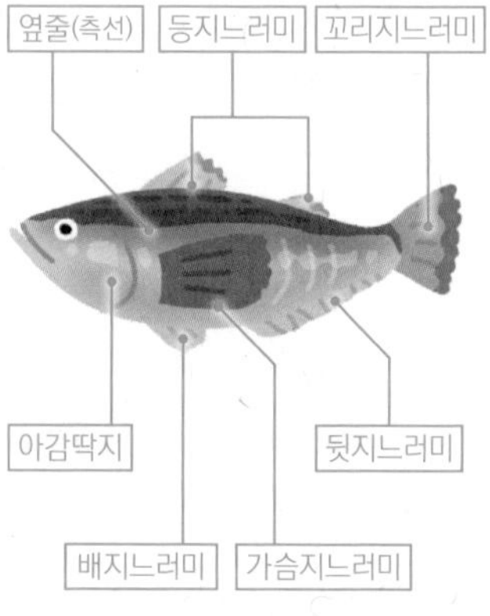

물고기는 왜 비늘을 갖고 있을까?

|물고기의 비늘 이야기|

물고기의 비늘은 천적과 병원체, 바닷물 등으로부터 몸을 지켜준다.

세 가지만 알면 나도 동물학자!

비늘이 있으면 물의 저항력 감소

폐어와 실러캔스, 앨리게이터가아처럼 단단한 비늘을 지닌 물고기도 있다. 하지만 비늘이 단단하면 움직임이 둔해진다. 그래서 많은 물고기가 비늘을 얇은 기와처럼 차곡차곡 포개는 형태로 진화해 물의 저항을 줄여 쉽게 움직일 수 있게 되었다.

체내 염분의 농도 변화 방지

염분 등의 농도에 차이가 있으면 삼투압에 의해 물은 농도가 연한 쪽에서 진한 쪽으로 이동한다. 바닷물에서는 비늘과 점액으로 피부를 보호하지 않으면 체내 수분이 밖으로 빠져나가고, 반대로 민물에서는 물이 체내로 들어와 몸이 퉁퉁 불어버린다.

영양분 저장

물고기의 비늘은 표면 안쪽에 있는 진피가 변해서 생긴 것이다. 비늘에는 칼슘 등의 미네랄이 저장되어 있다. 혈액 속의 칼슘이 부족해지면 자동으로 비늘에서 보충한다.

얄팍한 기와처럼 포개진 비늘

생활 양식 | 먼 옛날 동물 | 친숙한 동물 | 포유류 | 조류 | 별난 동물 | 무척추동물 | 바다 동물

쥐치류는 떠내려가지 않도록 해초를 입에 물고 잔다는데?

|물고기의 잠 이야기|

물고기는 눈꺼풀이 없어
자는 것처럼 보이지 않지만 자고 있을 때가 있다.

세 가지만 알면 나도 동물학자!

물고기가 자는 걸 어떻게 알까?

연구자는 물고기의 행동을 관찰해서 자는지 깨어 있는지 판단한다. 종류에 따라 수면 방식이 제각각이다. 유속이 약한 바위 그늘이나 수초 사이에서 꼼짝하지 않은 채 자는 물고기가 많다.

언제 잘까?

대부분 물고기는 낮에 활동하고 밤에 잔다. 그런데 붕장어와 뱀장어, 갈치처럼 낮에 자고 밤에 활동하는 야생성 물고기도 있다.

별난 방식으로 자는 물고기

물고기 중에는 특이한 방식으로 잠자는 종류도 있다. 고등어, 가다랑어, 참치 등 무리를 지어 회유하는 물고기 종류는 헤엄치며 자는 경우가 많다. 복섬과 청보리멸, 놀래기 종류는 모래를 파고 들어가서 잔다. 그리고 쥐치류는 떠내려가지 않도록 해초 등을 입에 물고 잔다. 뇌파 측정 결과를 근거로 물고기도 꿈을 꾼다는 설이 있다.

물고기는 밀집 대형으로 헤엄치는데도 어떻게 서로 부딪치지 않을까?

| 물고기의 무리 이야기 |

물고기가 떼를 지어 헤엄치는 이유는 적으로부터 몸을 보호하고 먹이를 확보하기 쉽기 때문이라는 등 다양한 설이 있다.

세 가지만 알면 나도 동물학자!

떼를 지어 움직여야 안전

물고기가 떼를 지어 움직이면 감시하는 눈이 많아져 적이 오는 것을 바로 알아차릴 수 있다. 또 무리를 지으면 쉽게 눈에 띄지만 덩어리가 커져 습격받을 확률이 낮아지고, 만약 공격받더라도 사방팔방으로 도망쳐 잡힐 위험이 줄어든다.

종 보존에도 유리

습격받았을 때 몇 마리가 잡아먹히더라도 그 사이 다른 물고기들은 도망쳐 종이 살아남을 가능성이 높아진다. 게다가 보는 눈이 많아 먹이나 교미 상대를 쉽게 찾을 수 있는 등 여러 가지 이점이 있다.

빽빽하게 모여서 헤엄치면 부딪치지 않을까?

물고기의 몸 옆면에는 물의 흐름과 수압 등의 미세한 변화를 감지하는 '옆줄'이라는 센서가 있어 간격이 달라지면 바로 알 수 있다. 그래서 밀집 대형으로 움직여도 부딪치지 않고 안전하게 헤엄칠 수 있다. 남아프리카에는 몇억 마리씩 떼를 지어 다니는 물고기도 있다.

연어는 왜 강에서 알을 낳고 바다에 나가 성장할까?

| 연어 이야기 |

먹이가 풍부한 바다에서 자란 연어는 산란할 때가 되면
자기가 태어난 강으로 돌아간다.

세 가지만 알면 나도 동물학자!

연어는 강에서 알을 낳는다

연어의 알은 바닷물 속에서 둥둥 뜨지만 민물에서는 가라앉는다. 알이 떠다니는 바다보다 알이 가라앉는 강에서 산란해야 적에게 잡아먹힐 확률이 줄어든다. 알을 낳으면 자갈을 덮어 숨기고 종족을 보존하기 위해 만약의 사태에 대비한다.

먹이가 풍부한 바다로 옮겨가서 성장

강에는 먹이가 적어 성장하는 데 한계가 있다. 먹이가 적으면 덩치를 키울 수 없어 먹이가 풍부한 바다로 옮겨가서 생활한다. 연어는 흰살생선인데 살이 붉은 이유는 먹이에 들어 있는 색소 때문이다.

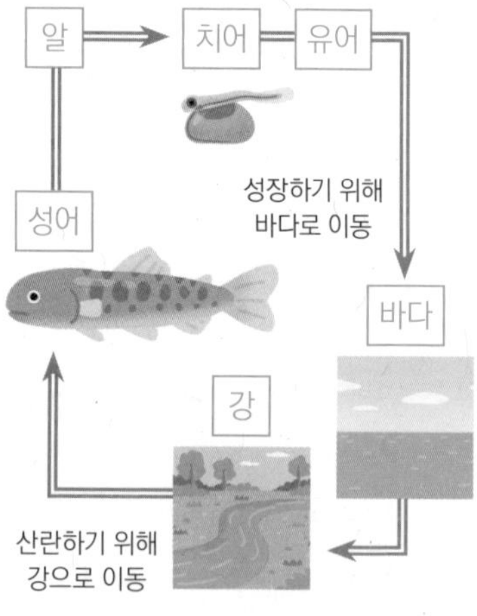

연어가 고향을 찾아가는 방법은 수수께끼

연어가 태어난 강을 어떻게 찾아가는지는 아직 확실히 밝혀지지 않았다. 먼바다에서 돌아오려면 태양과 지자기를 이용하고, 최종적으로 냄새로 태어난 고향의 강을 찾는다는 가설이 학계에서 유력하게 받아들여지고 있다.

은어가 강 하류 지역에 알을 낳는 이유는?

|은어 이야기|

은어는 연어와 마찬가지로 강에서 태어나 바다에서 자란 뒤 강으로 돌아와서 생활한다.

세 가지만 알면 나도 동물학자!

은어는 양측회유성 어류

강에서 태어나 바다에서 치어기를 보내고, 다시 강을 거슬러 올라와 계속 성장하는 물고기를 양측회유성(兩側回遊性, amphidromous) 어류라고 한다. 강에서 태어나더라도 평생 대부분을 바다에서 생활하는 연어와는 다르다. 강의 수온이 낮은 시기에는 바다에서 생활한다.

치어는 스스로 이동할 수 없어 강 하류에 산란

알에서 부화한 직후 상태를 '치어'라고 한다. 치어는 아직 지느러미가 발달하지 않아 혼자서는 이동할 수 없다. 치어가 물의 흐름을 타고 바다로 이동할 수 있도록 은어는 강 하류 지역에 알을 낳는다.

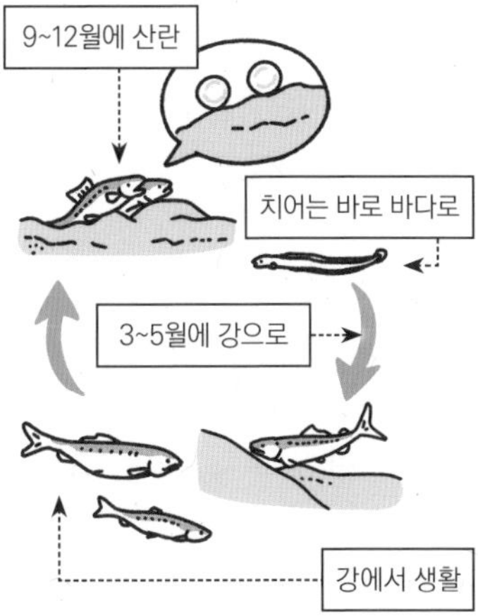

은어는 이빨이 새로 난다

강으로 거슬러 올라가는 시기가 되면 은어는 바위에 부착한 이끼류를 벗겨 먹을 수 있도록 빗처럼 생긴 이빨이 다시 난다. 그리고 가을이 되면 강 하류로 이동해서 산란한 뒤 생을 마친다.

심해어가 수압에 짓눌리지 않는 비밀은?

|심해어 이야기|

바닷물을 몸속에 채우는 등의 방식으로
몸속과 밖의 압력을 조절한다.

세 가지만 알면 나도 동물학자!

몸속과 밖의 압력을 똑같이 유지하면 찌그러지지 않는다

수압은 10미터 깊이로 내려갈 때마다 1기압씩 커져 1,000미터에 사는 심해어는 100기압을 견디며 산다. 그런데도 납작해지지 않는 이유는 바닷물을 몸속에 가두는 등의 방식으로 몸 안팎의 압력을 같게 유지하는 구조 때문이다.

공기가 압축된다

물과 기름은 큰 수압을 받아도 부피가 그다지 변하지 않는다. 하지만 공기는 수압이 100배가 되면 부피가 100분의 1로 줄어든다. 공기만큼은 아니지만 기름도 물보다 가볍다. 부레의 공기를 기름으로 바꾸거나 부레를 없애 큰 수압에 견딜 수 있게 진화한 물고기도 있다.

단백질 구조까지 진화

수천 미터 심해에서는 수압으로 인해 세포를 구성하는 단백질까지 변한다. 극한의 환경에서 생활하는 물고기는 단백질 구조부터 다르다는 연구 결과가 있다. 수심 8,178미터에서 신종 마리아나 스네일피시가 발견되었다.

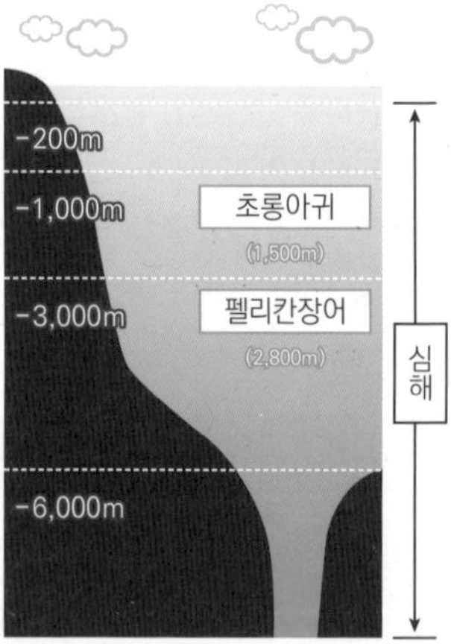

Day 085

바다전갈의 몸집은 왜 다른 종에 비해 유난히 컸을까?

|바다전갈 이야기|

오르도비스기 중기에 출현한 바다전갈은
몸길이가 2.5미터나 되는 절지동물이었다.

세 가지만 알면 나도 동물학자!

절지동물 중에서 사상 최대급 크기

바다전갈류는 약 250종류였다. 몸길이는 1미터 전후가 많고, 가장 큰 것은 2.5미터에 달했다. 캄브리아기와 마찬가지로 오르도비스기에도 절지동물류는 커봤자 몇십 센티미터였다. 이와 비교하면 바다전갈의 크기를 짐작할 수 있다.

집게발로 다른 생물을 붙잡아서 먹었다

현생 동물 중에서 바다전갈과 가장 가까운 동물은 투구게다. 다리(부속지, appendage)는 6쌍으로 총 12개였다. 다리를 지느러미처럼 사용해 해저를 걸어다니거나 바닷속에서 헤엄쳤다. 한 쌍의 겹눈과 한 쌍의 낱눈(4개), 집게 형태의 다리를 지녔다. 집게는 별로 튼튼하지 않아 강력한 포식자는 아니었다고 추정된다.

실루리아기 후기에 대형화

고생물학자들 사이에서 절지동물의 대형화를 두고 대기에 산소가 풍부해졌기 때문이라는 설과 당시 먹이인 어류가 거대해지면서 그에 맞춰 커졌다는 설 등 여러 의견이 있다.

삼엽충은 왜 눈과 단단한 껍데기를 지니게 되었을까?

|삼엽충 이야기|

삼엽충은 고생대 캄브리아기에 번성한 절지동물로,
고생대의 중요한 표준 화석으로 여겨진다.

세 가지만 알면 나도 동물학자!

왜 '세 개의 잎(三葉)'일까?

삼엽충의 몸통은 중앙의 '중심축엽'과 그 좌우로 '가슴엽' 두 개가 있어 총 세 부분으로 나뉜다. 이 세 부분이 잎 모양이라서 몸이 '세 갈래 잎 또는 열매'처럼 생겼다는 의미로 '삼엽충(三葉蟲, trilobite)'이라는 이름이 붙었다. 2~10센티미터나 되는 개체도 많았다.

눈을 지닌 최초의 동물 중 하나

머리 부분 아래에 입이 있고, 위에 한 쌍의 겹눈이 있었다. 단단한 껍데기가 몸을 보호했다. 그 아래 몇 개의 다리가 있어 해저를 기어다니거나 헤엄칠 때 사용했다. 주로 해저 펄에서 유기물을 걸러 영양분을 섭취했다.

삼엽충이 눈과 단단한 껍데기를 지니게 된 이유

이 시대에 아노말로카리스와 바다전갈 등 삼엽충을 먹이로 삼는 포식자가 나타난 점과도 관계있을 수 있다. 천적을 신속하게 감지해 도망치거나 단단한 껍데기로 몸을 보호했다.

암모나이트 화석이 데본기부터 백악기까지 지질 연대 연구에 활용되는 이유는?

|암모나이트 이야기|

고생대 실루리아기 말에 나타나 중생대 백악기 말에 멸종한 암모나이트는 조개류가 아니라 연체동물 두족류였다.

세 가지만 알면 나도 동물학자!

소용돌이 모양의 껍데기

대부분 규칙적으로 돌돌 말린 껍데기가 있어 화석으로 남은 개체는 껍데기뿐이다. 대부분 수십 센티미터 크기인데, 2미터가 넘는 개체도 있었다. 백악기에는 껍데기 모양이 괴상하게 생긴 개체도 등장했다. 그래도 같은 종은 똑같은 방식의 소용돌이형 껍데기를 가지는 규칙성이 있었다.

현생 동물 중에서는 문어와 오징어가 친척

문어와 같이 여러 개의 다리를 지닌 연체부가 껍데기의 입구에서 가장 가까운 부분에 있었다. 커다란 눈과 날카로운 이빨을 가진 우수한 포식자였다. 몸이 커짐에 따라 껍데기를 키우고 몸 뒤에 칸막이를 만들어서 성장했다.

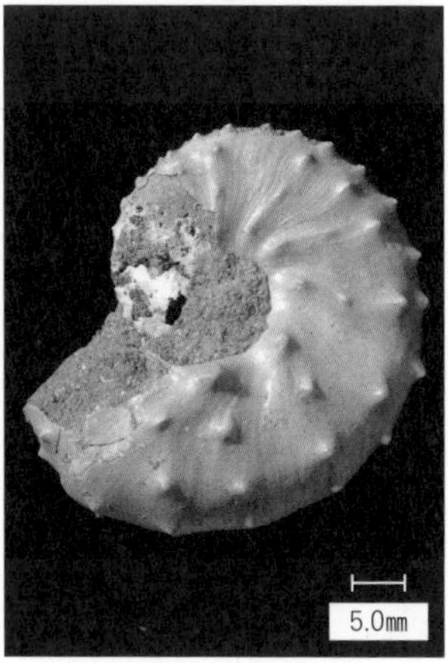

표준 화석으로서 중요

암모나이트 화석은 전 세계에서 발견된다. 지질 연대별로 발견되는 종류가 정해져 있는 표준 화석으로, 데본기부터 백악기까지 지질 연대 연구와 결정에 활용된다.

이빨처럼 생긴 희한한 화석의 정체는?

|코노돈트 이야기|

크기가 1밀리미터 이하로 작고
이빨처럼 괴상하게 생긴 코노돈트 화석이 발견되었다.

세 가지만 알면 나도 동물학자!

기묘한 이빨 모양의 화석

캄브리아기~트라이아스기 암석에 포함된 화석이 러시아에서 발견되었다. 발견자는 그중에서 알려지지 않은 어류의 이빨이 화석이 되었다고 추정해, '원뿔 모양 이빨'이라는 뜻으로 '코노돈트(Conodonta)'라고 이름 붙였다.

온전한 코노돈트 화석 발견!

코노돈트의 정체는 오랫동안 수수께끼 상태였으나, 1983년 스코틀랜드에서 발견된 화석을 통해 몸의 구조를 알게 되었다. 코노돈트는 오르도비스기부터 트라이아스기까지 몇 차례 대량 멸종기에도 살아남았다.

매우 원시적인 척추동물

코노돈트는 0.2~1밀리미터 크기였다. 그런데 전체 화석이 발견되면서 그 코노돈트를 가진 동물은 뱀장어처럼 길쭉한 몸을 가졌을 것이라는 가설이 제기되었다. 몸길이가 약 10센티미터로, 칠성장어와 비슷한 생김새였을 것으로 추정된다.

칠성장어의 눈이 8개처럼 보이는 까닭은?

|칠성장어 이야기|

털이 없는 칠성장어는 둥근 빨판 형태의 입으로
먹이에 달라붙어 피를 빨아 먹는다.

세 가지만 알면 나도 동물학자!

눈 뒤에 아가미구멍 7개가 있어 눈이 8개로 보인다

몸 옆에 7개의 아가미구멍이 있어 칠성장어(七星長魚)라는 이름이 붙었다. 그런데 아가미구멍이 눈 뒤에 있어 마치 눈이 8개처럼 보인다. 턱이 있는 뱀장어와는 다른 종류다.

칠성장어 치어에는 눈도 빨판도 없다

강에서 알로 태어난 치어의 모습은 민달팽이를 닮았다. 입에는 빨판이 없고, 입안에 가느다란 털이 수북하게 돋아 있다. 이 털을 입 밖으로 내밀어 동시에 움직여서 물살을 일으켜 물속의 작은 먹이(미생물)를 잡아먹는다.

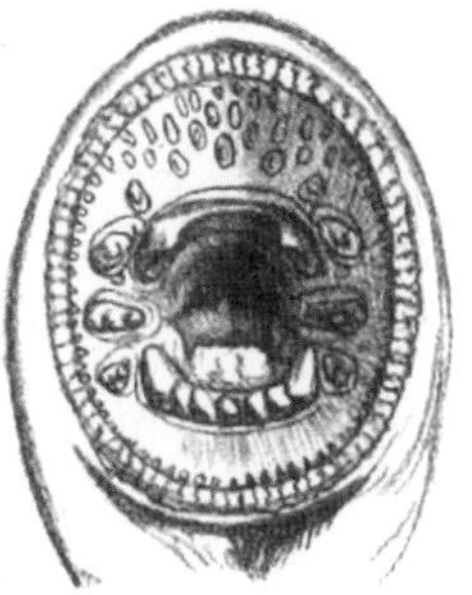

성체는 뱀장어 모양

치어는 강에서 4년 동안 지낸 뒤 바다로 나아가 눈과 빨판, 이빨을 가진 뱀장어 모양의 성체로 성장한다. 연어, 송어, 가자미, 대구의 피를 빨아먹으며 바다에서 2~3년 정도 지낸 후 여름 무렵 강을 거슬러 올라가 봄에 산란한다. 수컷과 암컷 모두 산란 후 폐사한다.

Day 090

강력한 턱을 가진 어류 시대 최강 포식자 둔클레오스테우스의 정체는?

|무는 힘이 센 물고기 이야기|

둔클레오스테우스는 몸길이가 몇 미터나 되고
턱뼈를 진화시킨 날카로운 어금니를 가지고 있었다.

세 가지만 알면 나도 동물학자!

'어류 시대'로도 일컬어지는 데본기

어류는 데본기까지 폭발적으로 진화해 무악류(無顎類)뿐 아니라 턱뼈를 가진 판피류(板皮類), 극어류(棘魚類), 연골어류(軟骨魚類), 경골어류(硬骨魚類)가 나란히 바다의 지배자가 되었다. 그래서 데본기를 '어류 시대'라고 부르기도 한다. 참고로, 경골어류의 가운데 지느러미에 뼈가 있는 종류가 이후 양서류가 되었다.

턱뼈를 가진 초기 어류 '판피류'

무악류보다 조금 나중에 나타난 판피류는 갑옷을 입은 듯한 단단한 외피를 지닌 어류였다. 판피류는 데본기에 번성했다가 말기에 멸종했다. 그중에서도 둔클레오스테우스는 강력한 턱으로 사냥감을 물어뜯었다.

머리 부분만 발견된 둔클레오스테우스 화석

둔클레오스테우스 화석은 거대한 머리 부분만 남아 있다. 등뼈가 상어처럼 연골이었기 때문이다. 턱을 가지게 된 판피류 등의 어류는 위턱과 아래턱으로 이루어진 입이 생겨, 커다란 입을 벌려 먹이를 집어삼킬 수 있었다.

데본기에 지느러미로 팔굽혀펴기를 할 수 있는 물고기가 있었다고?

| 틱타알릭 이야기 |

살점이 붙은 지느러미를 가진 물고기(육기어류) 중에서 지느러미가 팔처럼 생긴 것이 있었다.

세 가지만 알면 나도 동물학자!

경골어류의 한 종류인 육기어류

경골어류는 온몸의 뼈가 경골이다. 그러나 뼈끼리 콜라겐이라는 단백질로 연결되어 유연하게 움직일 수 있다. 크게 육기어류(肉鰭魚類)와 조기어류(條鰭魚類)로 나눌 수 있는데, 육기어류는 지느러미에 살점이 붙어 있고, 조기어류는 지느러미에 살점 없이 튼튼한 근육으로 이루어져 있다.

팔다리가 달린 물고기 등장

육기어류는 실러캔스와 폐어(肺魚)를 포함한다. 데본기 후기에 서식한 에우스테놉테론(Eusthenopteron)은 지느러미에 뼈가 있었고, 악어처럼 생긴 틱타알릭(Tiktaalik)은 어류와 네발 동물 사이의 특징을 지니고 있었다.

팔굽혀펴기를 할 수 있는 물고기 '틱타알릭'

틱타알릭은 지느러미의 뼈가 관절로 연결되어 있어 '팔굽혀펴기를 할 수 있는 물고기'로 알려져 있다. 에우스테놉테론과 틱타알릭 모두 강과 호수 같은 민물의 얕은 여울, 수초가 우거진 곳에서 물고기 등을 잡아먹었다.

Day 092

초원에 사는 초식동물이 삼림에 사는 초식동물보다 몸집이 큰 이유는?

| 먹이와 몸의 구조 이야기 |

동물은 먹이가 다르면 감각기관, 소화기관, 골격 등 몸의 여러 부위에 차이가 나타난다.

세 가지만 알면 나도 동물학자!

감각기관을 사용하는 방법이 다르다

육식동물은 사냥감을 제압하기 위해 방향과 거리를 정확히 알아야 한다. 초식동물은 넓은 범위를 보거나 소리와 냄새에 민감해 육식동물의 움직임을 경계한다. 동물에 따라 감각기관을 사용하는 방법이 다르다.

소화 방식도 다르다

식물의 세포에는 세포벽이 있는데, 이 세포벽은 단단해서 소화가 잘 되지 않는다. 초식동물은 소화를 위해 잎을 씹어서 으깨는 이빨, 꿀꺽 삼킨 먹이를 걸쭉하게 만들어 되새김질하기 위한 위(胃)와 기다란 창자(腸)를 가지고 있다.

몸 크기도 변한다

초원의 풀은 숲에 있는 나뭇잎에 비해 질겨 초원에 사는 초식동물은 삼림에 사는 초식동물보다 몸집이 크다. 초원에서는 풀을 으깨는 큼직한 이빨과 긴 창자를 가진 대형 동물이 유리하기 때문이다. 덩치가 큰 초식동물에게는 육식동물도 함부로 덤비지 못한다.

【다양한 포유류 동물의 창자 길이】

동물	창자 길이 (m)	창자 / 몸길이 비율
향유고래	300	16~24
말	30	12
소	50	22~29
양	31	27
사람	7	4.5
사자	7	3.9
늑대	6	4
고양이	2	3~4

포유류인 돌고래는 유치가 없고 이빨이 한 번밖에 나지 않는다는데?

|동물의 이빨 이야기|

대다수 포유류의 이빨은 형태에 따라 네 가지로 나뉘며, 유치에서 영구치로 이갈이를 한다.

세 가지만 알면 나도 동물학자!

앞니, 송곳니, 작은어금니, 큰어금니

어류, 양서류, 파충류는 같은 형태의 이빨이 늘어서 있다. 포유류는 먹이를 씹어서 끊는 앞니, 찢어발기는 송곳니, 잘게 으깨는 어금니를 가지고 있다. 이러한 이빨들은 동물의 먹이에 맞춰 진화했다. 그러나 돌고래는 포유류이지만 유치가 없고 이빨이 한 번밖에 나지 않는다.

유치(젖니)와 영구치를 가지고 있다

동물은 태어난 직후 어미의 젖을 먹고 자라 이빨이 없다. 튼튼하고 큼직한 영구치는 자라려면 시간이 걸려 작은 유치(젖니)가 먼저 난다. 어릴 때는 유치를 사용하고 영구치가 날 준비를 마치면 유치가 빠지며 영구치가 난다.

【종에 따른 이빨의 차이】

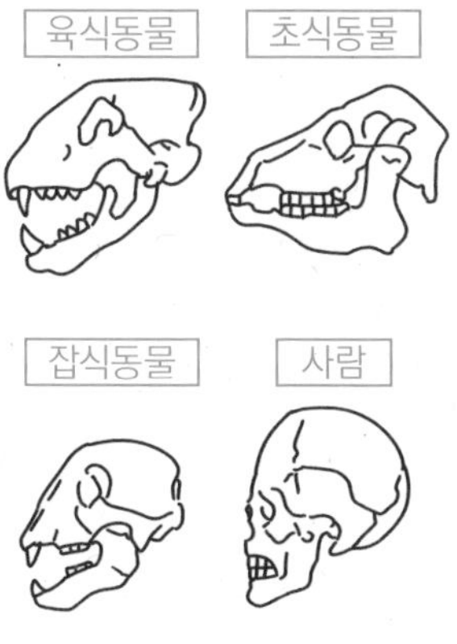

사람은 치열이 완성되는 데 20년 가까이 걸린다

대체로 사람은 여섯 살 무렵 젖니가 빠질 때쯤 되면 어금니 뒤에 영구치가 될 큰어금니가 난다. 그리고 앞니, 작은어금니가 나고 송곳니가 자란다. 가장 안쪽의 큰어금니는 성인이 될 무렵에 나서 '사랑니'라고 한다.

왜 육식동물의 눈은 앞을 향해, 초식동물의 눈은 옆을 향해 있을까?

| 초식동물과 육식동물의 눈 이야기 |

동물의 눈은 적을 빠르게 발견하거나 사냥감까지의 거리를 가늠하는 등 목적에 따라 위치가 다르게 달려 있다.

세 가지만 알면 나도 동물학자!

육식동물은 두 개의 눈이 앞을 향해 달려 있다

두 개의 눈이 앞을 향해 달려 있으면 전방의 사물을 입체적으로 볼 수 있다. 사냥할 때 정확하게 덮치지 않으면 먹잇감이 달아난다. 따라서 육식동물의 눈은 정확한 거리를 파악할 수 있도록 앞을 향해 달려 있다.

초식동물은 두 개의 눈이 옆을 보게 달려 있다

초식동물은 언제나 육식동물의 움직임을 조심스럽게 살핀다. 그렇지 않으면 습격당해 도망칠 기회를 놓친다. 눈이 옆에 있으면 넓은 범위를 내다볼 수 있어 유리하다. 토끼의 눈은 앞이 아니라 뒤도 입체적으로 살필 수 있다.

두 개의 눈이 의외의 장소에 달린 생물

해저의 모래 위에서 생활하는 가자미나 넙치의 눈은 몸 좌우 한쪽에만 두 개가 달려 있다. 적으로부터 몸을 숨길 때도, 먹잇감을 잡을 때도 위만 볼 때가 많아 이렇게 진화했다. 참고로, 치어일 때는 눈이 양쪽에 붙어 있다.

치타는 먹잇감을 잡을 때 시간이 오래 걸리면 어떻게 할까?

| 치타의 사냥 이야기 |

치타는 빠르긴 하지만 장시간 달릴 수 없어
사냥에 항상 성공하지는 못한다.

세 가지만 알면 나도 동물학자!

최고 속도로 달릴 수 있는 시간은 길지 않다

치타는 세계에서 가장 빠른 육상동물이다. 달리기 시작한 지 3초 만에 시속 100킬로미터에 도달할 수 있다. 최고 속도가 시속 100킬로미터가 넘을 정도로 빠르지만 지구력이 약해 장거리를 달릴 수는 없다. 단독으로 사냥에 나서며, 먹잇감을 잡는 데 시간이 걸리면 포기해버려 성공률은 50퍼센트 정도다.

꼬리로 균형을 잡는다

사냥감이 방향 전환을 반복하면서 필사적으로 도망치면 치타는 긴 꼬리로 균형을 잡으며 교묘하게 추격한다.

【동물의 최고 속도 순위】

발톱을 스파이크처럼 사용

일반적인 고양잇과 동물의 발톱은 넣었다 뺐다 할 수 있어 보행 등으로 발톱이 닳지 않는 구조다. 하지만 치타는 생후 10개월 무렵부터 발톱을 숨길 수 없다. 치타의 발톱은 육상선수 운동화에 달린 스파이크 역할을 해서 달릴 때 지면을 힘차게 찬다.

사자와 호랑이 중 어느 쪽의 사냥 성공률이 더 높을까?

| 사자의 사냥 이야기 |

사자는 암컷이 사냥에 나서는데, 성공률은 20퍼센트 정도다.

세 가지만 알면 나도 동물학자!

사자는 고양잇과 동물 중에서 드물게 무리 생활

호랑이와 치타 등 많은 고양잇과 동물은 단독으로 생활한다. 그런데 암사자는 무리를 짓고 사냥도 공동으로 나선다. 사냥은 다섯 번에 한 번 정도밖에 성공하지 못한다. 그래도 마흔 번에 세 번 정도 성공하는 호랑이보다는 성공률이 훨씬 높다. 참고로, 육식동물인 잠자리의 사냥 성공률은 98퍼센트로 경이로운 수준이다.

사자는 매복형으로 사냥

사자는 무리를 지어서 쫓아 사냥감을 지치게 만든 뒤 잡는 방식으로 사냥한다. 사자는 무리가 매복해 있는 지점으로 사냥감을 몰아가는 협공 작전을 펼친다.

사냥감은 주로 대형 동물

사자는 집단으로 사냥에 나서 누, 얼룩말 등 대형 초식동물을 잡을 수 있다. 잡은 동물을 함께 나눠 먹어야 하기 때문에 대형 동물이 아니면 양이 부족하다.

Day 097 생활 양식 | 먹이

수사자는 왜 사냥에 나서지 않을까?

|수사자 이야기|

무리를 떠나 단독으로 행동하는 수컷은 직접 사냥한다.

세 가지만 알면 나도 동물학자!

수컷의 임무는 무리 지키기

무리에 있는 수사자는 웬만해선 사냥에 나서지 않는다. 사자는 혈연관계인 암컷들과 무리를 짓고, 다른 무리에서 온 수컷을 맞아들여 새끼를 기른다. 수사자의 임무는 무리를 보호하는 것이다. 따라서 암컷이 사냥감을 잡아 오면 제일 먼저 먹고 식사 중인 무리를 지킨다.

새끼 수컷은 성장하면 무리를 떠난다

무리에서 태어난 새끼 중 암컷은 그대로 무리에 남지만, 수컷은 성장하면 무리를 떠난다. 무리를 떠난 수사자는 살아가기 위해 사냥을 한다. 하지만 사냥에 실패할 때가 많아 하이에나가 잡은 먹이를 뺏어 먹기도 한다.

수컷은 싸움으로 무리를 뺏는다

무리를 떠나 단독으로 생활하는 수컷은 자손을 남기기 위해 무리를 뺏을 수밖에 없다. 그래서 무리 안에 있는 수사자와 결투를 벌이고, 싸움에서 승리한 수사자가 무리에 남는다.

코끼리는 하루에 먹이를 얼마나 먹을까?

| 코끼리의 먹이 이야기 |

종류와 개체에 따라 차이가 있지만, 코끼리는 보통 하루에 150~200킬로그램의 풀과 나뭇잎, 나뭇가지, 과일 등을 먹는다.

세 가지만 알면 나도 동물학자!

하루 대부분을 먹이 찾기와 식사로 보낸다

코끼리는 암컷과 새끼가 무리를 지어 생활한다. 세계 최대 육상동물인 아프리카코끼리는 하루에 150~200킬로그램의 풀 등을 먹고, 70~130리터의 물을 마신다. 많은 양의 물과 먹이를 찾기 위해 무리를 지어 이동한다. 하루 대부분을 먹이 찾기와 식사를 하면서 보낸다.

나이 지긋한 암컷 코끼리가 우두머리

초원의 사바나에는 우기와 건기가 있다. 비가 적은 건기에는 물웅덩이와 먹이를 찾으려면 애를 먹는다. 하지만 무리의 우두머리인 나이 지긋한 암컷 코끼리는 경험이 풍부해 어디로 가면 물과 먹이를 찾을 수 있는지 잘 안다.

코를 사용해서 식사

코끼리의 코는 근육으로 이루어져 있어 자유롭게 구부리거나 늘일 수 있다. 코끝의 튀어나온 부분을 손가락처럼 사용해 능숙하게 식사한다.

개구리도 반려동물로 기를 수 있을까?

|개구리 사육 이야기|

뿔개구리, 독화살개구리, 청개구리, 일본두꺼비 등을
반려동물로 기르는 사람이 있다.

세 가지만 알면 나도 동물학자!

반려동물 전문점에서 판매하는 개구리

뿔개구리와 독화살개구리 등 해외에서 수입된 개구리가 반려동물로 팔리고 있다. 뿔개구리는 비교적 키우기 쉽지만, 온도 변화에 예민해 겨울에는 난방기를 달아 온도를 유지하는 등 세심한 관리가 필요하다.

토종 개구리는 키우기 쉬울까?

청개구리나 일본두꺼비 등은 파충류를 주로 취급하는 반려동물 전문점에서 분양받을 수 있다. 수조나 플라스틱 사육장에서 키운다. 수명이 5~10년으로 생각보다 오래 살아, 끝까지 책임지겠다는 각오를 한 뒤 데려와야 한다.

청개구리

주의할 점

몸의 표면에 독이 있는 개구리가 많다. 관찰할 때도 만지지 말고, 혹시 만졌다면 반드시 손을 씻어야 한다. 금개구리, 맹꽁이 등은 멸종위기종이므로 함부로 채집하지 말고 관찰하는 것으로 만족하자.

야생에서 100년 사는 거북이 반려동물로 키우면 40년 산다고?

| 거북 사육 이야기 |

거북은 수명이 길기 때문에 반려동물로 키우려면 끝까지 책임질 수 있는지 등을 고려해 신중하게 결정해야 한다.

세 가지만 알면 나도 동물학자!

거북의 수명은 얼마나 될까?

대형 땅거북과(갈라파고스땅거북, 코끼리거북 등)에 속하는 거북은 100년 이상 산다. 반려동물로 기르는 인도별거북이나 땅거북 등도 수명이 40년가량 된다고 알려져 있다. 따라서 거북을 반려동물로 키우려면 끝까지 책임지고 돌볼 수 있는지 따져보고 신중하게 결정해야 한다.

거북을 키울 때 주의할 점은?

거북은 개와 고양이에 비해 관리하기 쉽지만 온도 체크가 중요하다. 파충류라서 체온 조절이 불가능하기 때문이다. 물과 땅을 오가면서 생활하는 반수생 거북은 수온 조절에 각별히 신경 써야 한다. 그리고 주기적으로 환기해줘야 한다.

반려동물 거북을 방생하지 말자

반려동물로 키우는 거북은 외래종이 많다. 외래종은 생태계를 교란시킬 위험성이 높아 함부로 버리거나 방생한다면서 연못이나 강에 놓아주면 안 된다.

기르면 안 되는 물고기가 있다는데?

| 사육이 금지된 물고기 이야기 |

국립생태원에서 '생태계 교란 생물'로
지정된 동물은 기르면 안 된다.

세 가지만 알면 나도 동물학자!

잡은 물고기는 길러도 괜찮을까?

생태계 교란 생물로 지정된 물고기는 이동과 사육이 금지된다. 루어 낚시로 잡은 배스와 블루길이 대표적인 예다.

친숙한 물고기를 닮은 외래 생물도 있다

미국에서 들여온 얼룩메기는 토종 메기와 닮고, 러시아납지리, 붉은다비납지리 등은 토종 납지리와 비슷한데, 모두 '유입 주의 생물'로 지정되어 있다. 미끼낚시로도 쉽게 잡히니 주의해야 한다. 모기고기는 토종 송사리와 닮았다. 유입 주의 생물이나 외래 생물이 수로나 연못에서 잡힐 수도 있어 조심해야 한다.

전문점에서 분양받을 때 주의할 사항

몸집이 커진 물고기는 전문점 등에서 인수해 주지 않는 사례가 많다. 어느 정도 커질지 미리 알아보고, 끝까지 책임지고 기를 수 있을지 신중하게 생각한 뒤 분양받자. 방생하거나 버리지 않도록 주의해야 한다.

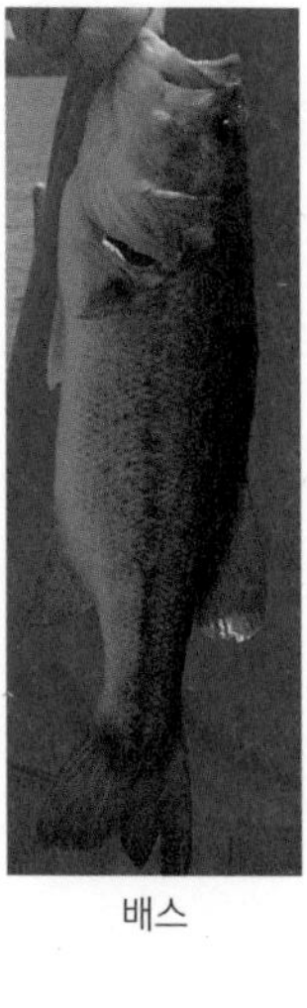

배스

Day 102

붉은귀거북이 생태계 교란 생물로 지정된 까닭은?

| 붉은귀거북 이야기 |

붉은귀거북은 '생태계 교란 생물'로 지정되어 새로 수입해서 키울 수 없다.

세 가지만 알면 나도 동물학자!

붉은귀거북의 특징

연못거북의 일종인 붉은귀거북은 반려동물 전문점에서 주로 판매되었다. 머리 양 끝에 있는 주황색 선이 특징이다. 사육하기 쉽고 더러운 물에서도 잘 살아, 급격히 증식해 문제가 되었다.

붉은귀거북을 키워도 괜찮을까?

외래 생물인 붉은귀거북은 '생태계 교란 생물'로 지정되어 있다. 이전부터 키워왔다면 계속 키울 수 있지만, 새로 수입해서 키우는 것은 금지되어 있다. 따라서 현재 사육하는 개체를 야외에 방생하지 말고 끝까지 책임지고 돌봐야 한다.

유입 주의 거북에는 어떤 것이 있을까?

국내에 유입될 경우 생태계에 위해를 줄 우려가 있는 외래 생물을 '유입 주의 생물'로 지정해 관리하고 있다. 수입 또는 반입도 규제된다. 북미지도거북, 카스피민물거북, 가짜지도거북, 노랑늪거북, 아프리카헬멧거북 등이 있다.

멸종 우려로 보호 대상인 아홀로틀은 왜 반려동물로 길러질까?

| 아홀로틀 이야기 |

아홀로틀은 멸종 우려로
보호 대상이지만 기를 수는 있다.

세 가지만 알면 나도 동물학자!

알고 보면 수입 금지종이다

'우파루파'라는 이름으로 더 많이 알려진 아홀로틀은 1980년대부터 반려동물로 길러지고 있다. 그러나 멕시코가 원산지인 아홀로틀은 멸종 우려로 보호 대상이라 원산지에서 수출입이 금지되고 있다. 현재 판매되는 개체는 예전에 수입해 국내에서 번식한 개체다. 더위에 약해 사육하려면 여름에 에어컨 등의 냉방기기가 필수다.

아가미가 있는 도롱뇽아목

아홀로틀은 멕시코도롱뇽의 올챙이가 아가미를 유지한 채 성체가 되어 유생연장(neoteny)한 상태다. 사육 환경과 영양 조건에 따라서 피부 호흡하는 성체 도롱뇽으로 변태하기도 한다.

5~8년가량 생존

아홀로틀은 성장하면 몸길이가 20센티미터 이상 되며, 5~8년 정도 살 수 있다. 사육할 때는 끝까지 책임지고 기르겠다는 마음가짐이 필요하다.

야생에서 잡은 동물을 길러도 될까?

|물고기와 개구리 채집 및 사육 이야기|

멸종위기종과 생태계 교란 생물, 생태계 위해 우려 생물, 유입 주의 생물 등에 주의하자.

세 가지만 알면 나도 동물학자!

천연기념물과 멸종위기종

천연기념물('문화재보호법'에 따라 지정)과 환경부가 지정하는 '멸종위기종', '생태계 교란 생물', '생태계 위해 우려 생물', '유입 주의 생물' 등은 법률과 조례로 포획과 사육이 금지되어 있다.

소유, 이동, 사육 금지

해외에서 들여온 외래 생물 중 생태계와 농업 등에 피해를 줄 가능성이 있는 생물에 대해 환경부는 '생태계 교란 생물', '생태계 위해 우려 생물', '유입 주의 생물'로 지정해서 관리한다. 수입과 판매 외에 사육과 운반도 금지되며, 신고 및 관리 대상이다.

유전자 다양성 보존

물길이 서로 오가지 않는 강에 사는 생물은 같은 종류라도 유전자에 차이가 있다. 인간의 손으로 생물을 옮겨서 다른 장소에 놓아주면 유전자가 섞여 유전적 다양성을 해칠 수 있다. 유전자 다양성을 보존할 수 있도록 주의하자.

포획 금지 야생동물로 지정된 도롱뇽

Day 105

부레옥잠도 유입 주의 및 생태계 교란 생물이라고?

|수생 생물 사육 이야기|

수조에서 생물을 사육할 경우
수조의 수초를 함부로 버리면 안 된다.

세 가지만 알면 나도 동물학자!

'유입 주의 생물'과 '생태계 위해 우려 생물'이란?

'유입 주의 생물'은 생물 다양성 보전 및 이용에 관한 법률 규정에 따라 국내에 유입될 경우 생태계에 위해를 미칠 우려가 있는 생물로서 환경부 장관이 지정 고시한 생물을 말한다. 그리고 '생태계 위해 우려 생물'은 생태계 등에 유출될 경우 위해를 미칠 우려가 있어 관리가 필요하다고 판단되는 생물을 의미한다.

부레옥잠과 아나카리스도 유입 주의 생물

수조에서 생물을 사육할 때 자주 사용되는 부레옥잠도 '유입 주의 생물'로 지정되어 있다. 집에서 키우는 것이 금지되어 있지는 않지만, 야외에서 증식하면 피해를 줄 수 있으니 물과 함께 강에 버리지 않도록 주의해야 한다.

부레옥잠

왜 생태계 교란종이 아닐까?

널리 사육되거나 농림수산업에서 사용되는 종도 있어, 일률적으로 금지하기 어려운 종이 포함되어 있다. '생태계 위해 우려 생물', '유입 주의 생물'로 지정된 생물은 야외에 퍼지지 않도록 주의해서 관리해야 한다.

늑대는 왜 멀리서 울부짖을까?

| 갯과 동물의 하울링 이야기 |

늑대의 하울링은 자기 존재를 알리는 등 소통 수단 중 하나다.

세 가지만 알면 나도 동물학자!

갯과 동물의 본능적 습성

무리 생활을 하는 늑대는 자기 보금자리와 영역을 전달할 때 멀리까지 닿는 소리로 울부짖는다. 여우, 코요테, 자칼 등의 갯과 동물과 늑대에 가까운 시베리안 허스키와 사냥개 등도 다양한 상황에서 울부짖는 소리(하울링)로 소통한다.

일부러 울부짖지 않는 늑대도 있다

야생 늑대는 사냥 신호, 경계, 위협 등의 상황일 때도 멀리서 울부짖는 소리로 전달한다. 그러나 새끼를 키우는 중이라서 보금자리를 알리고 싶지 않을 때나 단독으로 행동하는 외로운 늑대는 울부짖지 않는다.

개와 동물원 늑대의 사례

구급차 사이렌이나 아기의 울음소리, 악기의 소리나 노랫소리에 반응하는 개, 동물원의 안내 방송에 반응하는 늑대는 멀리서 하울링하는 소리에 가까운 주파수를 감지한다. 이런 동물은 흥분이나 스트레스, 인간의 관심을 끌고 싶을 때 등의 상황에서도 울부짖는다.

너구리는 죽은 척하는 걸까 기절하는 걸까?

|겁 많은 너구리 이야기|

너구리는 깜빡 속아 넘어갈 정도로 기막히게 기절해 죽은 척한다.

세 가지만 알면 나도 동물학자!

너구리의 꾀잠은 능청스러운 연기가 아니다

동물은 외부의 적과 만나면 '싸운다', '도망간다', '몸을 움츠린다'와 같은 세 가지 선택지 중 하나를 고른다. 그러나 겁 많은 너구리는 너무 긴장해서 기절해버린다. 이러한 자극에 대응하는 반응 행동을 '죽은 척하기(thanatosis)'라고 한다.

너구리만 겁쟁이는 아니다

갑자기 적과 마주쳤을 때나 큰 소리 또는 빛 등의 자극을 받을 때 곤충, 어류, 양서류, 파충류, 조류 등도 죽은 것 같은 상태가 된다. 포유류 중에서 오소리, 토끼, 다람쥐 등은 까무룩 기절하는 습성이 있다.

죽은 척 연기하는 동물도 있다

새나 뱀은 일부러 죽은 척하기도 한다. 북미 등지에 서식하는 주머니쥐는 죽은 척하기 연기에 진심이다. 혀를 내밀고, 소변을 지리고, 숨을 안 쉬고, 사체가 부패했을 때 나는 냄새와 비슷한 액체를 분비한다. 모두 목숨을 지키기 위한 필사적인 방어 행동이다.

곰이 왜 자주 숲에서 나오는 걸까?

|곰 이야기|

먹이 부족과 인간 사회의 환경 변화 등이 원인으로 추정된다.

세 가지만 알면 나도 동물학자!

도토리가 흉년일 때는 행동 범위가 넓어진다

일본에서는 국토의 약 40퍼센트 지역에 불곰과 반달가슴곰이 서식한다. 숲에서 활동하는 곰은 도토리가 흉작인 해의 경우 다른 먹잇감을 찾아나서 행동 범위가 넓어진다. 농작물 피해뿐 아니라 시가지에서 굶주린 곰을 만날 수도 있다.

인간의 생활권과 가까워져 사람의 손을 탄다

인구 감소와 고령화로 일손이 부족해 산림이 황폐해지면서 곰과 인간의 생활 경계가 흐릿해졌다. 국립공원 등의 자연에서 곰에게 다가가 사진을 찍거나 함부로 먹이를 주는 사람들에게 길들어 사람과 가까워졌다.

공존을 위한 거리 두기가 중요

곰은 한국이나 일본에서 멸종하지 않은 동물 중에서 가장 큰 야생 육상동물이다. 불시에 마주치면 습격당할 위험이 있다. 산 근처에서 작업할 때는 주위를 꼼꼼히 경계하며, 인간의 음식 맛을 알지 못하게 먹이를 주지 말고 음식물 쓰레기를 깔끔하게 처리해야 한다.

출처 : 「곰이 서식하는 지역」, 제6회 자연환경보전 기초조사회(일본, 2004년)

고릴라는 왜 가슴을 두드릴까?

|고릴라의 드러밍 이야기|

> 고릴리가 가슴을 두드리는 것은 다양한 감정을 표현하는 동작이다.

세 가지만 알면 나도 동물학자!

가슴의 공막주머니를 손바닥으로 드러밍

고릴라가 가슴을 치는 행동이 드럼(북)을 치는 모습과 닮았다고 해서 '드러밍(drumming)'이라고 한다. 성체 수컷 고릴라는 목주머니가 발달한 공막주머니가 가슴에 있다. 뒷발로 버티고 일어서 숨을 들이마시고 손바닥으로 가슴을 탕탕 두드리면 그 소리가 멀리 떨어진 무리에게 전달된다.

불필요한 싸움을 피하는 소통 수단

드러밍은 멀리 떨어진 무리 우두머리끼리 서로의 존재를 알리기 위한 자기주장이기도 하다. 불필요한 싸움을 피하며 싸우지 않고 양보하기 위한 교섭의 기술이다.

암컷도 새끼도 감정을 풍부하게 표현

동료에게 보금자리를 알리거나, 같이 놀자고 신호를 보내거나, 즐거울 때나 흥분했을 때도 드러밍을 한다. 동물원에서는 관심을 가져달라는 신호로 가슴을 두드리기도 한다. 소리가 작고 횟수도 적지만, 암컷과 새끼도 다양한 감정 표현에 드러밍을 활용한다.

Day 110

포유류 | 늑대나 곰

코끼리의 코는 왜 길까?

| 코끼리의 코 이야기 |

몸집이 커지는 진화 과정에서 길고
요모조모 쓰임새가 많은 코를 가진 코끼리만 살아남았다.

세 가지만 알면 나도 동물학자!

길고 편리한 코는 살아남기 위한 진화

코끼리의 조상은 맥과 비슷해서 몸집이 아담하고 코도 짧았다. 그러나 덩치가 커지면서 코가 긴 개체가 물도 마시기 쉽고 먹이도 잡기 쉬우며 물속에서 숨도 쉴 수 있어 유리했다. 결국 길고 편리한 코를 가진 코끼리만 살아남았다.

자유롭게 움직이는 뼈가 없는 근육 다발

코끼리의 코에는 뼈가 없고 콧머리와 윗입술이 늘어난 듯한 근육 다발로 이루어져 있다. 사람의 혀나 문어의 다리와 닮았다. 무거운 물체를 들거나 나뭇잎 한 장을 능숙하게 잡아 뜯을 수도 있다. 코끼리의 코는 인사와 애정 표현에도 활용된다.

후각이 가장 발달한 동물

코끼리는 먹이를 구하거나 물을 마실 때, 물속에서 목욕할 때 길고 두툼하게 발달한 코를 이용한다. 코의 후각 능력은 동물 중 최고다. 낮은 소리를 코로 울려 동료와 대화하거나 물속에서 스노클처럼 사용하며 헤엄칠 수 있다.

미어캣은 왜 서 있을까?

| 미어캣 이야기 |

미어캣은 서서 일광욕으로 체온을 올리거나 주위를 살피며 경계한다.

세 가지만 알면 나도 동물학자!

밤에 식은 몸을 낮에 햇볕으로 따뜻하게 데운다

미어캣은 몽구스의 일종으로 아프리카 남부 사바나에서 무리를 지어 생활한다. 밤에는 땅속에 있는 굴에서 자고, 해가 뜨면 해를 향한 자세로 서서 열광욕을 즐긴다. 하루가 시작되면 몸을 따끈하게 데우며 사냥 준비를 하는 것이다.

무리를 지키기 위해 항상 파수꾼이 경계 보초

사바나의 사막 초원은 매나 올빼미 같은 적으로부터 숨을 공간이 부족하다. 그래서 활동 시간인 낮에는 무리 중에서 파수꾼이 선 자세로 시야를 확보해 주위를 경계한다. 참고로, 우뚝 서 있는 모습이 미어캣과 닮은 북미의 프레리도그는 다람쥐과 동물이다.

긴 꼬리와 울음소리의 중요한 역할

몸길이에 비해 긴 꼬리는 미어캣이 뒷다리로 직립할 때 캥거루처럼 몸을 지탱해주는 버팀목 역할을 한다. 파수꾼은 적을 발견하면 경계하는 울음소리로 위험이 닥쳤음을 알려 무리의 안전을 지킨다.

Day 112

포유류 | 늑대나 곰

나무늘보는 정말로 게으를까?

| 나무늘보 이야기 |

나무늘보가 게으름 피우는 것은 에너지를 절약하고
천적으로부터 몸을 지키기 위한 생존 기술이다.

세 가지만 알면 나도 동물학자!

하루 식사는 나뭇잎 몇 장이 전부, 소화도 느릿느릿

주로 중남미 열대림에서 사는 나무늘보는 일주일에 한 번 정도 볼일을 보러 내려올 뿐 평생 대부분을 나무 위에서 지낸다. 주식(主食)인 나뭇잎은 영양분이 적고 소화 속도가 워낙 느려 꼼짝하지 않고 같은 자세를 유지해 에너지를 절약한다.

외부 기온의 영향을 받는 변온동물

대부분 포유류는 항온동물이어서 적절한 체온을 유지하기 위해 많은 에너지를 사용한다. 반면에 변온동물인 나무늘보는 체온 조절에 에너지를 소비할 필요가 없어 적은 먹이로도 활동할 수 있다. 비가 계속 내려 체온이 내려가면 먹이를 소화할 수 없어 굶어 죽을 수도 있다.

나무로 변신해서 천적의 눈을 피하는 생존 전략

야행성이라서 낮에는 거의 움직이지 않고 잠을 자며 나뭇가지에 매달리는 듯한 자세로 나무와 한 몸이 된다. 몸에 이끼가 난 개체는 천적인 재규어, 퓨마, 독수리로부터 몸을 지키는 의태 전략을 구사하기도 한다.

생김새가 변하는 동물에는 어떤 것이 있을까?

| 변태 이야기 |

어떤 동물은 살아남기 위해 성장 도중에
생김새가 변하는 능력을 갖추고 있다.

세 가지만 알면 나도 동물학자!

대부분 곤충은 애벌레와 성충의 생김새가 다르다

나비는 알이 부화하면 몸에 털이 없고 꿈틀꿈틀 움직이는 애벌레가 된다. 이윽고 번데기 형태를 거쳐 성충이 된다. 이처럼 평생에 걸쳐 생김새가 변하는 현상을 '변태(變態)'라고 한다. 그리고 잠자리처럼 번데기가 되지 않는 곤충을 '불완전 변태'라고 한다.

양서류의 새끼는 올챙이 형태

양서류의 새끼는 대체로 올챙이 형태로 생겼다. 올챙이 시절에는 아가미로 호흡하며 물속에서 생활하는데, 성체가 되면 폐로 호흡하고 팔다리가 자라 육상에서 살아갈 수 있다. 개구리는 변태 과정에서 꼬리가 없어진다.

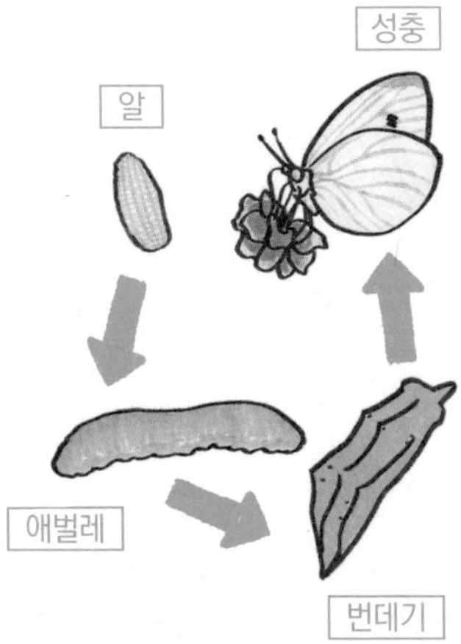

변태는 생존을 위한 전략

곤충은 생김새, 양서류는 서식 공간을 바꿔 부모와 새끼가 먹이 쟁탈전을 벌이지 않는다. 새끼는 빠르게 성장해 영양분이 풍부한 먹이를 잔뜩 먹고, 성체가 되면 생식과 분포 확대를 위해 먹이를 바꾼다.

피파두꺼비는 알을 지키기 위해 성체가 될 때까지 등에 업고 다닌다는데?

|피파두꺼비 이야기|

피파두꺼비는 알을 외부의 적으로부터 지키기 위해
등에 업고 다니면서 기른다.

세 가지만 알면 나도 동물학자!

피파두꺼비는 알을 방치하지 않는다

개구리는 보통 한 번에 1,000개가량의 부드러운 알을 낳은 뒤 물속에 그대로 둔다. 그런데 남아메리카 늪지와 연못에 사는 몸길이 약 15센티미터의 피파두꺼비(수리남두꺼비)는 알을 적으로부터 지키기 위해 성체가 될 때까지 등에 업고 다닌다. 피파두꺼비는 혀가 없어 평생 물속에서 지내는 원시적인 양서류다.

알이 쏙 들어가는 요람

암컷은 수컷의 도움을 받아 등에 알을 붙이듯 가지런히 올려놓는다. 그 상태로 몇 시간 있으면 등의 피부가 두꺼워지면서 알을 하나하나 감싸듯 피부 형태가 바뀐다. 얼마 뒤 알이 쏙 들어가는 방과 같은 공간이 생긴다.

올챙이가 되어도 업고 다니며 육아

암컷 피파두꺼비는 등에 있는 알이 부화해서 올챙이가 되어도 계속 업고 다닌다. 점차 자라서 다리가 생기고 두꺼비 형태를 갖추면 마침내 어미의 등에서 내려와 물속에서 활발하게 헤엄쳐 다닌다.

Day 115

임신 기간이 가장 긴 동물은?

|임신 이야기|

코끼리처럼 커다란 동물은
새끼가 어미의 배 속에 머무르는 기간이 길다.

세 가지만 알면 나도 동물학자!

임신 기간이 가장 긴 동물은 코끼리

어미 코끼리는 평균 20~22개월 동안 배 속에서 새끼가 자랄 때까지 품는다. 출산 적령기는 16~40세이고 수유 기간은 2~3년이다. 평균 수명이 70년인 코끼리가 평생 새끼를 네 마리 이상 낳는 경우는 드물다.

바다에 사는 범고래는 17개월

범고래는 상어와 생김새가 비슷하지만 포유류다. 성체의 몸무게는 3,000~4,000킬로그램이며, 임신 기간은 7개월이다. 몸길이 약 260센티미터, 몸무게 약 120~160킬로그램의 거대한 새끼를 낳는데, 생존율은 50퍼센트 정도다.

임신 기간이 긴 동물들

기린은 14~15개월, 소는 10개월, 하마는 8개월로, 덩치가 큰 초식 포유동물은 임신 기간이 길다. 천적에게 쫓길 때가 많아 어느 정도 키워서 출산한다. 포유류의 임신과 생존 기간은 몸 크기에 비례한다.

【동물의 임신 기간과 수명】

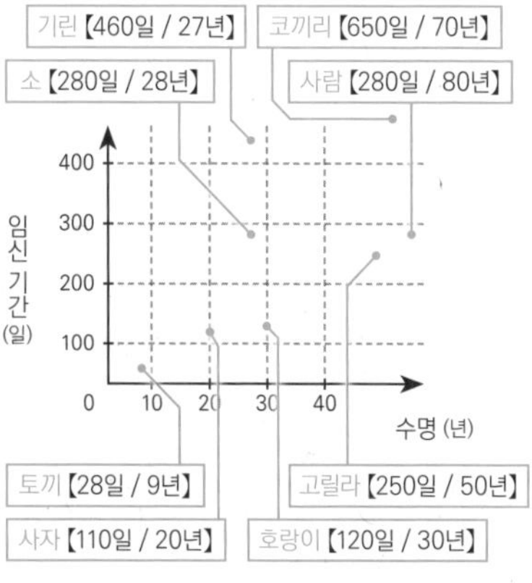

초식동물이 태어나자마자 바로 걸을 수 있는 절박한 이유는?

|초식동물 이야기|

초식동물은 적이 많은 편이어서
빨리 도망쳐야 하기에 태어나자마자 걷는다.

세 가지만 알면 나도 동물학자!

초식동물은 태어난 지 1~2시간 안에 선다

갓 태어난 초식동물은 연약하기 그지없어 육식동물이 호시탐탐 노린다. 따라서 걷지 못하면 살아남을 수 없어 태어난 지 1~2시간만 지나면 일어서서 걷기 시작한다.

초식동물은 어미 배 속에서부터 걸음마 연습

인간의 임신 기간은 약 280일인데, 말은 약 340일이다. 말과 사슴의 새끼는 어미 배 속에 있을 때부터 걸음마 연습을 하기 때문에 태어나자마자 바로 서고 걷고 달릴 수 있다.

육식동물은 임신 기간이 짧다

사자는 4개월, 늑대는 2개월 등 몸집이 큰 육식동물은 임신 기간이 짧다. 미숙한 새끼라도 천적이 적고, 임신 기간이 길면 사냥할 때 움직임이 둔해 불리하기 때문이다. 육식동물은 태어나서 바로 움직일 수 없어 육아가 필요하다. 인간은 태어나서 걸음마를 떼기까지 9개월 정도 걸린다.

Day 117

생활 양식 | 동물의 성장

병아리의 털 색깔은 왜 어미 닭의 털 색깔과 다를까?

|병아리의 솜털 이야기|

병아리는 어미 닭의 털과 다른 색깔의 솜털을 가지고 태어나는데 자라면서 솜털의 역할이 바뀌어 털 색깔도 변한다.

세 가지만 알면 나도 동물학자!

병아리는 복슬복슬한 솜털

조류는 항온동물이며 어미 새가 알을 낳으면 부화한다. 병아리는 몸에 복슬복슬한 솜털이 나 있어 체온을 유지할 수 있다. 병아리는 알에서 깨어나면 바로 아장아장 걷는다. 나무 등 높은 곳에 알을 낳는 조류의 새끼는 솜털 없이 민숭민숭하게 태어나는 종류가 많다.

솜털은 바로 털갈이

병아리는 태어나고 며칠 지나면 솜털 아래에서 우모(羽毛)가 나기 시작한다. 우모는 포유류의 털과 달리 중심축이 되는 부분에서 가느다란 깃털이 가지처럼 붙어 있다. 닭은 몸에 비해 날개가 작아서 거의 날지 못한다.

병아리의 털은 노란색이 아니다

식용육으로 사육되는 육계와 알을 낳는 산란계 등의 병아리는 털이 노란색이 아니라 갈색과 거무스름한 색이다. 닭은 성장하면서 털갈이해 색깔이 달라진다. 병아리는 생후 2~5개월 지나면 성체 우모로 털갈이를 마친다.

Day 118

많은 동물의 어미가 새끼를 정성껏 돌보는 이유는?

|생존율 이야기|

동물이 새끼를 열심히 돌보는 것은 생존율을 높이기 위해서다.

세 가지만 알면 나도 동물학자!

연약한 새끼를 노리는 적이 많다

자연계의 동물은 먹느냐 먹히느냐에 따라 생존이 결정된다. 갓 낳은 알이나 막 태어난 새끼에게 세상은 너무 위험하다. 그래서 부모는 적이 새끼를 채가지 못하도록 지키고 빨리 독립할 수 있도록 육아에 집중한다.

사냥과 호신 훈련을 하는 여우

여우는 매년 3~4월에 3~5마리의 새끼를 낳는다. 8월 무렵 어미는 새끼들에게 사냥 특훈을 시작하고, 가을이 되면 쫓아내 독립시킨다. 어미 치타는 나무 타기를 가르치거나 형제끼리 사냥하는 훈련을 시킨다.

혹한에도 육아에 전념하는 황제펭귄

황제펭귄은 영하 몇십 도의 빙원에서 살아간다. 암컷이 알을 낳으면 수컷은 65일 동안 절식 상태로 알을 품는다. 그리고 여름이 오고 새끼가 부화하면, 먹이를 잡으러 간 암컷이 바다에서 돌아올 때까지 식도에서 분비한 펭귄 밀크를 새끼에게 먹인다.

Day 119 생활 양식 | 동물의 성장

성장하면 오히려 몸집이 작아지는 동물은?

| 패러독스 개구리 이야기 |

패러독스 개구리는 성장하면서 올챙이 때보다 몸집이 작아진다.

세 가지만 알면 나도 동물학자!

남아프리카의 호수와 강에 사는 개구리

패러독스 개구리는 몸길이가 5~7센티미터이며, 몸 색깔은 초록색이고 줄무늬가 있다. 일생 동안 대부분을 물속에서 지낸다. 야행성으로, 애벌레와 작은 곤충 등을 먹는다. 위험을 감지하면 튼튼한 다리와 관절을 이용해 진흙 속으로 파고 들어가서 몸을 숨긴다.

팔다리가 자랄 무렵부터 커지지 않는다

올챙이는 약 1센티미터의 알에서 팔다리가 자랄 때까지 1년 정도 성장하면 크기가 25센티미터가량 된다. 그런데 팔다리가 나오면 몸이 쪼그라든다. 몸집이 작아지는 방향으로 진화한 이유는 아직 밝혀지지 않았다.

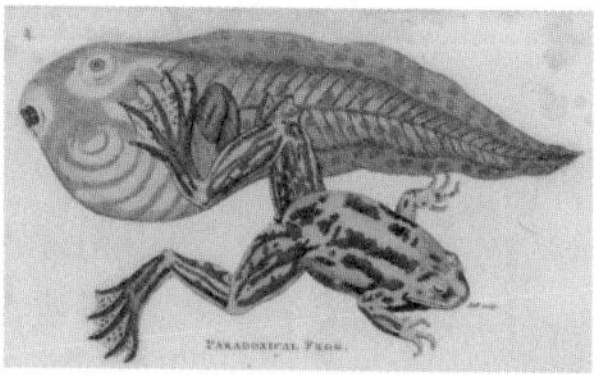

2형 당뇨병 치료에 도움이 될 가능성도 있다

패러독스 개구리 피부의 분비물은 이자 세포를 자극해 인슐린을 분비하는 작용을 한다. 따라서 혈액 속의 포도당(혈당)이 정상보다 많아지는 당뇨병의 치료에 도움이 될 가능성이 있다.

Day 120

조류 | 새의 습관

단거리 비행에서 가장 빠른 새는 매인데, 장거리 비행에서 가장 빠른 새는?

| 매 이야기 |

가장 빨리 나는 매는 먹잇감을 잡아채는 급강하 시
시속 390킬로미터까지 속도를 낸다.

세 가지만 알면 나도 동물학자!

매는 육지의 치타와 바다의 돛새치보다 빠르다

육지에서는 치타가 시속 약 120킬로미터로 가장 빠르고, 바다에서는 돛새치가 시속 약 110킬로미터로 가장 빠르다. 그런데 매는 이 동물들보다 훨씬 빠르다. 통상적인 비행 시에는 시속 100킬로미터이지만 급강하 시에는 무려 시속 390킬로미터까지 속도를 낼 수 있다.

고속 이동에 적합한 몸 구조

매는 깃털이 질기면서도 유연해 급강하뿐 아니라 급선회도 할 수 있다. 질식하지 않도록 콧구멍 안에 돌기가 있으며, 몸의 여러 부분이 빠른 속도로 날 수 있도록 변화했다.

매는 빠르지만 지구력이 없다

매의 고속 비행은 사냥감을 잡는 아주 짧은 순간에만 가능하다. 장시간 비행으로 볼 때는 스웨덴에서 아프리카까지 5,000킬로미터 이상을 평균 시속 약 100킬로미터로 날아가는 유럽칼새가 가장 빠르다.

벌새는 마치 비행기처럼 양력을 이용해 공중 정지 비행을 한다고?

|벌새 이야기|

벌새는 날개를 앞뒤 양방향으로 이동해도
양력을 얻을 수 있어 공중에서 멈출 수 있다.

세 가지만 알면 나도 동물학자!

세계에서 가장 작은 벌새

북남미에 사는 벌새는 세계에서 가장 작은 새 종류다. '붕붕' 날갯짓 소리를 내면서 난다. 마치 꿀벌처럼 꽃에서 꿀을 빨아 먹는다.

특별한 날갯짓으로 공중에 머문다

헬리콥터처럼 날개를 회전할 수 없는 벌새는 8자를 그리듯 날개를 꺾으며 움직여 앞뒤로 날갯짓한다. 그래서 같은 장소에서 항상 양력을 얻을 수 있어 공중에 멈추는 것도 가능하다. 보통 벌새보다 큰 새들은 일정 수준 이상의 바람이 불지 않으면 공중에서 정지 비행을 할 수 없다.

날기 위해서는 많은 에너지가 필요

벌새는 1초에 최고 80회나 날갯짓을 해 엄청난 에너지가 필요하다. 그래서 온종일 먹이를 찾아야 한다. 대신 밤에는 겨울잠을 자듯 곯아떨어진다.

넓적부리황새는 폐어를 사냥하기 위해 온종일 움직이지 않고 기다린다는데?

| 넓적부리황새 이야기 |

넓적부리황새는 물고기를 잡으려고 매복한 채
온종일 꼼짝하지 않고 기다릴 때도 있다.

세 가지만 알면 나도 동물학자!

넓적부리황새는 황새가 아닌 펠리컨 종류

넓적부리황새는 부리가 구두(shoe)를 닮았다고 해서 영어로 슈빌(Shoebill)이라고 한다. 주로 강과 늪에서 살아가는 물고기를 먹는다. 예전에는 황새목으로 분류했으나, 최근 DNA 분석으로 펠리컨과 같은 사다새목에 속한다는 사실이 밝혀졌다.

점 찍어둔 먹잇감을 매복해서 잡는 데 집중

넓적부리황새는 폐어를 즐겨 먹는다. 폐어는 숨을 쉬기 위해 몇 시간 간격으로 반드시 수면으로 올라온다. 넓적부리황새는 거의 움직이지 않고 기척도 내지 않은 채 폐어가 올라올 때까지 기다린다. 넓적부리황새는 울대가 퇴화해서 거의 울음소리를 내지 않는다.

매복은 천적이 없기에 가능한 사냥 기술

넓적부리황새가 사는 중앙아프리카의 강과 늪에는 악어 등의 천적이 거의 없어 안심하고 물고기가 나타날 때까지 기다릴 수 있다.

Day 123 조류 | 새의 습관

비둘기가 동시에 날아오르는 이유는 먹잇감이 될 확률이 낮아지기 때문이다?

| 비둘기 이야기 |

비둘기는 위험을 감지한 한 마리가 날아오르면
덩달아서 한꺼번에 날아오른다.

세 가지만 알면 나도 동물학자!

육식동물이 노리기 쉬운 동물은 무리를 짓는 종류가 많다

비둘기와 같은 소형 초식동물은 육식동물의 먹잇감이 되기 쉽다. 이런 경우 여러 마리가 모여서 무리를 형성하면 적을 발견하는 감시의 눈이 늘어나 빨리 도망칠 수 있다. 무리를 짓는 또 한 가지 이유는 집단으로 있으면 먹잇감이 될 확률이 낮아지기 때문이다.

가장 먼저 위험을 감지한 비둘기에 동조

비둘기 무리에는 우두머리나 파수꾼이 따로 없다. 누구든 위험을 감지하면 무조건 날아오른다. 그러면 주위에 있던 비둘기들이 반사적으로 동조해 마치 동시에 날아오르는 것처럼 보인다.

동시에 날아오르는 세 가지 규칙

비둘기는 동시에 날아오른 뒤 대형을 이뤄 날아간다. 이는 동료끼리 모이고, 서로 같은 속도로 날며, 충돌하지 않게 하자는 세 가지 규칙을 지키기 때문이다.

Day **124** 조류 | 새의 습관

아침에 가장 일찍 우는 닭이 무리 중 가장 강한 닭이라고 볼 수 있는 까닭은?

|닭 이야기|

닭은 무리에서 가장 강한 개체임을 알리기 위해
매일 아침 목청 높여 운다.

세 가지만 알면 나도 동물학자!

동트기 전에는 울음소리가 멀리까지 들린다

닭뿐 아니라 야행성 조류를 제외한 모든 조류가 일찍 일어난다. 해가 뜨면 지면이 데워지면서 상승 기류가 생겨 대기가 흐트러진다. 그래서 대기가 안정되어 울음소리가 멀리까지 들리는 동트기 전에 우렁차게 운다.

닭 사회의 엄격한 서열

여러 마리의 닭을 같은 닭장에 넣으면 피비린내 나는 서열 싸움을 벌인 끝에 1등부터 꼴찌까지 상하관계(서열)가 정해진다. 이를 '순위제'라고 한다. 일단 서열이 정해지면 더는 싸우지 않고 안정된 상태를 유지한다. 공동 사육되는 수탉도 가장 강한 수컷부터 서열 순서대로 운다.

야생 닭은 무리 지어 생활

야생 닭은 숲속에서 수탉 한 마리에 암탉 열 마리가 무리 지어 생활한다. 아침이 오면 가장 강한 무리의 수탉부터 순서대로 울어 무리의 영역을 선언한다.

제비는 겨울을 어디서 날까?

|겨울철 제비 이야기|

제비는 여름새라서 겨울에는
따뜻한 동남아시아에서 지낸다.

세 가지만 알면 나도 동물학자!

겨울에는 먹이를 찾아 따뜻한 지역으로 이동

한국과 일본 등 동북아시아 국가에서는 봄부터 여름까지 제비의 먹이가 되는 파리와 나방 등의 곤충이 풍부하다. 하지만 가을이 끝나고 겨울이 다가오면 먹이가 줄어든다. 따라서 먹이가 떨어져 굶주릴 수 있어 필리핀이나 말레이시아 등 따뜻한 지역으로 옮겨간다.

따뜻하고 먹이가 있으면 그대로 남는다

최근 지구 온난화로 겨울 온도가 높아짐에 따라 일본 남부인 규슈와 미야자키현, 가고시마현 등지에서는 겨울에도 따뜻하고 곤충이 많아 남쪽 지방으로 돌아가지 않고 남아 있는 제비가 목격되었다.

제비를 쏙 빼닮은 새

최근 겨울에도 도쿄의 빌딩 위에서 제비와 비슷한 새가 무리 지어 날아다니는 모습이 목격되었다. 하지만 이 새는 제비가 아니라 '쇠칼새'다. 도쿄를 포함한 간토 지방 이남 태평양 쪽에서는 텃새로 살고 있다.

새는 왜 V자를 그리며 편대 비행할까?

| 새의 V자 편대 비행 이야기 |

새는 앞에서 나는 새가 만드는 상승 기류를 이용해
에너지를 절약하기 위해 V자 편대 비행을 한다.

세 가지만 알면 나도 동물학자!

몸에 가까운 날개에서는 하강기류가, 날개 끝에서는 상승기류가 발생

새가 날개를 아래로 펄럭이면 공기가 눌리며 몸이 공중으로 들려 올라 앞으로 나아간다. 이때 날개의 몸에 가까운 쪽에서는 하강기류가, 날개 끝에서는 상승기류가 생긴다.

무리의 몸집이 큰 새의 장거리 비행 전략

새가 편하게 날려면 상승기류가 필요하다. 뒤에 있는 새가 앞에 있는 새 가까이 붙으면 하강기류를 타는데, 비스듬하게 따라가면 상승기류를 탄다. 따라서 비스듬하게 뒤로, 비스듬하게 뒤로 줄지어 나는 V자 편대 비행 대형을 이룬다. 기러기의 행렬을 나타내는 한자어 '안항(雁行)'은 V자 편대 비행 대형을 의미한다.

선두 자리는 교대로 비행

V자 편대 비행을 할 때 선두에 있는 새는 자기 힘만으로 날기 때문에 녹초가 된다. 선두에서 날던 새가 지쳐서 뒤로 가면, 대열에 있는 다른 새가 선두로 나와서 교대해준다.

미국가재가 생태계 교란 생물로 지정된 까닭은?

| 미국가재 이야기 |

미국가재는 토종 수초와 물고기를 먹거나
논밭의 두렁을 망가뜨리는 등 말썽을 부린다.

세 가지만 알면 나도 동물학자!

강력한 미국가재

미국가재는 무엇이든 먹어치우는 잡식성으로 강력하다. 연못과 수로에 사는 토종 수초와 작은 물고기를 잡아먹는다. 논밭, 냇물, 소택지 등에 구멍을 파고 살아 수로나 농작물에 해를 끼친다.

미국가재는 생태계 교란 생물

미국가재는 2019년에 생태계 교란 생물로 지정되었다. 따라서 외국에서 새로 들여와 사육하거나 강에 놓아주는 행위는 금지다. 지금까지 기르던 사람만 계속 기르는 것이 허용되니 책임지고 끝까지 돌보자.

미국가재와 황소개구리 모두 북미가 주서식지

미국가재의 정확한 도입 시기는 알 수 없으나 애완 및 관람용으로 수입되었다. 황소개구리는 1971년 식용으로 국내에 도입되었으나 탈출해 야생으로 유입되어 국내에서 전국적으로 대량 분포하게 되었다. 현재 황소개구리도 생태계 교란 생물로 지정되어 있다.

Day 128 별난 동물 | 해외에서 들여온 동물

민물에 사는 틸라피아류가 100대 최악 외래종으로 선정됐다는데?

|야생의 열대어 이야기|

양식용으로 들여온 식용 열대어들이 야생에 유출되어 생태계 교란을 일으키는 등 문제가 되고 있다.

세 가지만 알면 나도 동물학자!

양식용으로 유입하는 과정에서 유출된 틸라피아류

틸라피아류는 민물에 사는 식용 열대어다. 타이거틸라피아, 모잠비크틸라피아, 나일틸라피아, 프론토사 등이 있다. 여러 나라에서 양식용으로 들여오는 과정에서 야생으로 유출된 틸라피아 개체군이 생태계 교란을 일으키기도 한다.

최악의 외래종 중 하나로 선정

세계자연보전연맹(IUCN)의 ISSG(Invasive Species Specialist Group)에서는 틸라피아류를 최악의 외래종 100개 중 하나로 선정했다. 미국 캘리포니아주 솔턴호에 서식하는 사막열대송사리가 외부에서 유입된 틸라피아에 의해 개체 수가 감소한 사례가 있다.

【모잠비크틸라피아】

다마가와강은 열대어의 보고?

일본 오가사와라 제도와 오키나와, 남규슈 등 따뜻한 지방과 온천이 유입되는 하천에서 틸라피아류의 번식이 확인되었다. 도쿄와 인접한 다마가와강(多摩川)에서도 생활 배수로 수온이 상승하면서 열대어가 늘어나고 있다.

대표적 생태계 교란 생물인 배스가 애초 자원 조성용으로 도입됐다고?

| 외래 생물 낚시 이야기 |

배스는 낚시꾼들에게 잘 잡히는 물고기이지만 생태계 교란 생물로 지정되었다.

세 가지만 알면 나도 동물학자!

낚시용으로 도입

배스는 미국 플로리다와 미시시피강 유역 등이 원산지다. 자원 조성용, 낚시용으로 도입되어 몇몇 호수에 치어를 방류 및 방생한 것이 퍼져 나갔다. 하천 하류, 댐호, 저수지, 연못과 같이 유속이 느리거나 정체된 수역을 선호하며 수초가 발달한 곳에 주로 서식한다.

배스 낚시 열풍

배스 낚시는 떡밥이 아닌 웜과 루어라는 가짜 미끼를 사용한다. 잡은 물고기를 도로 놓아주는 이른바 캐치 & 릴리스(catch & release) 낚시가 알려지며 대중화되어 낚시 문화에 변화의 바람이 불었다.

생태계 교란 생물로 지정

배스는 다른 물고기를 잡아먹어 토종 물고기가 큰 폭으로 감소했다. 현재 생태계 교란 생물로 지정되어 사육과 이동이 금지되어 있다. 배스 낚시 대회, 인공 산란장을 이용한 알 제거 등 개체 수 조절을 위해 노력하고 있다.

반려동물로 들여온 늑대거북이 위험천만한 동물인 이유는?

|늑대거북 이야기|

늑대거북을 반려동물로 기르다가 감당하기 어려워지자 무단으로 방생해 개체 수가 늘고 있다.

세 가지만 알면 나도 동물학자!

반려동물로 유입

늑대거북은 등딱지 길이가 약 50센티미터나 되는 대형 거북이다. 일본에는 1960년대에 반려동물로 유입되었다. 문을 닫은 반려동물 전문점과 덩치가 커져 감당하기 어려워진 개인이 무단으로 방생해 야외에서 개체 수가 늘었다고 추정된다.

1990년대에는 지바현에서 정착

일본에서는 1990년대 후반 지바현(千葉県)의 인바늪(印旛沼)을 중심으로 퍼졌다. 시즈오카현(静岡県)에서도 정착이 확인되었다. 특정 외래 생물로 지정되어 있으나 근절하기는 매우 어렵다.

사나워서 함부로 손대기 어렵다

현재 지바현 등을 중심으로 구제 대책이 이루어지고 있다. 늑대거북은 매우 사납고 힘이 무척 세다. 따라서 야외에서 발견할 경우 건드리지 않도록 조심해야 한다.

모기 퇴치용으로 들여온 모기고기는 왜 골칫덩이가 됐을까?

| 모기고기 이야기 |

일본에서는 모기를 없애려고 들여온 모기고기가 토종 물고기인 송사리보다 생명력이 끈질겨 관리가 어려워졌다.

세 가지만 알면 나도 동물학자!

모기고기와 송사리는 다른 물고기?

도쿄 근교의 개울이나 연못에서 송사리처럼 보이는 물고기를 만날 수 있는데, 모기고기일 확률이 높다. 송사리와 모기고기는 뒷지느러미와 꼬리지느러미의 모양으로 구별할 수 있다. 송사리는 알을 낳지만 모기고기는 난태생으로 치어를 낳는다. 모기고기로 인한 피해가 심각해 일본에서는 모기고기가 특정 외래 생물로 지정되어 이동이나 사육할 수 없다.

모기 구제 목적으로 유입

1910년대 미국과 대만에서 일본에 들여왔다고 알려져 있다. 수량이 적은 곳에서도 잘 살고 오염에 강하며 모기 애벌레인 장구벌레를 잡아먹어 '모기벌레'라는 이름이 붙었다.

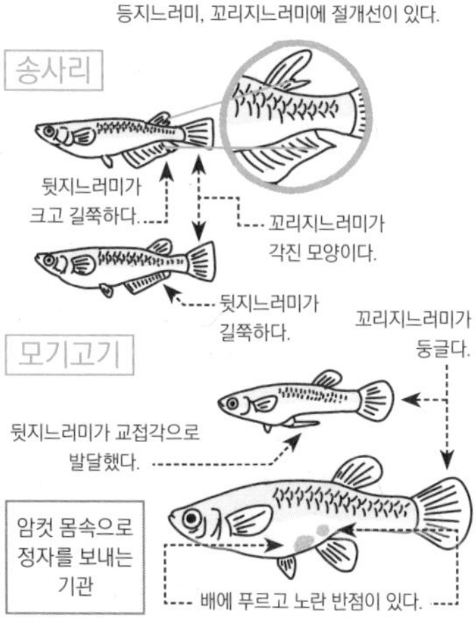

소형 물고기와 경쟁해 개체 수를 줄이고 있다

모기고기는 도호쿠(東北)지방보다 남쪽에서 증식해 비슷한 장소에 서식하는 물고기들의 알과 치어를 잡아먹는다. 크기가 작고 번식이 쉬워 관리 대책이 잘 추진되지 않고 있다.

Day 132

천적이 거의 없는 사탕수수두꺼비를 잡는 유일한 방법은?

|사탕수수두꺼비 이야기|

사탕수수의 해충 방제 목적으로 유입된 사탕수수두꺼비는 맹독성 두꺼비다.

세 가지만 알면 나도 동물학자!

사탕수수 해충 방제를 위해 유입

사탕수수두꺼비는 일본에서 사탕수수의 해충 방제를 위해 유입된 외래 생물이다. 오가사와라 제도(小笠原諸島), 다이토 제도(大東諸島), 사키시마 제도(先島諸島) 등 남쪽 섬에 서식한다. 염분에 강해 '마린 토드(marine toad)'라는 이름이 붙었으나 실제로 바다에 살지는 않는다. 지금은 특정 외래 생물로 지정되어 있다.

뭐든 먹어치워 천적이 거의 없다

사탕수수두꺼비는 모든 동물을 잡아먹어 귀중한 곤충과 생물이 많은 작은 섬에서는 골칫거리다. 독성이 강해 포식한 동물이 죽을 수도 있다. 사탕수수두꺼비의 독이 눈에 들어가면 실명할 수도 있다. 일본의 천연기념물인 이리오모테삵 등의 개체 수에 영향을 준다는 우려의 목소리가 나오고 있다.

박멸할 수 없는 사탕수수두꺼비

사탕수수두꺼비는 독성이 강해 올챙이와 알로 물을 오염시킬 수도 있다. 알과 올챙이를 잡는 방법 외에는 뾰족한 수가 없다.

지구 역사상 최초의 육상 생물은?

|최초의 육상 생물 이야기|

약 5억 년 전 녹색 조류에서 시작된 생물(녹조류)이
진화해서 처음으로 상륙했다.

세 가지만 알면 나도 동물학자!

대기 중의 산소 증가와 오존층 형성

약 4~5억 년 전 바다의 광합성 생물(조류와 시아노박테리아)이 산소를 방출해 대기 중에 산소가 증가하고 상공에 오존층이 형성되었다. 오존층은 생물에 위험한 자외선을 흡수하는 역할을 해 육지에서 생물이 살 수 있게 되었다. 그러자 식물이 가장 먼저 상륙했다. 최초의 식물은 물가에서 번성했다.

상륙 식물의 근본은 녹조류의 일부에서 진화

10억 년 전 등장한 녹조류의 일부에서 5억 년에 걸쳐 이끼와 덩굴식물이 진화했다. 약 4억 7,000만 년 전 우산이끼 포자와 포자 주머니, 약 4억 2,500만 년 전 뿌리와 줄기만으로 이루어진 식물 화석이 발견되었다.

석탄기에 덩굴이 울창한 숲 형성

데본기에 나무처럼 키가 큰 식물이 나타났고 현생 나무 형태의 덩굴로 알려진 키아티어 덩굴도 등장했다. 이어서 석탄기에는 높이 30미터에 이르는 나무 형태의 덩굴이 울창한 숲을 이루었고, 이 식물들이 석탄이 되었다.

Day 134

식물 다음으로 육상 진출에 성공한 뜻밖의 생물은?

| 고생대 곤충 이야기 |

최초로 육상에 진출한 생물은 곤충이며,
고생대 곤충으로는 거대한 잠자리가 있었다.

세 가지만 알면 나도 동물학자!

절지동물은 고생대 바닷속을 누비던 핵심 세력

현재 생물계에서 절지동물은 곤충류, 거미류, 갑각류 등을 포함하는 최대 동물군이다. 동물이 바닷속에 살던 고생대 바다에서도 힘깨나 쓰던 세력의 일원이었다. 이 동물들은 몸이 단단한 외골격으로 덮여 있고, 자유롭게 폈다 구부릴 수 있는 절지를 가지고 있었다.

식물 다음으로 상륙에 성공한 곤충

식물이 수중 생활에서 육상 생활로 이행하려면 건조와 중력이라는 두 가지 장애물을 극복해야 했다. 외골격이 건조에 강하고 근육으로 절지를 움직일 수 있는 곤충은 상륙해 부속지를 다리와 날개로 바꾸어 진화했다.

고생대 삼림에서 하늘을 제패한 곤충

고생대 삼림에 척추동물이 상륙하기 시작했다. 하지만 곤충에게 하늘은 아직 생활권이 아니라 천적이 없는 공간이었다. 산소가 많고 평균 기온이 높아서 거대 잠자리가 존재했다. 2미터나 되는 거대 지네 종류도 살았다.

최초로 상륙한 척추동물은?

|원시 양서류 이야기|

최초로 상륙에 성공한 척추동물은 지느러미에 살점이 붙어 있는 육기어류에서 진화해 지느러미를 다리로 바꾼 원시 양서류다.

세 가지만 알면 나도 동물학자!

가슴지느러미는 앞다리로, 배지느러미는 뒷다리로

아칸토스테가는 확인된 동물 중에서 가장 원시적인 네발 동물이다. 데본기 후기부터 석탄기 전기에 서식했다. 몸길이는 60센티미터가량이고 다리는 네 개인데, 다리가 빈약해 육지에서 자유롭게 돌아다니지는 못했다.

이크티오스테가는 네발로 걸었다?

원시 양서류인 이크티오스테가는 몸길이 1미터, 커다란 머리, 튼실한 몸통, 굵은 다리 네 개를 가지고 있었다. 앞다리 두 개만 사용하고 뒷다리는 지면에 닿지 않아 버둥거렸다는 컴퓨터 시뮬레이션 해독 결과가 있다.

보행 시 발가락 다섯 개가 앞을 향한 페데르페스

당당하게 지상을 활보한 가장 오래된 네발 동물은 페데르페스다. 몸길이는 약 50센티미터이고, 보행 시 발가락 다섯 개가 앞을 향했다. 현재 육상 네발 동물과 같은 구조였다. 발가락이 앞을 향하면 몸무게를 확실히 떠받칠 수 있어 다음 걸음을 내디딜 수 있었다.

최강 양서류 에리옵스는 어떤 동물일까?

|최강 양서류 이야기|

에리옵스는 페름기에 물가에서 살던 최강 동물이다.

세 가지만 알면 나도 동물학자!

양서류가 번성한 석탄기~페름기

양서류는 데본기 후반에 최초로 상륙에 성공했다. 페름기에 이르러 전성기를 누렸다. 그중에는 몸길이가 50센티미터나 되는 세이무리아목 등의 육식동물도 있었다. 그러나 양서류 중에는 다시 물속으로 돌아간 프리오노수쿠스도 있었다.

양서류 중 최강 동물 에리옵스

양서류가 최초로 상륙하고 5,000만~6,000만 년이 지난 뒤 최강의 양서류 에리옵스가 등장했다. 에리옵스는 몸무게가 90킬로그램으로 추정되고 발달한 턱, 커다란 입, 튼튼한 등뼈, 굵직한 다리, 긴 꼬리에 폭이 넓은 몸통을 지닌 강력한 동물이었다.

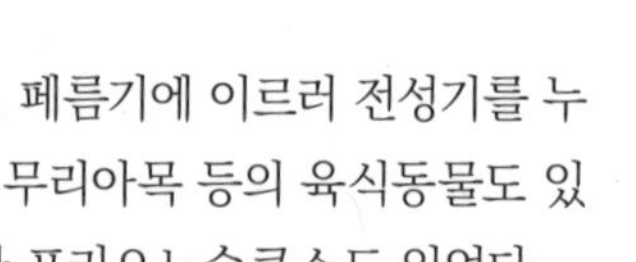

납작하고 넙적한 얼굴

얼굴은 위아래로 납작하고 좌우로 넓었다. 눈은 얼굴 양옆에서 위로 붙어 수면에서 눈을 내밀어 먹잇감을 노리기에 좋았다. 학명(*Eryops megacephalus*)은 얼굴(두부)이 60센티미터로 길쭉해 '잡아 늘인 얼굴'이라는 뜻이다.

Day 137

도마뱀 닮은 30센티미터 크기의 힐로노무스속이 최초 파충류라는데?

|최초의 파충류 이야기|

석탄기에 탄생한 파충류는 두툼한 비늘이 있고 폐 호흡을 하며 알에서 태어나는 동물이다.

세 가지만 알면 나도 동물학자!

석탄기에 파충류 등장

석탄기에는 물과 끈끈한 인연을 자랑하는 양서류와 다른 특징을 지닌 양막류(羊膜類, 양막과 알껍데기를 지닌 척추동물)가 진화했다. 양막류는 난생 혹은 태생 그룹으로 나뉘며, 파충류를 포함한다. 최초의 파충류는 도마뱀을 닮은 30센티미터 크기의 힐로노무스속(*Hylonomus*)이었다.

파충류는 폐로 호흡하고 피부에 두툼한 비늘

파충류는 평생 폐로 호흡한다. 양서류처럼 새끼일 때 물속에서 생활하지 않아 물가를 고집하지도 않는다. 피부가 두꺼운 비늘로 덮여 있어 물이 잘 스며들지 않는다. 길쭉한 다리는 유연하고 강인하며, 발가락에 발톱이 나 있다.

©N.Tamura

껍데기로 에워싸 건조에 견딜 수 있는 알

성장해서 유생이 되는 배(胚)를 양막과 알껍데기가 보호하기 때문에 육지 어디서나 산란할 수 있다. 알 속에서 각각의 종 개체의 완성된 몸으로 변한다. 이렇게 파충류는 중생대에 전성기를 맞았다.

Day 138

대규모 화산 분화가 대멸종의 원인이라고?

| 페름기 대멸종 이야기 |

페름기 대멸종에 대해서는 다양한 설이 있는데,
화산의 대규모 분화가 유력한 가설로 받아들여지고 있다.

세 가지만 알면 나도 동물학자!

원인에 대해서는 다양한 설이 있다

페름기 말 대멸종으로 바다에 살던 무척추동물의 96퍼센트, 육상동물의 70퍼센트에 달하는 종이 멸종했다. 파충류, 단궁류, 양서류, 곤충류, 바다 생물에 이르기까지 다양한 생물이 모습을 감췄다. 대멸종 원인은 아직 밝혀지지 않았다.

유력한 가설 중 하나는 대규모 화산 분화

당시 분출했다고 추정되는 시베리아의 거대 용암이 증거로 제시된다. 한반도의 약 8배 크기인 이 용암 지대를 '시베리아 트랩(Siberian Traps)'이라고 한다. 도호쿠대학 가이호(海保) 교수 팀이 지층에서 화산 활동의 증거 물질인 코로넨을 발견했다.

화산 활동으로 식물이 고사하고 토양 유출

대규모 분화로 대량의 화산재 등이 햇빛을 가로막아 숲이 고사하고, 나무뿌리가 유지해주던 토양이 바다로 유출되어 부영양화(富營養化)로 바닷속 산소 농도가 내려가는 식으로 환경 전반에 영향을 미쳤다.

Day 139

초기 공룡을 먹이로 삼은 대형 악어 크루로타르시의 정체는?

|페름기 대멸종 후 이야기|

페름기 대멸종 후 중생대가 시작되자 파충류와 공룡, 겨우 살아남은 소수의 단궁류가 생존을 위해 삼파전을 벌였다.

세 가지만 알면 나도 동물학자!

파충류 일부가 살아남았다

파충류 중에서도 크루로타르시(Crurotarsi)라는 악어 종류가 세력을 확장했다. 대형 개체는 몸길이가 4미터가 넘었다. 이들은 아직 대형화되지 않은 초기 공룡 등을 먹이로 삼았다.

단궁류 일부도 기적적으로 생존

단궁류는 석탄기에 출현해 트라이아스기 전기까지 우세했다. 그러나 트라이아스기 중기~후기에 악어와 공룡 등 각종 파충류가 세력을 확장하며 쇠퇴했고, 쥐라기 전기까지 거의 멸종했다. 운 좋게도 멸종하기 전 단궁류 중 키노돈트(Cynodont)에서 포유류가 진화했다.

단궁류 중 하나인
키노돈트류 프로키노수쿠스

막 등장한 공룡이 전성기를 맞이할 준비

현재 최초의 공룡은 약 2억 3,000만 년 전(트라이아스기 후기) 남미 아르헨티나의 지층에서 발견된 화석이다. 몸길이 약 1미터에, 육식으로 추정된다. 소형 파충류 중 사뿐사뿐 달릴 수 있는 종류에서 진화했다고 여겨진다.

진화론을 주창한 다윈은 어떤 인물일까?

| 다윈 이야기 |

영국의 자연과학자 찰스 다윈은 모든 생물이
공통의 조상에서 진화했다고 주창했다.

세 가지만 알면 나도 동물학자!

비글호 박물학자로 비글호에 승선한 다윈

1809년에 태어난 찰스 다윈은 소년 시절부터 곤충 채집 등에 관심이 많았다. 다윈은 1831년부터 1836년까지 영국해군 군함 비글호(HMS Beagle)에 박물학자로 승선해 남반구 여러 지역의 지질과 동식물을 관찰했다.

비글호 항해에서 영감을 얻다

갈라파고스 제도의 갈라파고스땅거북(코끼리거북) 등이 섬마다 독자적인 특징을 지니면서 남미 대륙의 것과 비슷하다는 사실을 알게 된 다윈은 생물이 불변한 형상(줄곧 같은 모습)이라고 생각하지 않게 되었다.

『종의 기원』의 엄청난 반향

비글호 탐사를 끝낸 지 20년도 더 지난 1859년에 다윈은 그동안 연구를 정리해 『종의 기원』이라는 책을 출간했다. 그러나 자연선택에 의해 새로운 종이 기원한다는 그의 자연선택설이 당시 종교적 믿음과 모순된다는 이유로 큰 논쟁이 일어났다.

진화론은 어떻게 탄생했나?

|다윈의 진화론 이야기|

다윈이 비글호를 타고 항해하던 중에
수많은 동물과 동물 화석을 발견했다.

세 가지만 알면 나도 동물학자!

갈라파고스 제도의 갈라파고스땅거북

갈라파고스 제도에 사는 동물은 섬마다 조금씩 다른 특징을 보였다. 예를 들어, 건조하고 키 큰 선인장밖에 자라지 않는 섬에서는 갈라파고스땅거북의 등딱지 끝이 위로 들려 있는데, 비가 많이 내려 풀이 우거진 섬의 거북 등딱지 끝은 위로 들려 있지 않았다.

화석 포유류 발견

아르헨티나에서는 나무늘보와 비슷한 메가테리움(Megatherium) 등 멸종한 대형 포유류 화석을 대량 발굴했다. 라마와 닮은 마크라우케니아(*Macrauchenia patachonica*)라는 대형 유제류 화석도 발견했다.

생물은 변화한다는 확신

다윈은 갈라파고스땅거북 등딱지의 차이와 현존하는 생물과 화석 동물의 연관성을 발견할 수 있다는 사실을 바탕으로 '원래 같은 생물이 서서히 변화했다고 가정하면 논리적으로 설명할 수 있다'라는 가설을 세웠다.

Day 142

생활 양식 | 진화란?

자연 선택이란 어떤 이론일까?

|진화론의 자연 선택 이야기|

자연 선택은 다윈 진화론의 기둥이 되는 가장 중요한 이론이다.

세 가지만 알면 나도 동물학자!

인위 선택과의 차이

집에서 기르는 반려견은 모두 야생 늑대에서 갈라져 나온 것이다. 이러한 변화는 전부 오랜 시간에 걸쳐 인간이 만들었다. 소형견끼리 교배시켜 더 작은 품종의 개를 만들어내는 것과 같은 생물 변화를 '인위 선택(artificial selection)'이라고 한다.

치열한 생존경쟁에 노출된 생물들

자연계에서는 자손을 많이 만들어도 대부분 다른 동물에게 잡아먹히거나 먹이를 얻지 못해 굶어 죽는다. 성체가 되어도 자손을 남길 수 있는 개체는 달리기가 빠르거나, 기린처럼 키가 크거나, 다른 동물보다 생존경쟁에서 유리한 특징을 지닌 동물뿐이다.

자연계의 엄격함이 진화 촉진

자연계에는 먹이의 양이 한정되어 인간이 손대지 않아도 부모보다 생존경쟁에 강한 성질을 지닌 동물만 살아남는다는 이론이 자연선택설이다.

가뭄으로 식물이 고사한 상황에서 부리가 두꺼운 핀치만 살아남은 이유는?

| 동물의 분기 이야기 |

환경이 크게 변하면 그때까지 번성하던 동물 대다수가 죽고 환경 변화에 적응한 동물만 살아남는다.

세 가지만 알면 나도 동물학자!

갈라파고스 제도에 사는 '다윈의 핀치'라는 새의 변화

핀치는 참새와 비슷하게 생긴 작은 새다. 그런데 갈라파고스 제도에 '다윈의 핀치(Darwin's finches, '갈라파고스핀치'라고도 부름)'라고 하는 두툼한 부리를 가진 새가 있다. 어느 날 극심한 가뭄으로 섬에 사는 대다수 식물이 말라 죽었다. 그리고 다윈의 핀치도 80퍼센트 이상 죽었는데, 부리가 더 두툼한 개체들만 살아남았다.

부리의 두께는 유전자가 결정

가뭄으로 식물이 고사했지만, 갈라파고스 제도에는 단단한 껍질을 가진 나무 열매가 남아 있었다. 그래서 이 껍질을 쪼개 먹을 수 있는, 단단한 부리 유전자를 가진 개체만 지금까지 살아남았다.

【핀치】

변화하고 다양한 생물을 만들어내는 유전자

환경이 크게 변하면 그때까지 번성하던 동물 대다수가 죽는다. 하지만 생물의 유전자도 꾸준히 변화하기 때문에 환경 변화에 적응한 동물만 살아남는다.

Day 144 생활 양식 | 진화란?

기린의 목은 어쩌다 길어졌을까?

| 기린의 목 이야기 |

옛날에는 목이 짧은 기린도 있었는데,
자연 선택으로 목이 긴 기린만 살아남았다.

세 가지만 알면 나도 동물학자!

기린의 조상은 1,800만 년 전 삼림에서 탄생했다

1,800만 년 전 지구는 춥고 건조해져 삼림이 점점 줄어들고 초원이 넓어졌다. 그런데도 숲에 남았던 오카피와 초원으로 진출한 동물이 현재 기린의 조상이다. 기린의 목은 길지만 뼈가 일곱 개로, 다른 포유류와 비슷한 수준이다.

가혹한 초원 생활

초원은 탁 트인 공간이라서 시원해 보이지만 사자 같은 육식동물의 눈에 띄기 쉽다. 살아남으려면 빨리 달려야 한다. 게다가 초식동물은 개체 수가 많아서 먹이를 둘러싼 생존경쟁도 치열하다.

【오카피】

목이 짧은 기린은 사라졌다

목이 길면 다른 동물이 먹을 수 없는 높은 나무에 달린 잎을 먹을 수 있고, 육식동물의 기척을 빨리 알아차릴 수 있다. 그래서 가뭄으로 식물이 말라 죽었을 때 목이 짧은 기린은 굶주림을 이기지 못하고 죽어 사라졌다고 추정된다.

【기린】

Day 145 생활 양식 | 진화란?

고래류와 듀공 등은 왜 육지에서 바다로 서식지를 옮겼을까?

| 육지에 살던 조상 동물 이야기 |

육지에서 바다로 옮겨간 동물로는 고래, 돌고래, 듀공, 매너티, 바다표범, 해달 등이 있다.

세 가지만 알면 나도 동물학자!

공룡 멸종 이후 바다로 진출

화석을 증거로 고래와 돌고래의 조상은 공룡이 멸종한 뒤 약 5,500만 년 전, 듀공과 매너티의 조상은 약 5,000만 년 전, 물개와 바다표범의 조상은 약 2,500만 년 전 바다로 진출했다는 사실이 밝혀졌다. 참고로, 파충류인 바다거북과 바다뱀도 먼 옛날에는 육지에 살았다.

대멸종 이후 새로운 생물 출현

막강한 공룡의 그림자에 숨어 살던 포유류는 운석 충돌로 생물 대멸종이 일어난 뒤에도 살아남았다. 포유류는 그때까지 공룡들이 차지했던 장소에서 종류와 수를 늘려 나갔다. 많은 종류의 어룡과 수장룡(장경룡)이 멸종한 바다는 먹이가 풍부해지고 적이 줄어들어 살기 좋은 환경이었다.

【매너티】

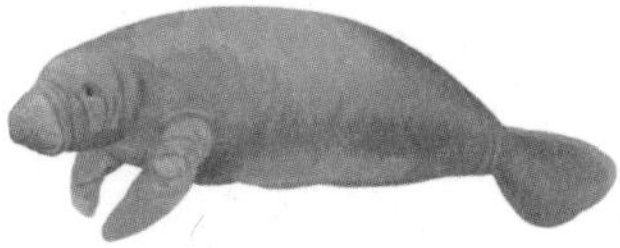

【듀공】

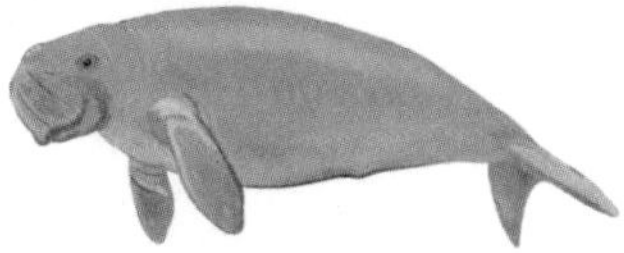

진화는 되돌아가지 않는다

육지에서 바다로 생활 터전을 옮긴 동물들은 폐 호흡에서 아가미 호흡으로 바뀌지 않아 머리와 등을 공기 중에 내놓고 호흡해야 한다.

Day 146

대멸종이 진화의 다음 단계를 촉진하는 가속 페달 역할을 했다는데?

| 멸종한 동물 이야기 |

다섯 차례에 걸친 대멸종으로
90퍼센트 이상의 동물이 멸종했다고 알려져 있다.

세 가지만 알면 나도 동물학자!

멸종의 원인

기온 변화, 대기 변화, 화산 활동 격화, 대륙 분열, 거대 운석 충돌 등 환경의 변화가 대멸종의 주요한 원인이다. 또 먹이와 보금자리를 다른 동물에게 빼앗기거나, 인간에게 사냥당하거나, 삼림 벌채로 멸종한 동물도 많다.

다섯 차례에 걸친 대멸종

첫 번째 대멸종은 약 4억 4,300만 년 전, 두 번째 대멸종은 약 3억 6,000만 년 전, 세 번째 대멸종은 약 2억 5,000만 년 전으로, 모두 고생대에 일어났다. 중생대인 약 2억 100만 년 전에 네 번째, 약 6,500만 년 전에 다섯 번째 대멸종이 발생했다.

그저 나쁘게만 볼 수 없는 대멸종

고생대, 중생대, 신생대 등 시대 구분은 대멸종 이후 새로운 동물이 진화한 사실을 나타낸다. 대멸종은 진화의 다음 단계를 촉진하는 가속 페달 역할을 했다. 공룡이 멸종하지 않았다면 인류가 탄생하지 못했을 수도 있다.

Day 147

나비와 나방을 과학적으로 정확히 구분할 수 없다고?

|비슷한 곤충 이야기|

나비와 나방 둘 다 나비목에 속하며 구분하기가 쉽지 않다.

세 가지만 알면 나도 동물학자!

활동 시간으로는 구분할 수 없다

나비와 나방은 둘 다 나비목에 속하는 곤충이다. 큰 날개를 가지고 있는데, 그 날개에 고운 가루 같은 작은 비늘(scale)이 묻어 있다. 나비는 낮에, 나방은 밤에 움직인다고 생각하는데, 활동 시간만으로는 구분할 수 없다.

더듬이 형태로도 구분할 수 없다

나비의 더듬이 모양은 끄트머리가 볼록하고, 나방의 더듬이는 끝부분이 뾰족하거나 솔빗 같다고 알려져 있지만 예외도 있어 더듬이만으로는 구분할 수 없다. 나방이 날개를 접고 멈춰 있으면 나비라는 말도 잘못된 속설이다.

결국 같은 목에 속하는 나비와 나방

겉보기에 예쁘면 나비라는 주장도 잘못된 것이다. 애초에 '예쁘다'라는 감각은 사람마다 다르기 때문이다. 나비와 나방은 성충이 되면 꿀과 수액 등 같은 먹이를 먹는다. 나비와 나방을 엄밀하게 구별할 수 있는 점이 전혀 없다. 16만 종의 나비목 중 나비는 2만 종뿐이다.

Day 148

작은 빗방울이 왜 곤충에게 치명적일까?

곤충의 비 피하기 이야기

곤충은 비가 내리면 나뭇잎 뒷면 등에
몸을 숨기고 비가 그치기를 기다린다.

세 가지만 알면 나도 동물학자!

비가 내리면 곤충은 나뭇잎 등에 숨는다

곤충은 날씨가 좋으면 날아다니는데, 비가 내리면 일제히 모습을 감춘다. 빗방울은 몸집이 작은 곤충에게 큰 문제를 일으킨다. 그래서 비가 오면 곤충들은 나뭇잎 뒤나 처마 아래에 숨어 빗방울이 닿지 않도록 몸을 피한다. 땅바닥에서 생활하는 곤충들은 낙엽 아래에 숨어 비를 피한다.

곤충에게 빗방울은 흉기나 마찬가지

작은 빗방울이라도 몸집이 작은 곤충에게는 큰 문제가 될 수 있다. 빗방울 크기와 낙하 속도를 계산하면, 순식간에 3그램 이상의 물체와 충돌하는 것과 맞먹는 충격이다. 배추흰나비의 몸무게가 0.1그램이니 충분히 이해된다.

체온이 내려가 목숨이 위태로울 수도

사람이 물놀이를 하고 나면 으슬으슬 한기가 드는 것처럼, 곤충도 몸 표면에 빗방울이 묻으면 체온이 내려간다. 추워지면 활동할 수 없는 곤충에게는 비를 피하는 것이 목숨이 달린 중대한 문제다.

꿀벌의 '춤사위'를 발견한 동물학자가 노벨상을 받은 이유는?

| 꿀벌 이야기 |

꿀벌은 동료와 힘을 합쳐 꽃이 있는 장소를 알아낸다.

세 가지만 알면 나도 동물학자!

춤 등으로 동료와 협력해서 꿀을 모은다

몸집이 작은 꿀벌은 최대한 효율적으로 꿀을 모으려고 좋은 꿀이 있는 장소를 동료에게 알려준다. 울음소리로 전달할 수 없는 꿀벌은 춤을 추어 장소를 귀띔해준다고 알려져 있다.

두 종류의 춤이 있다

꿀벌의 춤사위는 날개를 위아래로 사부작사부작 움직이는 정도다. 배를 좌우로 흔들며 추기도 한다. 꽃이 100미터보다 가까이 있을 때는 같은 방향으로 빙글빙글 돌고, 그보다 멀리 있을 때는 숫자 '8'을 그리듯이 춤을 춘다.

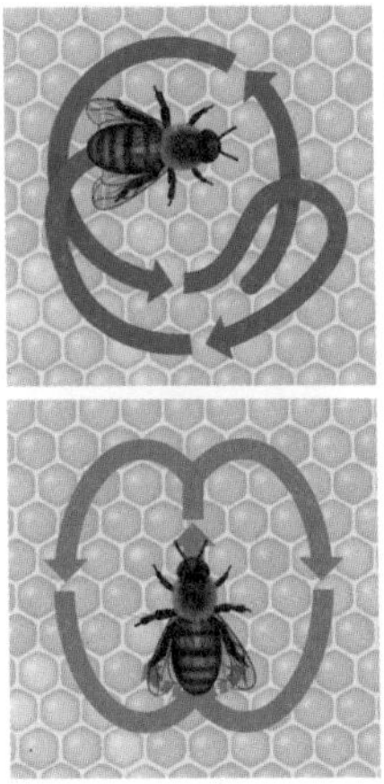

빙글빙글 도는 춤

숫자 8을 그리는 춤

방향은 태양의 위치를 이용한다

연구를 통해, 춤에 꽃과 태양의 위치 관계가 담겨 있다는 사실을 알아냈다. 그런데 태양의 위치는 시간에 따라 변하므로 춤사위도 달라진다. 꿀벌들의 춤사위를 발견한 오스트리아의 동물학자 카를 폰 프리슈(Karl von Frisch) 박사는 1973년에 노벨 생리의학상을 받았다.

Day 150

꿀벌 한 마리가 평생 모을 수 있는 꿀의 양은?

| 꿀벌 이야기 |

꿀벌 한 마리가 평생 모을 수 있는 꿀의 양은 4그램 정도다.

세 가지만 알면 나도 동물학자!

벌집에 꿀을 모으는 꿀벌

꿀벌은 꽃을 돌아다니면서 꿀을 모아 위에 담아서 벌집으로 가져온다. 막 가져온 꿀은 끈적하지 않고 묽다. 벌집에 저장한 꿀에 날개로 바람을 일으켜 물을 증발시키면 우리가 아는 진한 벌꿀이 만들어진다. 벌꿀은 비타민과 미네랄이 풍부하고 영양가가 높다.

몸집이 작아 꿀을 많이 모으기는 버겁다

작은 꿀벌의 몸무게는 고작 0.09그램이다. 그래서 한 번에 벌집으로 가져올 수 있는 꿀의 양도 겨우 0.04그램 정도다. 하루에 열 번 정도 꿀을 모으러 갈 수 있다.

일벌의 수명은 40일가량

일벌은 모두 암컷이다. 하지만 알은 낳지 않는다. 알은 여왕벌만 낳을 수 있다. 일벌의 수명은 약 40일인데, 꿀을 물어오는 중노동을 하는 기간은 10일가량이다. 그래서 꿀벌 한 마리가 평생 모을 수 있는 꿀은 4그램밖에 되지 않는다.

피를 빨지 않는 수컷 모기는 뭘 먹고 살까?

| 피를 빠는 곤충 이야기 |

모기는 알에 영양분을 공급하기 위해서 동물의 피를 빤다.

세 가지만 알면 나도 동물학자!

암컷만 피를 빤다

동물의 피를 빠는 모기는 동물의 열과 숨에 들어 있는 이산화탄소를 감지해서 다가간 뒤 피를 빤다. 피는 영양분이 풍부해 모기가 알을 낳기 전 영양분 공급원이다. 따라서 피를 빠는 모기는 모두 암컷이다.

수컷은 꿀과 꽃가루를 먹는다

수컷 모기는 꽃에서 나는 꿀과 수액을 빨아 먹으며 생활하기에 피를 빨지 않는다. 암컷도 알을 낳을 때 외에는 수컷처럼 꿀과 수액을 빨아 먹는다.

모기의 침에 들어 있는 가려움 유발 성분

모기는 톱날처럼 삐죽빼죽한 주둥이를 사용해 통증이 느껴지지 않도록 동물의 피부를 절개해 빨대처럼 주둥이를 찔러 넣고 피를 빤다. 이때 피가 굳지 않도록 침을 주입하는데, 이 침에 사람의 몸이 반응해 가려운 것이다. 참고로, 찔러도 아픔을 느끼지 않는 모기의 주둥이를 모델로 만들어진 주삿바늘도 있다.

모기는 번데기 시기에 아무것도 먹지 않는다고?

|모기 애벌레 이야기|

모기 애벌레와 번데기는 물속에서 생활한다.

세 가지만 알면 나도 동물학자!

모기 애벌레를 '장구벌레'라고 한다

성충이 되면 날 수 있는 모기 애벌레를 '장구벌레'라고 한다. 물속에서 생활하며 날카로운 털을 이용해 물속의 작은 곤충을 잡아먹는다. 이따금 수면으로 올라와 엉덩이를 삐죽 내밀고 숨 쉰다.

번데기 시절에도 수중생활

애벌레에서 번데기로 완전 변태를 거치는 모기는 번데기 시기에도 물속에서 생활한다. 다만 번데기 시기에는 애벌레 시기와 달리 아무것도 먹지 않는다.

어디서 성충이 될까?

번데기가 되고 나흘가량 지나면 드디어 성충이 된다. 이를 '우화(羽化)'라고 한다. 수면으로 올라와 번데기 껍질이 갈라지면서 성충이 나온다. 흐물흐물하던 몸이 어느 정도 굳을 때까지 수면의 번데기 위에서 쉬다가 날아오른다. 참고로, 물웅덩이에 소금과 세제, 표백제를 넣으면 모기 발생을 줄일 수 있다.

소금쟁이는 왜 물에 뜰까?

|소금쟁이 이야기|

물 위를 사뿐사뿐 걷듯이 이동하는
소금쟁이의 다리에는 기름이 묻어 있다.

세 가지만 알면 나도 동물학자!

소금쟁이는 노린재와 같은 노린재상과에 속한다

소금쟁이의 이름에 대해서는 두 가지 설이 있다. 짠 물가에 살기 때문이라는 설과 소금 가마니를 지고 다니던 소금 장수처럼 생겼기 때문이라는 설이다. 생김새는 닮지 않았는데 노린재와 같은 노린재상과에 속한다. 물속에 떨어진 곤충을 잡아서 입을 내밀어 체액을 빨아 먹는 방식으로 영양분을 섭취한다.

다리에 기름이 묻어 있다

소금쟁이는 네 개의 다리로 물 위를 사뿐사뿐 걷는 것처럼 보이는데, 소금쟁이의 다리 끝에는 촘촘하게 털이 나 있고 몸에서 분비된 기름이 묻어 있다. 몸이 가볍고 물을 튕겨내 떠 있을 수 있다. 소금쟁이는 날개를 가지고 있어 날 수도 있다.

곤충인데 다리가 네 개?

다리가 네 개처럼 보이지만 곤충이라서 여섯 개다. 앞다리는 다른 다리와 달리 훨씬 짧다. 가운뎃다리가 훌쩍 길어 보트의 노처럼 쓰고 뒷다리를 배의 키처럼 사용한다.

참치는 왜 죽을 때까지 쉬지 않고 헤엄쳐야 할까?

|참치 이야기|

참치는 헤엄치지 않으면 호흡이 가빠진다.

세 가지만 알면 나도 동물학자!

참치는 아가미덮개를 잘 움직이지 않는다

참치는 입을 뻐끔뻐끔하는 운동과 아가미덮개의 움직임이 연동해 물을 입에서 아가미로 움직인다. 그런 다음 잘 섞어 산소를 흡수하고 이산화탄소를 배출한다. 아가미덮개를 잘 움직이지 않으면 물이 움직이지 않아 숨이 가빠진다.

입을 벌리고 헤엄쳐서 아가미를 움직인다

참치의 아가미덮개는 거의 움직이지 않는다. 그래서 자력으로 물을 움직이기가 벅차다. 자는 동안에도 입을 벌린 채로 헤엄쳐 물을 입에서 아가미로 이동시키는 구조로 되어 있다. 상어와 가오리 등은 아가미덮개가 없어서 계속 헤엄친다.

헤엄을 멈춰도 죽지는 않는다

실제로는 조류의 흐름 등이 있어 헤엄을 멈춰도 죽지는 않는다. 참치는 시속 80킬로미터로 헤엄친다고 알려져 있는데, 평균 시속은 약 7킬로미터다.

청어와 고등어는 철새처럼 적절한 수온을 찾아 남북으로 이동한다는데?

|회유어 이야기|

회유어는 넓은 범위를 헤엄쳐 다니며,
종류에 따라 회유 유형이 정해져 있다.

세 가지만 알면 나도 동물학자!

회유 장소는 종류에 따라 각양각색

'회유어(回遊魚)'라고 일컬어지는 물고기에는 강과 바다를 오가는 물고기, 고위도와 저위도를 오가는 물고기, 얕은 물과 깊은 물을 오가는 물고기, 만(灣) 안을 빙글빙글 회유하는 물고기 등이 있다.

회유하는 이유는 종류에 따라 제각각

연어와 장어는 산란 장소와 생육 장소가 강과 바다로 나뉘어 있다. 가다랑어와 청어, 고등어 등은 적절한 수온을 찾아 남북으로 이동한다. 먹이를 쫓는 물고기도 있다.

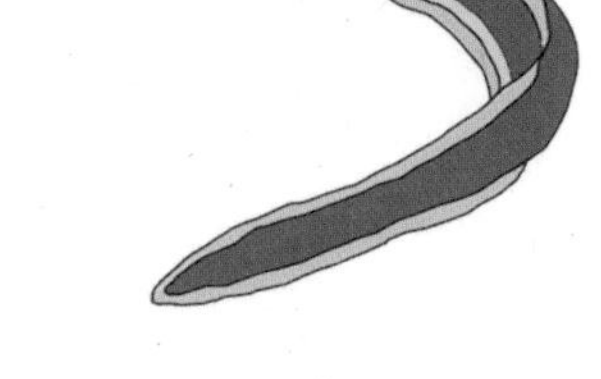

청어는 홋카이도를 한 바퀴 돈다

최근 조사에 따르면, 홋카이도의 이시카리(石狩)~소야(宗谷)에서 태어난 청어는 오호츠크해를 가로질러, 심해 가까운 수심으로 태평양을 돌아 쓰가루해협(津軽海峡)을 통과한 뒤 동해 쪽으로 돌아온다. 연어는 물 냄새 등을 기억해 태어난 강으로 돌아온다고 알려져 있다.

부레가 없는 상어와 가오리는 어떻게 뜨고 가라앉을까?

|부레 이야기|

물고기는 공기를 담아서 부력을 조정하는
부레가 있어 자유롭게 뜨고 가라앉는다.

세 가지만 알면 나도 동물학자!

부레 안 공기의 양을 조절해 떠오르거나 가라앉는다

연어와 잉어 종류 등 계통이 오래된 물고기는 부레가 목 안쪽과 이어져 있다. 입으로 들어온 공기로 부레를 부풀리거나 쭈그러뜨리는 방식으로 떠오르기도 하고 가라앉기도 한다.

부레가 아가미와 이어진 물고기가 많다

대구를 비롯한 많은 물고기는 부레가 목구멍 깊숙이 연결되어 있지 않다. 하지만 아가미와 연결된 혈관에 포함된 가스를 흡수하는 세포가 부레 표면에 있어 가스를 흡수한다.

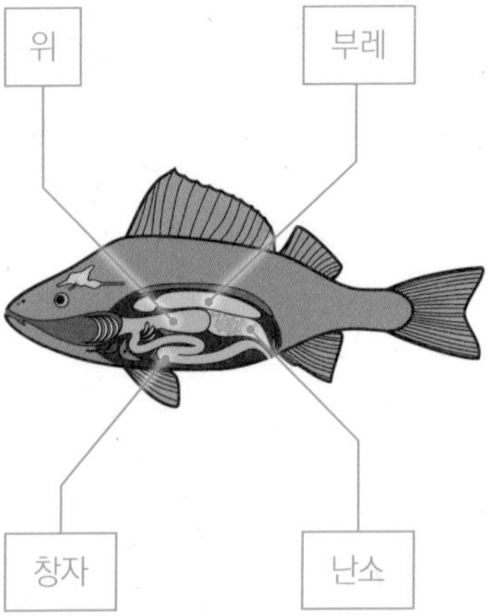

부레가 없는 물고기도 있다

심해어는 대개 수압이 높은 곳에서 살아 부레가 있어도 부풀리지 않는다. 그리고 상어와 가오리는 원래 부레 자체가 없다. 그래서 몸에 물보다 가벼운 기름을 머금거나 가슴지느러미 등을 이용해 헤엄쳐서 위로 향하는 힘을 얻는다. 한편, 실러캔스의 부레에는 지방이 꽉 차 있다.

얼룩무늬 정원장어는 꼬리지느러미로 굴을 판다고?

| 얼룩무늬 정원장어 이야기 |

얼룩무늬 정원장어는 먹이도 잡을 수 있고, 적이 나타나면 빠르게 몸을 숨길 수 있어 바닥에 파묻혀 생활한다.

세 가지만 알면 나도 동물학자!

눈이 좋아 적이 나타나면 바로 굴속으로 파고든다

붕장어과 물고기 대부분은 적에게 잡아먹히지 않도록 야행성이다. 그런데 얼룩무늬 정원장어는 시력이 좋아 적이 나타나면 바로 알아차리고 굴속으로 파고들기 때문에 낮에도 안전하게 움직일 수 있다.

모두 같은 방향을 바라본다

이 물고기들이 해저에 옹기종기 모여 집단생활하는 모습이 마치 정원에 화초가 자라는 것 같아 '얼룩무늬 정원장어'라는 이름이 붙었다. 얼룩무늬 정원장어는 해류에 따라 흘러오는 생물을 먹기 위해 물길의 방향을 바라보는 습성이 있어 모두 같은 방향을 향해 해저에 굴을 파고 머리만 내밀고 있다.

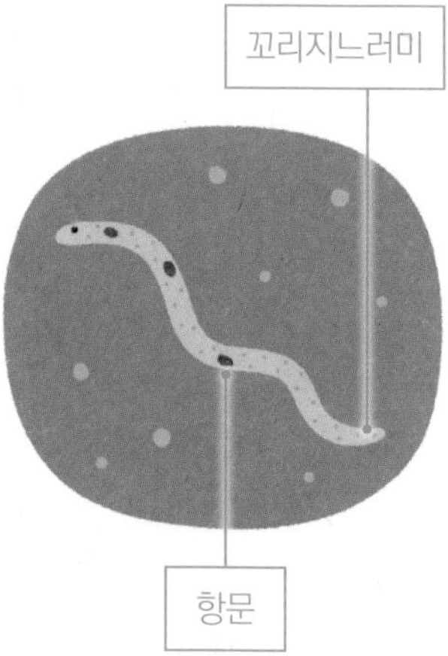

꼬리지느러미를 이용해 굴을 판다

얼룩무늬 정원장어의 꼬리지느러미는 매우 길쭉하다. 꼬리지느러미는 사실 근육 덩어리라서 이것을 이용해 해저에 굴을 판다. 꼬리지느러미가 몸의 3분의 2를 차지한다.

참치와 장어는 멸종위기종일까?

|멸종위기 물고기 이야기|

참치와 장어의 어획량이 가파르게 감소하는 것으로 보아 개체 수가 줄어들고 있다고 추정된다.

세 가지만 알면 나도 동물학자!

북태평양에서 참치 어획량 감소

바닷속에 물고기가 얼마나 있는지 알 길이 없어 어획량으로 개체 수를 추측한다. 북태평양에서는 참치 어획량이 2000년에 3만 톤이 넘었는데, 2017년에 절반으로 줄어들었다.

장어는 IUCN 적색 목록 멸종위기종

장어의 치어는 1997년에 30톤가량 있었는데, 2005년에 10톤으로 대폭 줄어들었다. 자연산 장어의 어획량도 약 60년 사이 2,930톤가량 감소했다. 이처럼 개체 수가 점점 줄어들어 장어는 현재 IUCN 적색 목록에 멸종위기종(EN)으로 분류되어 있다.

【다랑어류 어획량 추이】

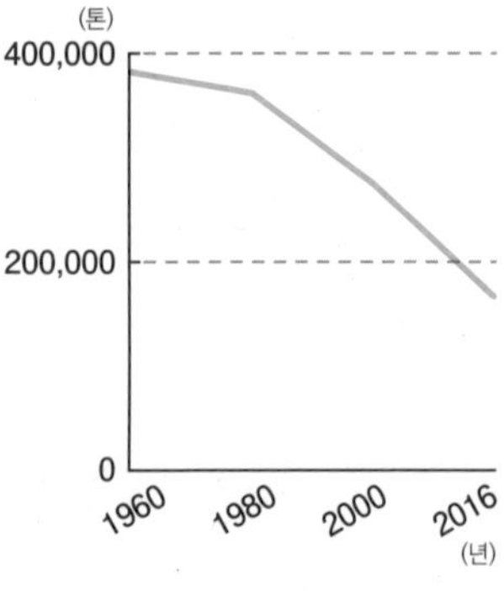

*일본 수산청 데이터를 토대로 작성

완전 양식 연구 추진

지금은 국제회의에서 어획량을 규제하고 각국에 할당한다. 기술적으로 어려웠던 완전 양식(알에서 성체까지 양식) 연구도 진행되고 있다. 만약 연구가 성공하더라도 자연산 장어 치어 어획량 자체를 줄이는 구조가 필요하다.

바다에서 태어난 장어의 서식지는?

|장어의 일생 이야기|

장어는 심해에서 태어나 강에서 성장한다.

세 가지만 알면 나도 동물학자!

장어가 태어나는 장소

일본에서 잡히는 장어의 주요 서식지는 태평양 서마리아나 해구 서쪽이다. 천적이 적은 심해를 산란 장소로 선택하기 때문이다. 이렇게 태어난 장어는 먹이가 풍부한 강으로 대이동한다. 그리고 강에서 성장한 뒤 산란할 때가 되면 다시 태평양으로 향한다.

몸 형태를 바꾸며 성장

장어의 알에서 갓 부화한 프리렙토세팔루스가 바다눈(marine snow, 플랑크톤 등의 사체)을 먹는 모습이 목격되었다. 이렇게 자란 장어는 한국, 일본, 필리핀, 대만 등지로 이동해서 성장한다.

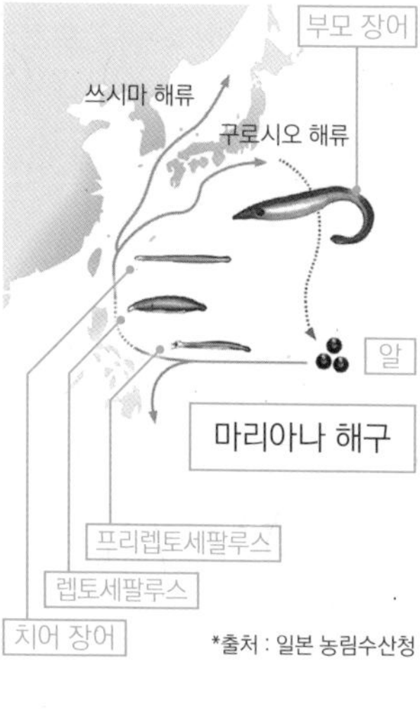

*출처 : 일본 농림수산청

강에서 성어로 성장

치어 장어는 바다에서 강으로 이동하면서 점차 성장해 길쭉한 모양으로 변한다. 성어가 되면 번식을 위해 머나먼 남쪽의 마리아나 해구를 향해 떠난다. 일본 등 일부 국가에서는 치어 장어를 잡으려면 어업 허가가 필요하다.

장어는 왜 알을 부화해 양식하지 않을까?

|장어의 양식 이야기|

장어는 알에서부터 양식하기가 어려워 치어를 잡아서 양식한다.

세 가지만 알면 나도 동물학자!

알이 아닌 치어로 양식

장어의 인공 부화는 1973년 홋카이도대학에서 최초로 성공했다. 그 후 일본 수산종합연구센터의 주도 아래 30년 가까운 연구 끝에 드디어 2002년 장어의 치어 양식에 성공했다.

치어가 될 때까지 키우는 과정도 만만치 않다!

오랫동안 장어 치어에게 어떤 먹이를 주어야 할지 알지 못했다. 알아낸 뒤에도 살아남는 개체 수가 적어 안정적으로 성장시키지 못했다. 알에서 막 부화한 새끼를 치어까지 키우는 과정에 엄청난 노력과 비용이 들었다.

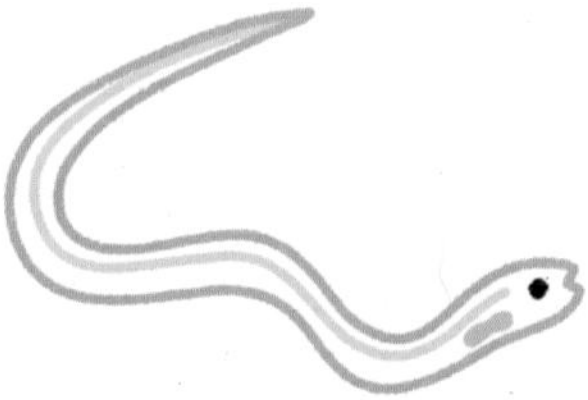

완전 양식부터 상품화 과제

긴키 참치로 유명한 긴키대학(近畿大學) 수산연구소는 인공 부화에서 성어까지 완전 사육에 성공했다. 그러나 완전 양식 장어의 유통 비용이 어마어마하다. 참고로, 장어는 익히지 않고 날로 먹으면 식중독에 걸릴 수 있으니 반드시 익혀 먹어야 한다.

세계에서 가장 덩치 큰 동물은 몸길이 30미터, 체중 200톤의 대왕고래라는데?

| 커다란 동물 이야기 |

육지에서는 아프리카코끼리, 바다에서는 대왕고래가 가장 크다.

세 가지만 알면 나도 동물학자!

아프리카코끼리와 기린이 육상동물 2대 대장

육지에 사는 포유류 중 가장 큰 동물은 최대 몸길이 7.5미터, 체중 10톤에 달하는 아프리카코끼리다. 하지만 키는 기린(5미터)이 가장 크다. 파충류로는 바다악어(몸길이 6미터, 체중 1톤)와 그린아나콘다(몸길이 9미터, 체중 100킬로그램)가 가장 높은 체급이다.

대왕고래는 세계에서 가장 큰 동물

바다에는 육상동물보다 큰 동물이 존재한다. 어류 중에서 가장 큰 고래상어는 최대 몸길이 20미터, 체중 20톤까지 자란다. 하지만 바다에서 가장 큰 포유류는 대왕고래다. 대왕고래는 최대 몸길이 30미터, 체중 200톤의 덩치를 자랑한다.

육상의 대형 무척추동물

파충류 중에서 가장 큰 체급은 자이언트 웨타라는 메뚜기목 곤충이다. 참새보다도 무겁다. 세계에서 가장 큰 달팽이 아카티나 퓨리카는 몸무게가 1킬로그램이 넘는다.

Day 162

몸길이 7.7밀리미터의 개구리가 자기 몸집의 30배를 점프한다고?

|작은 척추동물 이야기|

2012년에 발견된 초소형 개구리가
세상에서 가장 작은 척추동물이다.

세 가지만 알면 나도 동물학자!

가장 작은 조류와 포유류, 파충류

가장 작은 조류는 쿠바 태생의 꿀벌벌새(40밀리미터)이고, 가장 작은 포유류는 남아시아~남유럽 태생의 사비왜소땃쥐(36밀리미터)다. 그리고 가장 작은 파충류는 마다가스카르 태생의 브루케시아 미크라(16밀리미터)라는 카멜레온이다.

가장 작은 어류는 손톱보다 작다

가장 작은 어류는 인도네시아 태생의 파이도키프리스 프로게네티카라는 잉어과 물고기다. 암컷은 성체의 몸길이가 7.9밀리미터밖에 되지 않는다. 가장 작은 생선으로 알려진 정어리의 치어도 15~20밀리미터이니 정말 엄청 작다.

가장 작은 척추동물은 양서류

가장 작은 척추동물은 파푸아뉴기니 태생의 페도프라이네 아마우엔시스라는 개구리다. 몸길이가 7.7밀리미터다. 그런데 자기 몸집의 30배나 점프할 수 있어, 도망치면 잡을 수 없다.

몸길이 9미터, 몸무게 270킬로그램의 문어가 일본에서 발견되었다?

| 일본 최대 동물 이야기 |

장수말벌과 문어, 일본장수도롱뇽은 세계에서 몸집이 가장 크다.

세 가지만 알면 나도 동물학자!

일본에서 볼 수 있는 거대 곤충 3종

일본에서 볼 수 있는 거대 곤충으로는 몸길이 10센티미터가 넘는 넓적사슴벌레와 날개를 펼쳤을 때 가로 너비가 30센티미터에 달하는 아틀라스 나방이 있다. 장수말벌은 몸길이가 4센티미터나 되는 가장 큰 말벌이다.

일본 근해에서 볼 수 있는 거대 바다 동물 3종

세계에서 가장 큰 절지동물 키다리게는 등껍데기가 40센티미터이고, 다리를 펼치면 3.8미터나 된다. 갓의 지름이 2미터, 몸무게가 200킬로그램 가까이 나가는 노무라입깃해파리와 최대 길이 9미터, 몸무게 270킬로그램인 문어도 바다 동물로는 최대 체급이다.

강에서 볼 수 있는 거대하고 위험한 동물

일본 주부지방(中部地方)과 주고쿠지방(中国地方)의 강에 사는 일본장수도롱뇽은 최대 길이 1.5미터, 몸무게 25킬로그램의 세계 최대 양서류다. 뭐든 먹어치우는 위험한 동물이다.

성체의 몸무게가 2그램도 안 되는, 세계에서 체급이 가장 작은 꼬마뒤쥐가 있다고?

일본에서 가장 작은 동물 이야기

탁구공 크기의 포유류와
5엔짜리 동전(지름 2.2센티미터) 크기의 작은 잠자리가 있다.

세 가지만 알면 나도 동물학자!

앙증맞은 크기의 깜찍한 동물이 잔뜩

상괭이(가장 작은 고래, 약 2미터), 무산쇠족제비(가장 작은 족제비, 약 20센티미터), 꼬마잠자리(가장 작은 잠자리, 날개를 펼쳐도 약 2센티미터), 꼬마오징어(가장 작은 오징어, 약 1센티미터) 등 일본에는 세계에서 가장 작은 동물이 다양하게 서식한다.

탁구공 크기의 포유류가 있다고?

홋카이도(北海道) 동부에만 사는 포유류 꼬마뒤쥐는 세계에서 체급이 가장 작은 동물이다. 몸길이가 5센티미터도 되지 않고 몸무게는 2그램도 나가지 않아, 줄을 세워놓으면 지름 4센티미터, 무게 2.7그램인 탁구공이 거대해 보일 정도로 작다.

꼬마뒤쥐는 이름과 반대

꼬마뒤쥐는 '도쿄뒤지'라고도 부르는데, 정작 도쿄에는 없고, 이름에 쥐가 들어가지만 두더지에 가까운 동물이다. 2021년에 최초로 인공 번식에 성공했다.

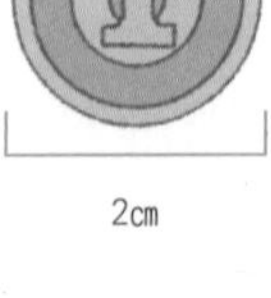

3억 년 전, 날개 너비가 70센티미터인 초거대 잠자리가 살았다는데?

| 옛날 옛적 거대 동물 이야기 |

옛날에는 상상도 할 수 없을 정도로 거대한 동물들이 존재했다.

세 가지만 알면 나도 동물학자!

역사상 가장 큰 동물은?

가장 거대한 절지동물은 아르트로플레우라는 몸길이 3미터, 몸무게 50킬로그램의 초거대 지네다. 날개를 펼치면 너비가 70센티미터인 잠자리 메가네우라가 역사상 가장 큰 곤충인데, 몸이 너무 무거워 사뿐사뿐 날지는 못했다.

어쩌다 이렇게 커졌을까?

산소가 지금보다 풍부한 환경 덕분에 거대 절지동물이 탄생했다. 당시에는 날아다니는 척추동물이 없어 곤충들의 천국이었는데, 먹이가 풍부해 덩치를 한껏 키울 수 있었다.

사상 최대 육상 포유동물은?

얼마 전까지는 몸길이 약 7.5미터, 어깨까지 높이 약 5미터, 몸무게 20톤 넘는 파라케라테리움이라는 거대 코뿔소가 가장 크다고 여겨졌으나, 최근 아시아일직선상아코끼리가 한 체급 높다는 설이 제기되었다. 키가 8미터인 메가테리움(땅늘보의 한 속)도 만만치 않다.

【파라케라테리움】

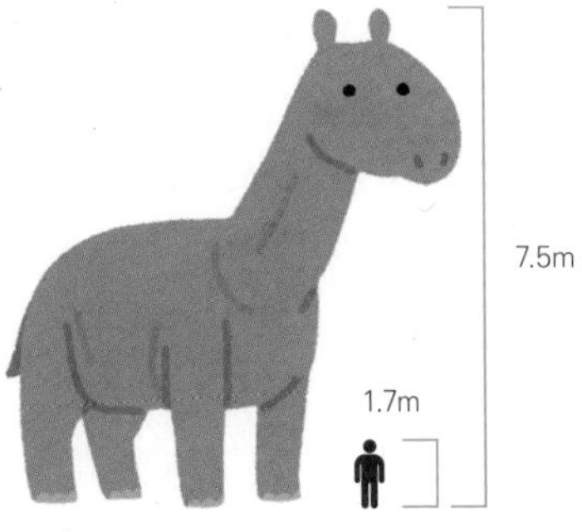

Day 166

몸집이 큰 동물이 작은 동물에 비해 꼭 우월하다고 말할 수 없는 이유는?

| 동물의 크기와 생활 양식 이야기 |

> 큰 동물과 작은 동물은 각각 나름의 장단점이 있어
> 어느 쪽이 낫다고 단정 지을 수 없다.

세 가지만 알면 나도 동물학자!

큰 동물은 힘이 세고 행동 범위가 넓다

몸집이 크면 그만큼 힘이 세다. 적에게 잘 공격당하지 않고 행동 범위도 넓어 보금자리를 이동할 수 있다. 그렇지만 큰 덩치를 유지하기 위해 매일 많은 양의 먹이가 필요하다.

작은 동물은 에너지 소비 효율이 좋다

작은 동물은 잽싸게 움직여 구석에 숨고 적의 눈을 피할 수 있다. 게다가 먹이 양도 적어 경차처럼 에너지 소비 효율이 뛰어나다. 하지만 주위 온도 변화의 영향을 많이 받는다는 단점이 있다.

결국 생활 양식의 차이

큰 동물은 힘이 세고 행동 범위가 넓다는 장점이 있고, 작은 동물은 빠르고 신속하며 필요한 에너지의 양이 적다는 점이 유리해, 어느 쪽이 낫다고 단정하기 어렵다. 각각의 동물이 사는 환경에서 적절한 생활 양식에 맞춰 진화했을 뿐이다.

Day 167 생활 양식 | 크거나 작은 동물

추운 곳에 사는 동물은 왜 덩치를 키우는 방향으로 진화했을까?

| 베르그만의 법칙 이야기 |

항온동물은 닮은꼴이라도 추운 지방에 사는 동물의 몸집이 더 크다.

세 가지만 알면 나도 동물학자!

남쪽에서 북쪽으로 갈수록 커진다

따뜻한 혼슈(本州)에 사는 꽃사슴과 반달가슴곰보다 추운 홋카이도에 사는 에조사슴과 아무르불곰의 몸집이 더 크다. 더 북쪽에 서식하는 말코손바닥사슴과 북극곰은 덩치가 더 크다. 반대로 남쪽 오키나와의 게라마 제도에 사는 사슴 게라마지카와 말레이곰은 몸집이 작다. 이처럼 동물이 북쪽으로 갈수록 커지는 것을 '베르그만의 법칙(Bergmann's Rule)'이라고 한다. 반대로, 귀와 꼬리 등은 추운 지방의 동물일수록 작은데, 이를 '앨런의 법칙(Allen's rule)'이라고 한다.

왜 덩치를 키울 필요가 있었을까?

동물은 체온이 낮으면 움직임이 둔해진다. 추운 곳에 살면 체온과 기온 차가 커서 몸이 차가워지기 쉬워 체온 저하를 방지하기 위해 덩치를 키웠다.

몸집이 크면 왜 추위에 강할까?

뜨거운 물을 컵보다 욕조에 담았을 때 훨씬 천천히 식는다. 몸집이 커지면 몸무게당 체표면적이 작아져 몸집이 큰 동물은 외부 기온의 영향을 적게 받는다.

키가 3미터나 되고 이족 보행하는 원숭이 '빅풋'은 실제로 존재할까?

| 미확인 동물 이야기 |

거대한 영장류와 설인 등, 존재한다고 주장되지만 확인되지 않은 동물을 '미확인 동물'이라고 한다.

생활 양식
먼 옛날 동물
친숙한 동물
포유류
조류
별난 동물
무척추동물
바다 동물

세 가지만 알면 나도 동물학자!

'있다·없다'로 판정할 수 없는 과학적 관점

과학계에서는 빅풋(Bigfoot, 거대한 영장류)과 예티(Yeti, 설인) 등이 존재하지 않는다고 절대 단정하지 않는다. 무언가 증거가 있으면 인정하는 것이 과학계의 방침이다. 그러나 현재는 증거가 미약해 이들의 존재를 단정도 부정도 할 수 없다.

빅풋은 UMA의 하나

이런 동물을 '미확인 동물(Unidentified Mysterious Animal, UMA)'이라고 한다. 빅풋은 키가 3미터에 이르고 이족 보행하는 원숭이로, 미국 산악지대에 산다고 알려져 있다. 1967년 촬영된 영상으로 유명해졌는데, 자신이 인형 탈을 입고 있었다고 주장하는 사람이 나타나기도 했다.

사체도 뼈도 발견되지 않았다

빅풋 영상과 발자국은 충분히 위조할 수 있다. 사체가 발견되거나 중요한 부분의 뼈라도 발견되면 증거가 될 수 있으나 그 존재를 보여주는 증거가 전혀 발견되지 않았다.

Day 169

하늘을 나는 익룡은 공룡이 아니라고?

|공룡 이야기|

공룡은 트라이아스기부터 백악기까지
약 1억 6,000만 년에 걸쳐 지상을 지배했다.

세 가지만 알면 나도 동물학자!

환경에 맞춰 진화한 공룡

공룡은 파충류 일부에서 진화했다고 추정된다. 약 2억 5,000만 년 전인 트라이아스기에 등장했다. 그 당시에는 크기도 작고 종류도 적었으나 쥐라기와 백악기에 이르러 대형화하고 종류도 늘어나면서 지상 최대 세력으로 발전했다.

오늘날 파충류와의 차이점은 '다리가 달린 모양'

악어나 도마뱀 등 현재 파충류는 몸 옆에서 뻗어나온 다리를 이용해서 기고 걷는다. 그러나 공룡은 다리가 몸 아래에 똑바로 뻗은 모양이어서 2족과 4족으로 직립 보행이 가능해 다른 파충류보다 운동능력이 뛰어났다.

수장룡은 공룡이 아니다

공룡은 육상에 살며 직립 보행으로 이동했다. 이 사실을 적용하면 흔히 공룡 영화나 애니메이션에 나오는 수장룡은 공룡이 아니다. 〈극장판 도라에몽: 진구의 공룡대탐험〉에 등장한 수장룡 피스케도 공룡이 아니다. 하늘을 나는 익룡과 바다에 살던 어룡도 공룡이 아니다.

티라노사우루스가 하늘을 날아다니는 조류의 직계 조상에 가깝다는데?

|공룡의 종류 이야기|

화석 등이 발견되면서 약 1,000종류의 공룡이 확인되었다.

세 가지만 알면 나도 동물학자!

이름이 붙고 분류된 공룡은 아주 일부

발견된 화석에 이름이 붙은 공룡은 1,000종류 정도 된다. 아직 발견되지 않은 공룡 화석도 지구상에 많다. 또한 전 세계 박물관 수장고에 아직 분류되지 않은 채 잠자고 있는 화석도 있다.

독특한 공룡이 많은 조반목

공룡은 골반의 골격 차이에 따라 조반목(鳥盤目)과 용반목(龍盤目)으로 나눈다. 새의 골반을 닮은 공룡을 '조반목', 도마뱀의 골반을 닮은 공룡을 '용반목'이라고 한다. 조반목에는 몸이 뼈 갑옷과 가시로 덮인 스테고사우루스, '프릴'이 특징인 트리케라톱스 등이 있다.

【공룡류의 분류】

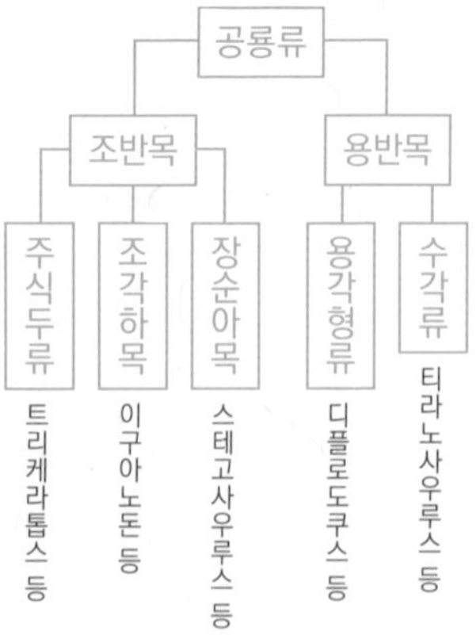

대형 공룡 이미지를 만든 용반목

용반목에는 긴 목과 꼬리를 가지고 사족 보행으로 이동하는 디플로도쿠스와 대형 육식공룡으로 유명한 티라노사우루스가 있다. 멸종하지 않고 현대까지 살아남은 조류가 티라노사우루스와 같은 수각류(獸脚類)에 포함된다.

공룡의 학명은 왜 대부분 라틴어일까?

|공룡의 이름 이야기|

공룡의 학명은 생김새의 특징과 발견 장소 등을 조합해서 주로 라틴어로 이름을 붙였다.

세 가지만 알면 나도 동물학자!

논문에 기재되는 학명은 세계 공통

지금까지 알려진 공룡은 1,000종류가 넘으며, 계속해서 그 수가 늘어나고 있다. 신종 화석이 발견되면 논문을 통해 인정받아야 하는데, 화석을 발견해서 명명되기까지 수십 년이 걸리는 사례도 있다.

주로 공룡의 특징과 발견 장소에서 따온다

티라노사우루스의 학명 '티라노사우루스 렉스(*Tyrannosaurus rex*)'는 '폭군 도마뱀 왕'이라는 뜻이다. 학명은 기본적으로 라틴어다. 학명에 많이 붙는 '사우루스(saurus)'는 '도마뱀', '돈(don)'은 '이빨'을 뜻한다.

학명에 발견자의 의향이 반영되기도

2021년 중국에서 발견된 신종 화석에 '에우브론테스 노비타이(*Eubrontes nobitai*)'라는 이름이 붙었다. 만화 영화 〈도라에몽〉에 등장한 '노비타(진구)'에서 이름을 따온 이유에 대해 발견자는 "노비타와 도라에몽의 모험은 내게 보석 같은 존재였다"라고 밝혔다.

【학명 짓는 법】

티라노사우루스 렉스
Tyrannosaurus rex
속명 / 종소명
학명(종명)

후쿠이랍토르 기타다니엔시스
Fukuiraptor kitadaniensis
속명 / 종소명
학명(종명)

일본에도 공룡이 존재했다고?

| 일본의 공룡 이야기 |

일본에서도 공룡 화석이 많이 발굴되며,
9종류의 공룡에 정식으로 학명이 붙었다.

세 가지만 알면 나도 동물학자!

1978년에 일본 최초로 공룡 화석 발견

이와테현(岩手県) 시게루시해안(茂師海岸)에서 대형 공룡 뼈 일부가 발견되어 '모시류(モシリュウ)'라고 불렸다. 종을 특정할 수 없었는데, 이를 계기로 차례차례 화석이 발견되었다. 지금까지 9종에 학명이 붙었다.

일본 굴지의 공룡 화석 발견지 '후쿠이현'

후쿠이현(福井県) 가쓰야마시(勝山市)에는 중생대 지층이 있어 일본 굴지의 공룡 화석이 발견되었다. 여기서 발굴된 3종에 '후쿠아사우루스', '후쿠이랍토르', '후쿠이티탄'과 같이 지명에서 따온 학명이 붙었다.

일본에서 최근까지 발굴이 이어진 대형 공룡

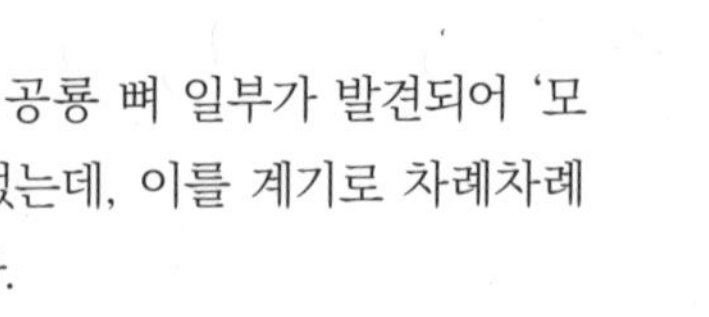

2006년 효고현(兵庫県) 단바시(丹波市)에서 대형 용각류 공룡의 화석이 발견되었다. 이 화석에는 '탐바티타니스 아미키티아이(*Tambatitanis amicitiae*)'라는 학명이 붙었다. 2015년에는 나가사키시(長崎市)에서 티라노사우루스과 대형 종의 화석이 발견되었다.

Day 173

공룡의 골격을 재현하는 데 닭의 공격을 참고하는 까닭은?

|공룡의 모습 예측 이야기|

예전에는 골격을 재현한 조류(鳥類)를 참고해서 공룡의 모습을 예측했으나, 최근에는 디지털 기술도 적극 활용한다!

세 가지만 알면 나도 동물학자!

현재 살아 있는 조류와 가까운 동물 참고

공룡의 존재는 약 200년 전에 인정되었다. 처음에는 발견된 화석의 크기나 몇 개의 다리로 걸어다녔는지 등을 알지 못했으나, 공룡과 조류의 골격이 비슷하다는 사실이 밝혀지면서 닭 등의 골격을 참고했다. 공룡 화석에는 뼈뿐 아니라 '알'과 '발자국'도 있다.

뼈와 발자국 화석으로 알아낼 수 있는 정보

공룡의 골격을 재현하면 근육이 붙은 방식과 관절을 움직이는 방식도 알 수 있다. 또 발자국 화석을 분석해 이족 보행인지 사족 보행인지, 어느 정도 속도로 걸었는지, 꼬리를 끌었는지 등을 예상할 수 있다.

디지털 기술이 정밀도를 한층 높였다

디지털 기술을 활용하면 지면에서 뼈에 전해지는 힘 등을 계산해 공룡의 자세와 달리는 속도를 계산할 수 있다. '빨리 달리지 못했다'고 여겨지는 티라노사우루스가 차량과 경쟁할 정도로 빨랐다는 계산 결과가 나왔다.

Day 174

공룡은 무엇을 먹고 살았을까?

|공룡의 식생활 이야기|

다른 공룡과 물고기를 먹는 육식공룡,
나무 열매와 잎을 먹는 초식공룡, 잡식공룡이 있었다.

세 가지만 알면 나도 동물학자!

이빨로 먹잇감의 뼈를 으스러뜨리고 살점을 찢어발겼던 티라노사우루스

티라노사우루스의 이빨은 큼직해서 한 개가 30센티미터가 넘었다. 먹잇감을 뼈째로 씹고 가장자리에 붙은 스테이크 나이프처럼 생긴 여러 개의 뾰족한 이빨로 살점을 썰어 뜯어 먹었다. 따라서 티라노사우루스는 육식공룡의 대명사로 일컬어진다. 공룡은 이빨 상태가 나빠지면 새 이빨이 차례차례 났다.

요모조모 쓰임새가 많았던 초식공룡의 이빨

목과 꼬리가 긴 디플로도쿠스는 빗처럼 생긴 이빨로 식물의 이파리를 훑어내듯 먹었다. 납작한 부리를 가진 도마뱀과 닮은 하드로사우루스는 평평한 이빨이 빽빽하게 나 있어 나무 열매 등을 으깨 먹을 수 있었다.

수가 적었던 잡식공룡

잡식동물은 동물과 식물을 모두 먹거나 알과 곤충까지 먹는 동물을 말한다. 육식인 오비랍토르는 알과 곤충은 물론 식물도 먹었고, 스트루티오미무스는 식물, 작은 동물, 곤충, 물고기까지 먹었다.

티라노사우루스의 머리뼈

공룡 화석에서 멜라닌 색소를 발견해 당시 공룡의 색깔을 알아낸다?

|공룡의 색깔 이야기|

공룡의 색깔은 오랫동안 수수께끼였는데,
화석에 남아 있는 멜라닌 색소로 조금씩 밝혀냈다.

세 가지만 알면 나도 동물학자!

동물의 몸 색깔에는 역할이 있다

카멜레온은 몸 색깔을 주위 나뭇잎 색깔과 비슷하게 바꿔 몸을 숨긴다. 스컹크의 흰색과 검은색 줄무늬는 적에게 '고약한 악취가 나는 액체를 뿜어줄 테다'라는 경고를 전달한다. 화려한 색깔로 암컷에게 구애하거나 적을 위협하는 동물도 있다. 이처럼 동물의 몸 색깔에는 나름대로 의미가 담겨 있다.

깃털 공룡 화석에 남은 색소

최근 깃털 공룡 화석에서 멜라닌 색소가 발견되었다. 이 색소의 농도와 분포를 분석해서 깃털 공룡의 친척인 안키오르니스의 색깔을 거의 온전하게 알아냈다. 볏은 붉고, 얼굴에는 붉은 반점이 있으며, 몸 전체가 회색이고, 꼬리에 검은색과 회색 줄무늬를 가진 화려한 모습이었다.

도감에 실린 공룡의 색깔

색소 연구가 진행될수록 공룡의 색깔도 밝혀진다. 현재 소형 깃털 공룡을 중심으로 10여 종류의 색이 밝혀졌다.

깃털의 색깔이 비단벌레처럼 오묘했다고
밝혀진 미크로랍토르

포유류에서 종류가 가장 많은 동물 중 하나가 박쥐라고?

|포유류와 고유종 이야기|

포유류는 지구상에 5,500종이 있다.

세 가지만 알면 나도 동물학자!

일본에는 외국에 없는 고유종도 많다

포유류의 주요 특징은 새끼가 젖을 먹고 자란다는 것이다. 사람을 포함해 지구상에는 5,500종류, 일본에는 188종류의 포유류가 있다. 그중에서 일본에만 있는 고유종은 50종류인데, 대부분 멸종위기종이다.

박쥐, 쥐, 두더지가 많다

지구상에 존재하는 포유류 중에서 가장 많은 종류는 박쥐, 쥐, 두더지다. 일본 고유종에도 박쥐가 16종류, 쥐가 9종류, 땃쥐류가 6종류, 두더지가 8종류나 있다.

일본은 생물 다양성이 풍부한 나라

멸종위기종인 일본산양, 일본 전래동화에도 등장하는 일본원숭이와 일본멧토끼 등 이름에 '일본'이 붙는 고유종도 있다. 일본은 국토 면적에 비해 종류, 고유종, 멸종위기종이 많아 '생물 다양성 핫 스폿'으로 꼽힌다. 생물 다양성 핫 스폿은 전 세계에 34군데 있다.

【일본의 고유종】

일본긴귀박쥐

뾰족뒤쥐

작은일본두더지

오리너구리 수컷은 발톱에서 독을 내뿜는다는데?

| 단공류 오리너구리 이야기 |

오리너구리는 파충류와 조류의 특징을 두루 갖춘 희귀한 포유류다.

세 가지만 알면 나도 동물학자!

알을 낳는 포유류 '단공류'

대변, 소변, 알이 모두 하나의 구멍에서 나오는 동물을 포유류 중에서 '단공류(單孔類)'로 분류한다. 알에서 깨어난 새끼에게 젖을 먹이는데, 젖은 어미의 배 속에 있는 젖샘이라는 기관에서 분비된다.

환상의 동물, '살아 있는 화석'

오리너구리는 부리와 물갈퀴가 집오리에 가깝고, 가죽은 수달과 비슷하며, 꼬리는 비버를 닮아 마치 환상의 동물처럼 느껴진다. 호주에만 살며 '살아 있는 화석'이라 불리는 단공류다. 다른 단공류로는 호주와 뉴기니에 사는 짧은코가시두더지가 있다.

비밀무기로 사냥하고 맹독 발차기로 싸운다

강이나 호수, 늪지대의 물가에 사는 오리너구리는 갑각류와 물속 곤충을 잡아먹는다. 부리에 있는 약 4만 개의 전기 센서로 먹잇감을 감지한다. 수컷은 뒷발의 발톱에서 독을 내뿜는다.

전 세계 유대류의 70퍼센트가 호주에 산다?

|유대류 이야기|

유대류는 암컷의 배에 주머니가 있는 동물을 말하는데,
천적이 적은 환경에서 독자적으로 진화했다.

세 가지만 알면 나도 동물학자!

초식에서 육식까지 다양한 식성

유대류는 약 330종류가 있는데, 그중에서 70퍼센트가량이 호주에 산다. 먹이에 따라 초식(캥거루, 왈라비, 코알라, 웜뱃 등), 잡식(큰빌비 등), 육식(태즈메이니아데빌 등)으로 나눌 수 있다.

다채로운 형태의 주머니○○가 있다

주머니쥐, 동부주머니고양이, 긴귀주머니오소리, 주머니여우 등 이름에 '주머니'가 붙는 동물이 있다. 그런데 조상과 딴판으로 주머니가 없는 동물을 닮은 종이 호주 지역에서 등장했다. 참고로, 물주머니쥐는 수컷에게만 주머니가 있는데 음낭의 보온 등에 활용한다.

주머니가 있든 없든 끼리끼리 진화

호주 등지에 있는 유대하늘다람쥐는 다른 지역의 주머니하늘다람쥐과인 하늘다람쥐를 쏙 빼닮았다. 같은 환경에서 각자 독자적으로 진화해 활공이 가능한 비슷한 모습으로 변했다. 이를 '수렴 진화'라고 한다.

먼 옛날, 유대류의 조상이 전 세계에 서식했다고?

|유대류의 분포 이야기|

먼 옛날에는 유대류가 전 세계에 있었으나
오늘날에는 호주의 코알라 종류만 살아남았다.

세 가지만 알면 나도 동물학자!

유대류의 조상은 전 세계에 존재

코알라와 캥거루 등 유대류의 조상은 먼 옛날 남미에서 남극을 거쳐 호주로 건너갔다는 사실이 화석 연구로 밝혀졌다. 당시에는 남미, 남극, 호주 대륙이 이어져 있어 유대류의 조상이 전 세계에 존재했다. 일본 구마모토현(熊本県)의 약 9,000만 년 전 지층에서도 유대류의 조상 화석이 발굴되었다.

대륙 이동과 생존경쟁이 열쇠

그 후 대륙 이동으로 호주에서 떨어져 나간 남미는 북미와 땅으로 이어졌고, 유대류의 천적인 동물들이 번성했다. 그러자 유대류는 생존경쟁에서 패배해 거의 멸종하고 천적이 적은 호주에서만 겨우 살아남았다.

남미에서 남극을 거쳐
호주로 건너갔다.

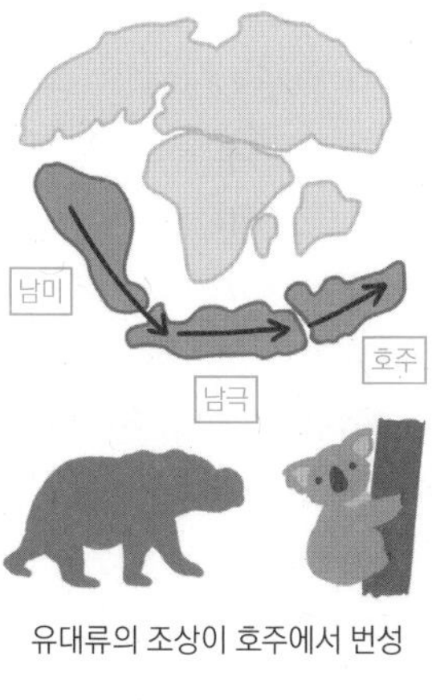

유대류의 조상이 호주에서 번성

다른 지역에도 유대류는 있다

독자적으로 진화한 약 330종류의 유대류 중 70퍼센트가 호주와 호주 인근 섬들에 서식한다. 그리고 나머지는 남미에 93종, 북미에 1종, 쥐를 닮은 주머니쥐 등의 유대류가 생존해 있다.

Day 180

천적 없는 섬에서만 살아남은 멸종위기종 쿠아카왈라비는 어떤 동물일까?

|캥거루의 종류 이야기|

캥거루의 종류에는 캥거루와 왈라비, 왈라루 등이 있으며, 몸 크기에 따라 호칭이 달라진다.

세 가지만 알면 나도 동물학자!

차이는 몸집뿐

캥거루는 50종류가 넘는데, 그중 30종류가량이 소형인 왈라비(wallaby)다. 중형은 왈라루(wallaroo)라고 부르며 붉은왈라루, 검은왈라루, 에이자일왈라루와 같이 세 종류가 있다. 생물학상 같은 왈라루종이며 크기만 다르다.

모두 합쳐서 '루(roo)'

크기는 꼬리를 포함하지 않은 머리와 몸통 길이만을 기준으로 한다. 왈라비는 25센티미터 이상, 왈라루는 75센티미터 이상, 캥거루는 115센티미터 이상을 말한다. 호주에서는 모두 합쳐서 '루(roo)'라고 부른다.

천적은 딩고와 인간

딩고라는 갯과 동물이 포식자다. 딩고는 뒤를 돌아보며 도망칠 때 몸을 비틀어서 점프하는데, 초목을 먹거나 인간을 다치게 만들어 유해 동물로 지정되어 있다. 멸종위기종인 쿠아카왈라비(quokka)는 천적이 없는 섬에서만 살아남았다.

캥거루는 왜 주머니 안에서 새끼를 키울까?

|캥거루의 새끼 이야기|

캥거루 새끼는 발육이 불완전한 상태로 태어나 어미의 배에 달린 주머니에서 자란다.

세 가지만 알면 나도 동물학자!

임신 기간이 매우 짧다

캥거루는 자궁이 그다지 발달하지 않아 새끼를 자궁에서 품을 수 있는 기간이 1개월 정도로 짧다. 이처럼 발육이 불완전한 상태로 태어난 새끼는 어미 배에 달린 주머니(육아낭)에서 약 6개월간 자란다. 참고로, 육아낭은 원래 몸에 있는 주름이었는데 육아를 위한 기관으로 진화했다.

태어나자마자 닥치는 큰 시련

새끼는 고작 2센티미터 크기로 태어난다. 녀석은 눈도 뜨지 않은 상태에서 어미 배에 난 털을 붙잡고 올라가 주머니 안으로 들어간다. 그러고는 육아낭에서 어미의 유두에 매달려 젖을 빨아 먹으며 성장한다.

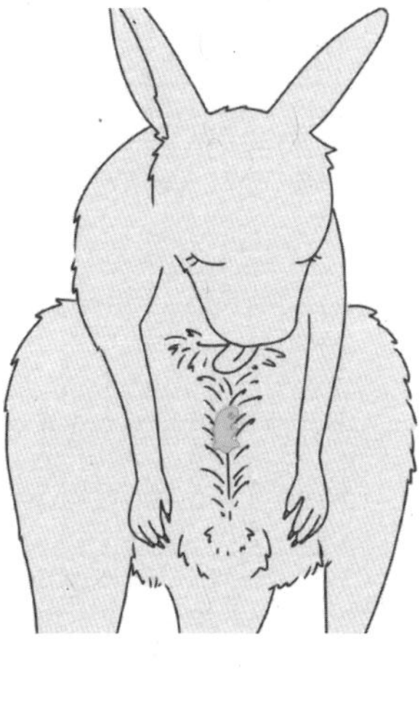

주머니 안에서도 방심은 금물

새끼 캥거루에게는 바깥세상보다 주머니 안이 훨씬 안전하다. 그러나 육아낭 안에서 쇠약해져 죽거나 천적인 딩고에게 쫓길 때 주머니 밖으로 떨어지는 사고 등의 시련을 이겨내고 성체가 되는 것은 약 50퍼센트로 알려져 있다.

새끼 코알라는 왜 어미의 대변을 먹을까?

|코알라의 식분 이야기|

새끼 코알라는 유칼립투스 잎을 해독하고
소화를 돕기 위해 어미의 대변을 먹는다.

세 가지만 알면 나도 동물학자!

어미의 대변은 특별한 작용을 한다

코알라의 주식인 유칼립투스 잎에는 타닌이 많아 새끼 코알라가 소화하기 어렵다. 따라서 어미가 맹장 안에 있는 타닌 분해 효소를 생성하는 장내세균을 물려줘야 한다. 그로 인해 어미의 대변을 먹는 '식분(食糞)' 습성이 생겼다. 코알라는 새끼 주머니 출입구가 꼬리 쪽을 향해 식분하기에 편리한 신체 구조다.

영양가 풍부한 이유식 '팹'

새끼 코알라가 먹는 어미의 대변은 유칼립투스가 적당히 소화되어 영양가가 풍부한 이유식이라고 할 수 있다. 이를 '팹(pap, 유동식)'이라고 한다. 생후 6개월부터 팹을 먹기 시작하는데, 2주 만에 몸무게가 2배로 불어나 유칼립투스 새순과 잎을 조금씩 먹을 수 있다.

식분하는 동물들

장내세균과 영양분을 얻기 위한 새끼의 식분은 토끼, 코끼리, 말 등의 초식동물에서도 볼 수 있다. 토끼, 쥐, 다람쥐가 자기 변을 먹는 습성은 본능으로, 정상적인 행동이다.

아프리카 폐어는 지느러미를 이용해 물속에서 걸어다닐 수 있다는데?

| 지느러미 이야기 |

육기어류의 지느러미가 다리로 진화했다고 알려져 있다.

세 가지만 알면 나도 동물학자!

현재 물고기의 지느러미는 수중 생활에 잘 적응

현재 종류가 가장 많은 물고기는 골격이 단단한 물고기인데, 가시(뼈처럼 단단한 경골과 부드러운 연골)와 막으로 이루어진 지느러미를 가진 그룹이다. 연골어류를 조기어류라고 부르기도 한다. 하늘하늘한 지느러미는 물살을 조절하기 쉬워 수중 생활에 잘 적응했다.

일부 물고기의 지느러미에는 뼈가 있다

폐어와 실러캔스는 육질의 지느러미를 지녀 육기어류라고 한다. 조기어류와 달리, 지느러미 안에 육상동물의 팔과 손뼈에 해당하는 뼈가 있다. 아프리카 폐어의 일종은 지느러미를 사용해 물속에서 걸어다닐 수 있다.

실러캔스의 뼈대

마침내 육상 생활로

육기어류와 같은 모습이었던 공통의 조상에서 양서류(변태하며 폐를 가져 반육상 생활을 하지만 알은 물속에서 낳는다)와 파충류(육상 생활에 완전히 적응하고 껍데기가 단단하며 알을 낳는다)가 진화했다고 알려져 있다.

다리가 지느러미로 진화한 동물이 있다고?

|다리의 진화 이야기|

수중 생활에 적응해 지느러미를 가진 척추동물이 있다.

세 가지만 알면 나도 동물학자!

물로 돌아간 척추동물

공룡과 같은 시대에 살던 어룡은 수륙양용 몸을 지닌 조상이, 돌고래와 고래는 물가에 살던 육상동물이 수중 생활에 적응해 형태 등이 물고기처럼 진화했다고 추정된다.

팔다리와 꼬리가 지느러미로 진화

어룡의 지느러미, 돌고래와 고래의 가슴지느러미 모두 다리가 지느러미 형태로 진화한 것이다. 어룡과 물고기는 옆으로 몸을 비틀며 헤엄치고, 돌고래와 고래는 세로로 몸을 비틀며 헤엄친다. 그래서 꼬리지느러미의 방향이 90도 다르다. 돌고래와 고래의 몸속에는 퇴화한 뒷다리의 뼈가 흔적기관처럼 남아 있다.

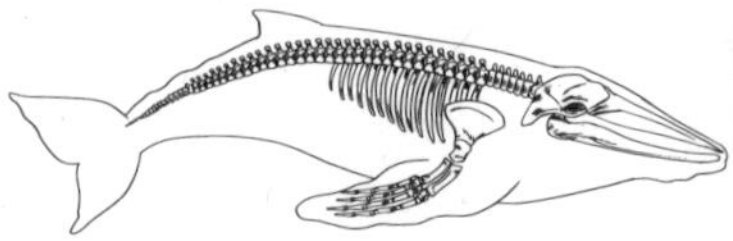

밍크고래의 가슴지느러미 골격

수륙양용 포유류

강치와 물개는 먹이를 물속에서 찾지만 새끼는 육상에서 기른다. 해달과 북극곰은 겉모습은 육상동물인데, 수영선수 뺨칠 정도로 헤엄을 잘 쳐서 수중 생활에 적응했다고 여겨진다.

뱀은 다리가 없는데 어떻게 앞으로 갈까?

|뱀의 이동 이야기|

뱀은 몸을 비틀어서 나아가는 '사행(蛇行)' 방식으로 이동한다.

세 가지만 알면 나도 동물학자!

뱀의 조상은 다리가 있었다

뱀의 조상은 원래 다리가 있었는데 땅과 물속 생활에 편리하도록 다리가 없는 방향으로 진화했다는 설이 주류로 받아들여지고 있다. 좁은 곳을 스르르 빠져나갈 수 있도록 몸을 비틀어 이동하는 방식으로 진화했다고 추정된다.

구불구불 나아가는 '사행'

일반적으로 뱀은 S자 모양으로 몸을 구부려 구불구불 앞으로 나아가는 사행 방식으로 움직인다. 구부린 부분에 체중을 싣고 몸을 비틀어 미끄러지듯 이동한다고 여겨진다. 사행으로 물속에서도 이동할 수 있다. 바다에 사는 바다뱀은 작은 물고기와 갯지렁이를 잡아먹는 온순한 동물이다.

직진도 할 수 있다

뱀의 배 쪽에는 흉골이라는 길쭉한 비늘이 있다. 이 비늘을 차례차례 세우거나 뻗어서 앞으로 곧장 이동하기도 하고 나무 위로 올라갈 수도 있다.

Day 186

새의 다리는 왜 뒤로 구부러져 있을까?

|새의 다리 이야기|

새의 다리에서 '무릎'처럼 보이는 부분은 사실 '발꿈치'다.

세 가지만 알면 나도 동물학자!

다리가 거꾸로 구부러져 있다고?

학이나 백로, 플라밍고처럼 다리가 길쭉한 동물은 앉을 때 다리가 사람과 반대 방향으로 구부러진다. 사실, 긴 다리 한가운데 있는 관절은 무릎이 아니라 발꿈치다.

넓적다리뼈보다 발등뼈가 길다

이러한 새들의 다리 골격은 허벅지뼈(대퇴골)가 짧고 무릎에서 발꿈치까지의 뼈와 발꿈치부터 발가락까지의 뼈 길이가 거의 같다는 것이 특징이다.

목도 길지만 부리는 각양각색

다리가 길쭉한 학이나 백로 등은 앞으로 구부리기 쉬워 물가에서 사뿐사뿐 걸어다니고 발치의 먹이를 찾기도 쉽다. 얕은 물가에서 먹이를 구하기 쉽도록 다리가 긴 새는 목도 긴 종류가 많다. 그런데 다리가 긴 새는 날아오르는 능력이 떨어져 날아오르려면 도움닫기가 필요하다.

다리 개수가 가장 많은 동물은?

|다리 개수 이야기|

다리 개수가 가장 많은 동물은 노래기 종류라고 추정된다.

세 가지만 알면 나도 동물학자!

노래기는 육상으로 가장 먼저 올라온 동물

노래기는 새우와 게, 공벌레 등과 같은 절지동물이다. 그중에서 다리가 많다는 공통점을 가진 노래기와 지네는 알고 보면 육상으로 가장 빨리 올라온 동물로 여겨진다.

지네와 달리 독은 없다

육식동물인 지네는 턱에서 독을 뿜어 물리지 않도록 조심해야 한다. 하지만 노래기는 낙엽 등을 먹는 해롭지 않은 벌레다. 다만 대량 발생하거나 고약한 냄새를 풍기는 분비물을 내뿜어 '불쾌한 해충'으로 취급받을 때가 많다.

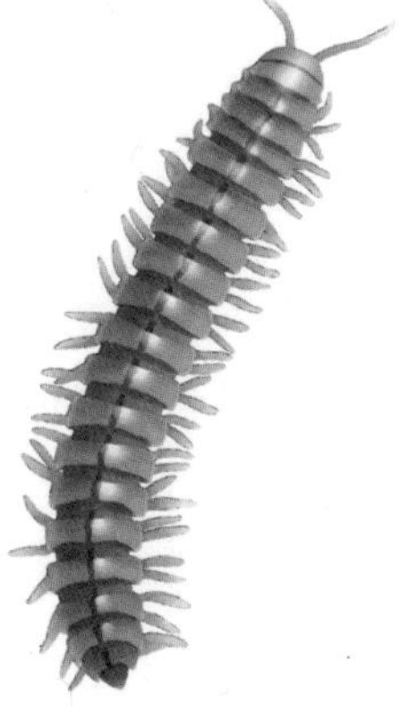

다리 개수는 지네의 곱절

노래기는 몸 마디마다 네 개의 다리가 있고, 탈피할 때마다 마디가 늘어난다. 2021년 호주에서 1,300개가 넘는 마디를 가진 노래기 종류가 발견되었다. 일본 나가노현(長野県) 야쓰가타케산(八ヶ岳) 인근에서 노래기가 대량 발생해 철도 운행이 멈춘 적도 있다.

사람이 치타 못지않게 달리기 강자인 이유는?

|발이 빠른 동물 이야기|

치타는 발이 빠르기로 유명한데,
사람도 알고 보면 달리기가 빠른 편이다.

세 가지만 알면 나도 동물학자!

치타는 단거리주자

세계에서 발이 가장 빠른 동물은 치타(고양잇과)다. 최고 시속이 약 120킬로미터나 된다. 고속도로를 달리는 자동차보다 빠르다. 하지만 지구력이 부족해서 달릴 수 있는 거리는 2~3.5킬로미터 정도로 알려져 있다.

사람은 단거리보다 장거리가 특기

개, 말, 토끼 등의 순간적인 최고 속도는 시속 약 70킬로미터다. 이에 비해 사람은 최고 시속이 약 45킬로미터여서 단거리 달리기는 다소 불리하지만 장거리는 뛰어나다.

장거리 달리기는 사냥을 위해 필요

대체로 동물은 두 시간 이상 계속 달리면 몸에 열이 쌓여 더는 달릴 수 없다. 그런데 사람의 다리는 체모가 적고, 땀을 흘리며, 달리기에 적합해 장시간 달릴 수 있다. 사람의 조상은 이러한 성질을 활용해 사냥감이 달릴 수 없을 때까지 집단으로 추격하는 '지구력 수렵'으로 식량을 확보했다고 추정된다.

참다랑어가 가진 '기망'의 특수한 기능은?

|빨리 헤엄치는 동물 이야기|

물고기는 먹이를 효과적으로 잡기 위해
빨리 헤엄치도록 진화했다.

세 가지만 알면 나도 동물학자!

저항력을 줄인 방추형

돌고래와 고래는 물의 저항이 적은 날렵한 방추형 몸매를 자랑한다. 게다가 튼튼한 꼬리지느러미와 강력한 근육을 가지고 있다. 자기보다 작은 물고기를 잡아먹는 데 효율적이며 빠르게 헤엄칠 수 있도록 진화한 것으로 여겨진다.

변온동물인데 체온을 유지하는 참다랑어

참다랑어는 혈관에서 동맥의 열을 정맥으로 전달하는 기망(奇網)이라는 조직을 가지고 있다. 청새치 종류도 체내에 발열 기관이 있다. 돌고래는 두툼한 피하 지방층이 있어 차가운 바닷속에서 체온을 유지하는 데 도움이 된다.

산소를 저장하는 기관

돌고래와 고래는 다른 물고기보다 근육 속에 미오글로빈이라는 철을 함유한 화합물을 풍부하게 가지고 있어 혈액이 운반한 산소를 저장해 심해에서 장시간 잠수할 수 있다. 반면에 다랑어는 계속 헤엄치지 않으면 아가미로 흡수하는 산소가 부족해진다.

낙타의 혹 안에는 무엇이 들어 있을까?

|낙타의 혹 이야기|

낙타의 혹 안에는 지방이 들어 있는데,
먹이가 없을 때는 이 지방을 에너지와 물로 바꿀 수 있다.

세 가지만 알면 나도 동물학자!

먹지도 마시지도 않고 2개월가량 생존

낙타는 음식물을 몸속에서 영양분으로 쓰고, 남은 영양분을 지방으로 바꿔 혹에 비축한다. 물과 먹이가 있는 곳에서 충분히 보충한 뒤 비축한 지방을 조금씩 에너지와 물로 바꿔 사용한다. 가혹한 사막 환경에서 먹지도 마시지도 않은 채 2개월가량 생존할 수 있다. 그렇지만 오랫동안 먹지 않으면 혹이 점점 쪼그라들면서 처진다.

혹의 또 다른 역할

혹에 지방을 저장하면 몸의 다른 부분에는 거의 지방이 쌓이지 않아서 효율적으로 몸의 열을 방출할 수 있다. 지방 덩어리(혹)가 등에 있어 강력한 양산 역할도 해준다. 두툼한 체모와 혹은 체온 조절에도 보탬이 된다.

새끼 낙타는 혹이 없다

갓 태어난 새끼 낙타는 혹이 없고, 대신에 주머니가 있다. 낙타가 성장할수록 그 주머니에 지방이 조금씩 쌓인다.

비버의 이빨은 산에도 부식되지 않고 충치도 생기지 않는다는데?

| 비버의 이빨 이야기 |

비버의 이빨에는 철 성분이 있어 나무를 갉아도 부러지지 않는다.

세 가지만 알면 나도 동물학자!

비버의 이빨은 진한 오렌지색

새끼 비버의 이빨은 하얀색이다. 비버는 위아래로 두 개씩 있는 큼직한 앞니(문치)로 나무를 갉는다. 그런데 앞니 표면의 층(에나멜질)에 들어 있는 철 성분이 나무의 성분과 반응해서 튼튼한 철 화합물을 형성해 진한 오렌지색을 띤다.

비버의 초강력 이빨

에나멜질에 침착한 철 화합물은 이빨을 튼튼하게 할 뿐 아니라 나무에 들어 있는 산에도 부식되지 않아 충치가 생기지 않는다. 비버는 이빨을 떠받치는 아래턱도 다부지다.

비버는 이빨이 생명

무기로 사용되기도 하는 이빨이 부러지거나 뽑혀 이갈이하는 동안에는 적에게 반격할 수 없어, 비버는 강력한 이빨을 평생 유지하도록 진화했다. 위아래 턱을 맞물리게 해서 이를 갈아 적당한 길이를 유지한다. 이빨 뒷면은 갉는 동작에 최적화된 끌 같은 형태다.

수사슴만 뿔이 자란다고?

| 사슴의 뿔 이야기 |

사슴은 수컷만 뿔이 나며, 1년에 한 번씩 떨어져 나가고 다시 늠름한 뿔이 자라난다.

세 가지만 알면 나도 동물학자!

사슴의 뿔은 수컷의 상징

수사슴만 뿔이 난다. 뿔은 자신을 방어하고 적을 공격하는 용도로 사용된다. 멋진 뿔을 가진 수컷은 건강하고 강해 번식기에 암컷을 둘러싼 경쟁에서 유리하다. 뿔이 빠지거나 부러져도 새로운 뿔이 자란다.

사슴의 뿔에는 피가 통한다

막 새로 난 뿔은 말랑말랑하고 벨벳처럼 부드러운 피부로 덮여 있으며 피가 통한다. 혈액을 통해 영양분이 공급되어 뿔은 몸에 맞는 크기로 성장한다.

사슴의 뿔은 조용히 떨어진다

번식기까지 멋지게 성장한 뿔은 딱딱하게 굳어 피가 통하지 않는다. 영양분이 공급되지 않아 뿔이 성장을 멈추면 테스토스테론이라는 수컷 호르몬으로 유지한다. 그러나 번식기가 지나면 호르몬이 서서히 감소해 뿔이 떨어져 나간다. 순록은 암컷도 뿔이 있는데, 먹이를 찾는 역할도 해 봄까지 떨어지지 않는다.

몸을 둥그렇게 말지 못하는 아르마딜로도 있다?

|아르마딜로 이야기|

모든 아르마딜로가 몸을 마는 것이 아니라,
브라질세띠아르마딜로만 몸을 둥그렇게 말 수 있다.

세 가지만 알면 나도 동물학자!

단단한 갑옷을 두르고 있다

아르마딜로는 등뿐 아니라 머리와 꼬리, 네발 등 거의 온몸이 갑옷처럼 단단한 비늘 형태의 피부로 덮여 있다. 복부만 말랑말랑하다. 새끼 아르마딜로의 갑옷은 말랑말랑한데 성장하면서 점점 단단해진다.

아르마딜로가 몸을 지키는 방법

약 20아종이 있는 아르마딜로는 위험을 감지하면 굴을 파고 숨거나 머리와 꼬리, 네발을 바짝 움츠려 바닥에 납작 엎드린다. 아르마딜로의 갑옷은 단단하고 탄력도 있어 맹수의 이빨과 발톱을 튕겨낸다.

단단한 갑옷을 입고도 몸을 둥그렇게 말 수 있다

모든 아르마딜로가 몸을 둥그렇게 마는 것은 아니다. 세띠아르마딜로속에 속하는 브라질세띠아르마딜로만 몸을 말 수 있다. '띠'는 갑옷에 두르는 허리띠를 가리키며, '세'는 이 띠가 세 개라는 뜻이다. 이 띠가 있어 갑옷을 입고도 몸을 둥그렇게 말 수 있다.

코뿔소의 뿔은 털처럼 계속 자라는데, 어떻게 적당한 크기를 유지할까?

|코뿔소의 뿔 이야기|

코뿔소의 뿔은 털과 마찬가지로 케라틴이 주요 성분이다.

세 가지만 알면 나도 동물학자!

코뿔소의 뿔은 털과 같은 성분이지만 엄청 단단하다

코뿔소의 뿔은 뼈처럼 보이지만 뼈가 아니라 피부와 손톱, 발굽, 털과 같은 케라틴질로 이루어져 있다. 그중에서도 털과 가장 비슷하다. 케라틴질은 단단한 구조를 편리하게 만들 수 있다. 코뿔소의 뿔은 무기로 사용할 정도로 단단하다. 모든 동물의 뿔이 단백질의 일종인 케라틴으로 이루어진 것은 아니다. 소, 사슴, 가지뿔영양, 기린의 뿔은 뼈와 같은 칼슘이 주요 성분이다.

뿔이 계속 자란다

코뿔소의 뿔은 털처럼 계속 자란다. 때로 단단한 물체에 뿔을 문질러 적당한 크기를 유지한다. 사용하기 편하도록 다듬는 행동이라고 할 수 있다.

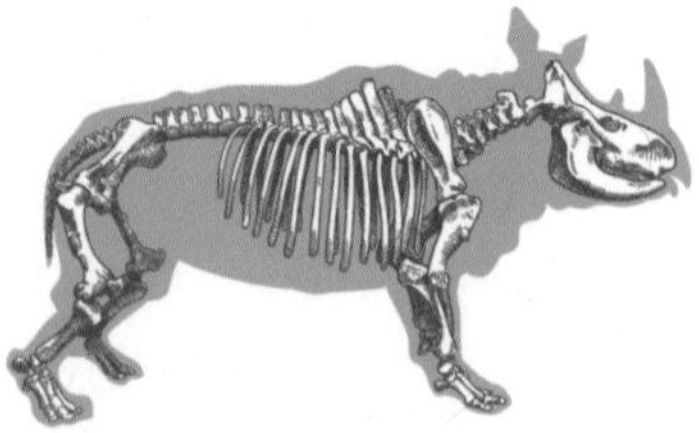

뿌리가 없어지지 않는 한 계속 재생한다

코뿔소의 뿔은 어쩌다 부러져도 다시 자라기(재생) 때문에 걱정할 필요 없다. 하지만 성장점(뿌리)부터 없어지면 재생할 수 없다. 털과 마찬가지다. 뿌리가 뼈와 부착된 흔적을 골격 표본에서 관찰할 수 있다.

두더지가 시각을 퇴화시키는 방향으로 진화한 까닭은?

|두더지 이야기|

두더지의 시력은 땅속 생활에 적응하기 위해
빛을 감지할 수는 있지만 사물의 형태 등을 볼 정도는 아니다.

세 가지만 알면 나도 동물학자!

두더지도 눈은 있다

두더지의 머리뼈를 보면 안구가 들어가는 구멍도 있고 눈을 움직이는 근육도 있다. 하지만 땅속에서 흙이 눈에 들어오지 않도록 피부처럼 두툼한 막으로 안구 표면이 덮여 있다.

시각 대신 후각과 청각 발달

두더지는 땅속 생활에 맞춰 빛은 감지할 수 있지만 시각이 퇴화했다. 어둠 속에서는 시각보다 후각과 청각이 더 쓸모 있어 냄새와 소리, 진동에 매우 민감하게 반응한다.

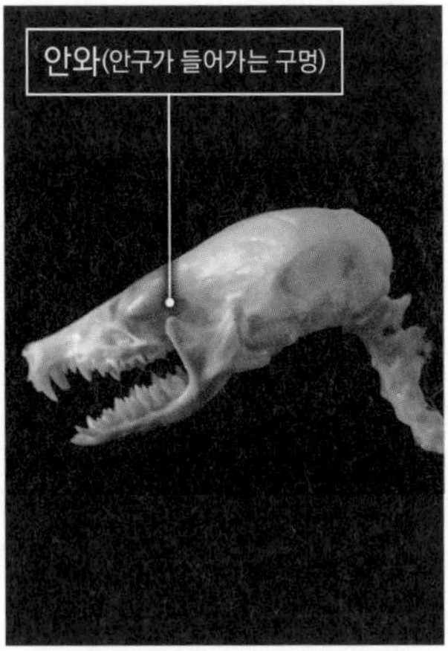

지하 생활에 적합한 형태

두더지는 평생을 땅속에서 지낸다. 그래서 신체 기관이 지하 생활에 적합한 형태로 변했다. 귓불, 피부에서 꼿꼿하게 선 벨벳처럼 부드러운 털가죽, 짧고 근력이 발달한 네발, 앞발의 날카로운 발톱 등 다양한 특징이 있다. 특히 두더지의 체모는 결이 없고 매끄러워 터널 안에서 앞뒤로 자유롭게 이동할 수 있다.

박쥐는 깜깜한 어둠 속에서 어떻게 날까?

|박쥐의 반향정위 이야기|

박쥐는 초음파를 발신해 물체와의 거리를
정확하게 가늠하면서 난다.

세 가지만 알면 나도 동물학자!

내비게이션 비행

박쥐는 반향정위가 뛰어나다. 반향정위란 동물이 입이나 콧구멍으로 음파를 발사해 그 음파가 물체에 부딪혀 되돌아오는 메아리로 물체와의 거리를 측정하거나 물체의 형태 등을 구별하는 것을 말한다. 박쥐는 반향정위를 활용해 사냥감을 잡거나 장애물을 피하며 비행경로를 선택한다.

주행성인 박쥐도 있다

박쥐는 크게 큰박쥐아목과 작은박쥐아목으로 나뉜다. 대부분 박쥐는 초음파에 의존하는 야행성 동물이다. 그러나 몸집이 큰 큰박쥐는 시각에 의존해 낮에 활동한다. 작은박쥐도 천적이 없는 섬에서는 주간 활동이 확인된다.

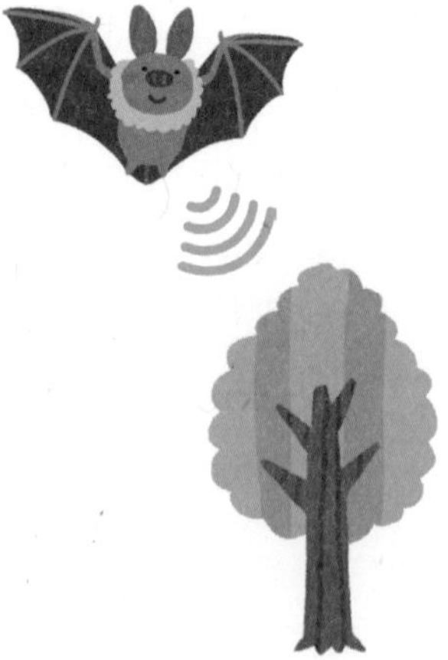

초음파의 주파수를 조정한다

같은 종의 박쥐가 집단으로 비행할 때는 발신하는 초음파의 주파수를 바꿔 충돌하지 않도록 조절한다. 청각보다 시각에 의존하면 충돌 사고가 발생하기 쉽다는 사실도 알고 있다.

마트에서 사 온 달걀에서도 병아리가 태어날까?

|달걀 이야기|

마트에서 판매하는 달걀은 무정란이라서
따뜻하게 품어도 병아리가 부화하지 않는다.

세 가지만 알면 나도 동물학자!

산란용 양계장에는 암탉만 있다

일반적으로 새는 암수가 교미해야 산란하는데, 닭은 암컷 한 마리만 있어도 알을 낳을 수 있다. 산란용 닭은 이러한 성질을 이용해 암탉만으로 거의 매일 알을 낳도록 품종 개량이 이루어졌다.

무정란은 부화하지 않는다

수탉 없이 암탉만 있는 양계장에서 태어난 알을 무정란(미수정란)이라고 한다. 마트에서 파는 달걀은 대부분 무정란인데, 무정란은 아무리 품고 있어도 병아리가 태어나지 않는다.

산란용 닭은 수정란에서 태어난다

암탉과 수탉이 함께 있는 양계장에서는 수정란(유정란)이 태어난다. 유정란에서 부화한 암컷 병아리가 성장해서 산란용 암탉이 된다. 그러나 수컷 병아리는 쓸모없어 바로 처분된다. 유정란과 무정란의 영양분 차이는 거의 없다.

Day 198

조류 | 새의 육아

타조알이 크고 무거운 것은 하늘을 날지 못하기 때문이다?

| 커다란 알 이야기 |

현생 조류 중에서 타조가 가장 큰 알을 낳는다.

세 가지만 알면 나도 동물학자!

타조알은 달걀 무게의 약 25배

조류 중에서 타조의 알이 가장 크다. 타조알의 무게는 달걀의 25배나 된다. 알껍데기 두께는 2밀리미터로 매우 튼튼하다. 동물원에서 기린이 타조알에 다리를 올렸는데도 깨지지 않은 일화가 있다.

더 큰 알이 있었다!

17세기 무렵까지 마다가스카르섬에 서식하던 코끼리새의 알은 타조알보다 훨씬 컸다. 크기가 약 33센티미터×24센티미터로, 타조알의 2배나 되었다.

키위알이 가장 크다고?

뉴질랜드에 사는 키위는 암컷 몸무게의 약 20퍼센트에 해당하는 묵직한 알을 낳는다. 타조와 닭의 알은 각각 몸무게의 2~3퍼센트다. 따라서 몸무게 비율로 따지면 키위알이 가장 크다. 닭, 타조, 키위 모두 하늘을 날지 못해 알이 크고 무거워도 문제없다.

【타조알】

크기 : 약 16㎝ × 13㎝
무게 : 약 1.6㎏
껍데기 두께 : 2㎜

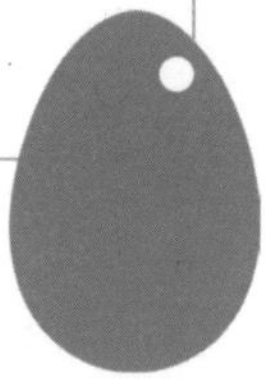

【달걀】

크기 : 약 6㎝ × 4.3㎝
무게 : 약 60g
껍데기 두께 : 0.3㎜

앵무새가 사람의 말을 흉내 낼 수 있는 비결은?

|수다 떠는 새 이야기|

앵무와 사랑앵무는 사람과 마찬가지로
살집이 두툼하고 근육질인 혀를 재주 좋게 움직여 말한다.

세 가지만 알면 나도 동물학자!

새끼 새는 부모 새의 울음소리를 흉내 내며 배운다

섬휘파람새는 태어나서 몇 시간만 지나면 울음소리를 낸다. 그런데 새끼 때 부모 새의 울음소리를 듣고 배우지 않으면 맑고 고운 소리를 낼 수 없다. 휘파람새와 딱따구리과 새는 부모 새의 울음소리를 따라 하며 우는 법을 배운다.

누가 기르느냐에 따라 울음소리가 달라진다

앵무새도 태어나면서부터 울음소리를 제대로 내는 것이 아니라, 부모나 주위 새의 소리를 듣고 익힌다. 새끼 때부터 사람 손에서 자라면 주위 사람의 말을 듣고 흉내 낸다.

명관과 두툼한 혀로 복잡한 소리 발음

앵무새 종류는 사람의 성대 대신 새의 발성기관인 '명관(鳴管, syrinx)'으로 소리를 낸다. 그 소리를 두툼한 혀로 조절해서 사람의 말과 같은 복잡한 소리를 낼 수 있다. 참고로, 닭의 울음소리는 선천적이라서 아무리 연습해도 능숙해지지 않는다.

제비는 왜 처마에 둥지를 틀까?

|제비 집 이야기|

제비는 인간을 천적으로부터 지켜주는
경호원처럼 이용하기 위해 처마에 집을 짓는다.

세 가지만 알면 나도 동물학자!

몸을 지키기 위해 강한 생물을 이용

제비는 안전을 위해 강한 생물 옆에 둥지를 튼다. 예를 들어, 솔개 둥지 틈에 참새나 백할미새 등이 둥지를 짓거나, 조롱이 둥지 근처에 물까치가 번식하는 식이다. 이렇게 하면 다른 육식동물이 다가오지 않아 안심할 수 있다.

사람에게도 이점이 있다

사람이 사는 농가에는 까마귀나 뱀이 잘 접근하지 않아 제비가 안심하고 둥지를 틀 수 있다. 해충이 득실거리는 논에서 제비가 벌레를 잡아먹으면 농민 입장에서도 고맙다. 즉, 상부상조하는 공생 관계라고 할 수 있다.

제비 서식 환경 감소

제비는 대부분 민가에 둥지를 틀었다. 그런데 진흙이나 먹이가 있는 논이 감소하고 처마가 있는 집이 줄어들어, 요즘에는 제비가 귀해졌다. 일본에서 알과 새끼가 들어 있는 제비 집을 함부로 철거하는 것은 위법 행위다.

새끼 오리는 왜 어미를 졸졸 따라다닐까?

| 오리의 각인 이야기 |

알에서 깨어나 아장아장 걷는 새끼 오리는
어미 뒤를 졸졸 따라다니도록 프로그램되어 있다.

세 가지만 알면 나도 동물학자!

부화 후 소리 내며 움직이는 큰 대상을 어미로 인식

부화해서 바로 걷는 새끼 오리는 자기 어미를 몰라서 떨어지면 당황한다. 그래서 부화 후 일정 기간에 본 '소리를 내며 움직이는 커다란 물체'를 자기 어미라고 인식하도록 프로그램되어 있다.

움직인다 → 따라간다 → 어미라고 생각한다

부화할 때까지는 어느 새가 어미인지 알 수 없다. 그러나 일반적으로 부화 후 가까이 있고 움직이면서 소리를 내는 큰 새가 어미일 가능성이 커서 그 대상을 어미로 인식한다.

학습 없이 1회 만에 인풋

새끼 오리는 부화 후 한 번만 보고 어미를 기억한다. 그때 뇌에 인쇄하듯 새겨진다고 해서, 오스트리아의 동물행동학자 콘라트 로렌츠(Konrad Lorenz)는 이를 '각인(imprinting)'이라고 표현했다. 로렌츠는 1973년에 노벨 생리의학상을 받았다.

타조도 뻐꾸기처럼 '탁란'으로 새끼를 키운다고?

|탁란 이야기|

스스로 둥지를 짓지 않고 다른 새의 둥지에 알을 낳아 대신 키우게 하는 행동 방식을 '탁란'이라고 한다.

세 가지만 알면 나도 동물학자!

탁란하는 대표적인 새는 뻐꾸기

뻐꾸기와 두견이가 대표적인 탁란 새다. 뻐꾸기는 때까치, 멧새, 노랑할미새, 종달새, 삼광조 등의 둥우리에서 탁란한다. 두견이(접동새)는 주로 휘파람새에게 탁란하는데 굴뚝새, 검은지빠귀, 촉새 등의 둥우리에도 산란한다. 탁란하는 새에게 속아서 자기 새끼처럼 알을 품고 새끼를 키우는 새를 '대리 부모'라고 한다.

탁란하는 새는 부모와 새끼가 함께 대리 부모를 속인다

두견이는 휘파람새알을 쏙 빼닮은 알을 낳는데, 두견이알이 휘파람새알보다 먼저 부화한다. 그리고 휘파람새알과 새끼를 모조리 둥지 밖으로 밀어낸다. 자기 새끼와 두견이 새끼를 구별하지 못하는 휘파람새 어미는 두견이 새끼에게 부지런히 먹이를 물어다 먹이며 돌본다.

동종 새에게 탁란하는 새도 있다

일부다처인 타조는 서열이 높은 암컷이 둥지를 짓고 산란하면, 뒤이어 남은 암컷들이 같은 둥지에 산란한다. 그런 뒤 서열 높은 암컷이 알을 품는다.

철새는 매년 같은 보금자리로 돌아갈까?

| 철새 이야기 |

철새는 매년 같은 지역으로 돌아가는데,
같은 보금자리라고 장담할 수는 없다.

세 가지만 알면 나도 동물학자!

철새의 종류는 여름새, 겨울새, 나그네새(통과 철새)

일본에서는 같은 번식지와 월동지를 정기적으로 이동하는 철새 중에서 여름철에 둥지를 트는 제비의 다리에 금속 링을 단 표식 조사가 다양하게 이루어지고 있다.

제비 표식 조사로 알아낸 사실

한 표식 조사 결과, 오사카에 있는 상점가에서 위치 추적 금속 링을 단 제비 중 이듬해에도 같은 상점가로 돌아온 비율은 약 40퍼센트로 나타났다. 그리고 그중 약 40퍼센트가 매년 같은 둥지로 돌아왔다. 즉, 같은 둥지로 돌아오는 제비는 16퍼센트 정도였다.

돌아온다고 해서 모두 '같은' 새는 아니다

제비의 평균 수명이 2년가량이어서 돌아오지 못하는 개체도 많다. 부부 제비가 돌아오더라도 여전히 짝을 지어 지낸다고 보장할 수는 없다. 그런데 놀랍게도, 표식 조사에서 4년 연속 같은 둥지로 돌아온 예가 있었다.

Day 204

티라노사우루스알 속 새끼가 치와와 정도 크기였다고?

|공룡의 알 이야기|

공룡의 종류에 따라 알의 크기가 제각각이지만,
생각보다 크지 않았다.

세 가지만 알면 나도 동물학자!

인간의 아기 정도 크기?

현재 발견된 가장 큰 공룡의 알은 높이가 60센티미터 정도였다. 인간의 생후 2개월 된 아기 정도 크기였다. 몸길이가 15미터 넘는 공룡이 드물지 않았음을 고려하면 의외로 작게 느껴질 수도 있다.

공룡의 알이 생각보다 작은 이유

알이 커지면 깨지지 않도록 껍데기도 두꺼워야 한다. 그러나 너무 두꺼우면 새끼가 알을 깨고 나올 수 없거나 껍데기를 통해 호흡할 수 없어 큰 공룡의 알도 작았다. 알 속의 티라노사우루스는 치와와 정도 크기였다.

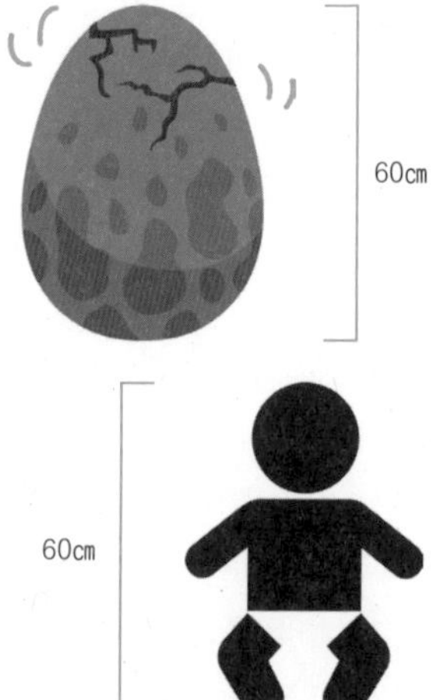

기네스 기록을 보유한 가장 작은 공룡알

일본 효고현 단바시에서 발견된 공룡알의 화석이 '세계에서 가장 작은 공룡알'로 기네스 기록에 등재되었다. 어른 엄지손가락 정도 크기다. 알의 화석을 발견한 무라카미 씨의 이름을 따서 '히메우리사스(작은 알의 돌) 무라카미이'라고 이름 지었다.

Day 205

가장 큰 공룡의 키가 건물 10층보다 높았다는데?

|가장 큰 공룡 이야기|

가장 큰 공룡은 아르헨티노사우루스라는 초식공룡이다.

세 가지만 알면 나도 동물학자!

발견된 화석이 적어 어디까지나 예상 크기

아르헨티노사우루스는 전체 길이 35미터 이상, 몸무게 65톤 이상으로 추정된다. 건물 10층 높이보다 크고 자동차 40대 무게와 맞먹는다. 몸집이 크면 육식공룡도 함부로 덤비지 못했을 것이다.

너무 커서 힘든 점

거대한 아르헨티노사우루스는 서 있기조차 버거웠으리라 추정된다. 힘차게 달리면 뼈가 부러졌을 수도 있다. 골격 가동 범위 분석 결과, 시속 7~8킬로미터(인간의 빠른 걸음 정도)로 우아하게 걸었다고 추정된다.

성장 속도와 뼈 덕분에 거대화?

공룡은 성장 속도가 무척 빨랐다. 화석의 단면에 남은 성장 흔적을 분석한 결과 1년에 최대 5톤 정도 성장한 공룡도 있었다. 공룡의 뼛속은 빈 곳이 많아서 다리에 가해지는 몸무게의 부담이 적어 거대해질 수 있었다는 가설도 있다.

1미터도 안 되는 작은 크기의 소형 공룡이 피라냐처럼 사냥했다?

| 가장 작은 공룡 이야기 |

현재 발견된 공룡 화석 중에서 가장 작은 것은 에오시놉테릭스다.

세 가지만 알면 나도 동물학자!

반려동물 크기의 에오시놉테릭스

에오시놉테릭스는 깃털 공룡 종류였다. 부리 안에 이빨이 나 있었다. 육식으로 추정되는데, 정확히 무엇을 먹었는지는 아직 밝혀지지 않았다. 성체의 몸길이가 30센티미터가량으로 아담했다. 에오시놉테릭스는 지면에서 달리고, 나무에서 나무로 점프할 수 있었다.

영화로 유명해진 소형 공룡

영화 〈쥬라기 공원 2〉에는 소녀가 콤프소그나투스라는 공룡에게 습격받는 장면이 나온다. 1미터도 되지 않는 소형 공룡이 피라냐처럼 사냥한다. 공룡은 소형이라도 생존에 필사적이라서 작다고 무시할 수 없다.

'몸집이 작아서' 좋은 점도 있다?

몸집이 작으면 움직이는 데 에너지가 많이 필요하지 않아 적은 먹이로도 살아갈 수 있고, 체중이 가벼운 만큼 적에게서 빨리 도망칠 수 있다. 먹이 부족 시대에 몸집이 작으면 살아남을 가능성이 높았을 수도 있다.

Day 207 먼 옛날 동물 | 다양한 공룡

티라노사우루스는 100미터를 몇 초에 주파했을까?

|티라노사우루스 이야기|

굵고 날카로운 이빨을 가진 티라노사우루스는
공룡 중에서 가장 힘이 셌다.

세 가지만 알면 나도 동물학자!

최대급 육식공룡은 무는 힘도 최강

굵직하고 날카로운 이빨을 가진 티라노사우루스는 무는 힘이 무척 강했다. 그 압력이 6톤에 달했는데, 차량을 분쇄할 정도였다. 티라노사우루스의 배설물 화석에서 짓이겨진 사냥감의 뼈가 발견되었다.

폭군이지만 폭주하지는 않았다?

티라노사우루스의 허리, 다리 형태, 크기를 기준으로 근육량을 추정한 연구 결과 100미터 달리는 데 20초가 걸렸다. 또 시속 30~50킬로미터로 달렸다는 주장도 있어 만약 넘어지기라도 하면 치명상을 입었을 가능성이 크다.

계속되는 티라노사우루스의 새로운 발견

티라노사우루스의 앞발은 너무 짧아서 앞발끼리 닿지 않았다고 여겨진다. 그러나 사냥감의 움직임을 저지하는 데는 도움이 되었다. 치와와 정도 크기의 새끼 때는 깃털이 있었다는 가설도 있다. 2015년 일본에서 티라노사우루스의 이빨 화석이 발견되었다.

티라노사우루스에게도 깃털이 있었다고?

|깃털 공룡 이야기|

새처럼 깃털 달린 공룡이 있었지만
하늘을 날 수는 없었다고 여겨진다.

세 가지만 알면 나도 동물학자!

화석에 '깃털의 흔적'이 남아 있는 깃털 공룡

1996년에 깃털 흔적이 남아 있는 화석이 발견되어 깃털 공룡의 존재가 알려졌다. 현재 20속 이상의 깃털 공룡이 발견되었는데 대부분 수각류(獸脚類)다. 깃털 공룡의 깃털은 새처럼 복잡한 구조가 아니라서 날지 못했다.

깃털은 무엇을 위해 필요했을까?

깃털은 단단한 비늘로 진화했다. 공룡이 번성하던 중생대는 기후가 온난했다. 작은 공룡은 기온 변화에 영향을 받기 쉬웠다. 그런 공룡이 체온을 일정하게 유지하고 계절과 밤낮을 가리지 않고 움직이거나 알을 품으려면 깃털이 무척 도움이 되었을 수 있다.

중생대의 깃털 공룡

티라노사우루스에게도 깃털이 있었다?

수각류인 티라노사우루스의 새끼와 성체 모두 화석에서 깃털 흔적이 발견되었다. 그러나 깃털이 새끼 시절에만 있었는지, 추운 지역에 서식하는 성체 종류만 있었는지 등 논쟁이 있다. 깃털 공룡의 일부는 조류(鳥類)가 되었다.

Day 209

뿔 가진 공룡은 대부분 초식공룡이었다는데?

|공룡의 뿔 이야기|

공룡의 뿔은 싸우기 위해서, 이성에게 인기를 끌기 위해서, 소통을 위해서 등 쓰임새가 다양했다.

세 가지만 알면 나도 동물학자!

트리케라톱스는 '세 개의 뿔이 달린 얼굴'이라는 뜻

뿔을 가진 공룡을 각룡류(角龍類)라고 하는데, 대체로 초식공룡이다. 뿔 달린 초식공룡의 대명사인 트리케라톱스(Triceratops)는 '세 개의 뿔이 달린 얼굴'이라는 뜻이다. 라틴어로 트리(tri)는 숫자 3을 뜻하고 케라톱스(ceratops)는 '뿔 달린 얼굴'이라는 의미다. 짧고 굵직한 뿔이 한 개, 긴 뿔이 좌우로 각각 한 개씩 있고, 커다란 프릴 장식으로 목을 보호했다.

트리케라톱스가 커다란 뿔을 가지게 된 이유

육식공룡과 같은 동료 수컷을 위협하고 싸우기 위해서 뿔이 필요했다. 그 밖에도 암컷에게 '멋지게 보이기 위해서'라는 설과 동료에게 뿔을 보여 소통했다는 설 등 논쟁이 끊이지 않고 있다.

같은 각룡류라도 뿔의 길이와 질감은 천차만별

각룡류에는 트리케라톱스처럼 코뿔소 모양인 종류와 코카투 앵무새 같은 부리를 가진 종류가 있었다. 뿔은 개성이 다양했다. 뿔이 15개나 달린 코스모케라톱스도 발견되었다.

트리케라톱스의 머릿속은 어떻게 생겼을까?

| 트리케라톱스의 머리 이야기 |

트리케라톱스의 머리뼈를 CT 스캔한 결과,
냄새에 둔하고 민첩성이 떨어진다는 사실이 밝혀졌다.

세 가지만 알면 나도 동물학자!

CT 스캔으로 알아낸 트리케라톱스의 뇌

어떤 공룡이라도 뇌는 화석으로 남지 않는다. 그런데 트리케라톱스의 머리뼈 화석을 CT 스캔해서 뇌가 들어 있던 공간을 분석하는 연구가 이루어졌다. CT 스캔은 X선을 활용해 손상 없이 단면을 자르듯 내부를 분석하는 기술이다.

트리케라톱스는 '냄새'에 둔감했다?

트리케라톱스의 머리뼈는 3미터나 되는데, 뇌는 테니스공 3개 정도 크기였다. CT 스캔 결과를 바탕으로 뇌 크기와 모양을 예상했더니, 냄새에 대한 감각이 둔하고 민첩하게 움직이는 능력이 떨어진다는 사실이 밝혀졌다.

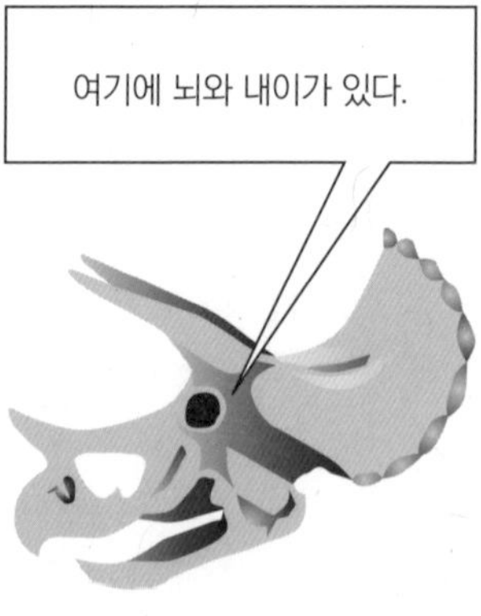

뿔을 휘둘러 싸우는 재주는 부족했다?

트리케라톱스는 균형 감각도 그다지 좋지 않아 뿔을 휘둘러 싸우는 재주는 부족했을 가능성이 크다. 반면 먼 곳까지 닿는 낮은 소리를 잘 들을 수 있어 멀리 있는 육식공룡의 발소리 등을 바로 감지했을 것이다. 후각과 균형 감각은 뇌 근처에 있는 내이로 파악한다.

일본늑대는 정말 멸종했을까?

|일본늑대의 멸종 이야기|

일본늑대는 1905년 이후 멸종했다는 의견이 정설이다.

세 가지만 알면 나도 동물학자!

과학적으로는 '멸종했다'고 본다

과학적으로는 과거 50년 동안 생존 증거가 없는 동물을 '멸종했다'고 본다. 일본늑대는 1905년 나라현(奈良県)에서 포획된 개체가 마지막 증거다. 이후 100년 이상 생존 증거가 없기에 '멸종했다'고 여겨진다.

지금도 이어지는 목격 정보

1905년 이후에도 목격 정보는 끊이지 않고 접수되었다. 1900년대 초반까지는 신빙성이 높은 접수도 있었다. 최근에도 가끔 뉴스로 보도되지만, 일본늑대와 비슷하게 생긴 너구리나 여우, 들개일 가능성이 높다.

살아남았다면 분명히 목격되었을 터

예외가 있기는 하지만, 대체로 한 종류의 동물이 존속하려면 종족이 100마리 이상은 되어야 한다. 그렇지 않으면 암컷과 수컷이 만나 새끼를 남기지 못한다. 수가 많으면 서식 범위도 넓어지고 사체와 배설물 등의 흔적도 증가해 목격 확률이 높아진다.

해달은 어쩌다 멸종위기 상황을 맞았을까?

|멸종위기종 이야기|

세계적으로 해달의 개체 수가 증가 중인 서식지도 있지만 멸종 직전이다.

세 가지만 알면 나도 동물학자!

해달의 수가 왜 줄어들까?

해달은 세계에서 털이 가장 빽빽한 동물이다. 온몸에 털이 복슬복슬해 해달의 가죽을 얻기 위해 남획되었다. 게다가 해달은 조개와 성게 등 어민의 주요 수입원인 해산물을 먹어치우는 위해 동물로 여겨져 구제되기도 한다.

IUCN 적색 목록으로 지정

국제자연보호연맹(IUCN)이 발행하는 IUCN 적색 목록에 실린 세계판과 일본 환경부가 독자적으로 발행한 일본판을 비교하면, 해달은 세계판에서 EN(절멸 위기), 일본판에서 CR(절멸 위급) 등급으로 지정되어 있다.

지금은 일본에서 3마리만 사육 중

일본 해달은 1900년대 초 멸종해 EW(야생 절멸) 등급이 되었다. 다른 지역에서 운 좋게 멸종을 피한 해달이 1980년대부터 서서히 일본으로 돌아와 등급이 한 단계 내려갔다. 과거 수족관의 인기 동물이었던 해달이 지금은 일본에서 3마리만 사육되고 있다.

【IUCN 적색 목록】

추정	세계판 호칭 (WWF 지정)	일본판 호칭	일본판 설명
EX	절멸종	멸종	이미 멸종했다고 여겨지는 종
EW	야생 절멸종	야생 절멸	사육 중인 개체만 남아 있는 종
CR	절멸 위급종	절멸 위기 ⅠA류	가까운 미래에 야생에서 절멸할 가능성이 매우 높은 종
EN	절멸 위기종	절명 위기 ⅠB류	ⅠA는 아니지만, 가까운 미래에 야생에서 절멸 가능성이 높은 종
VU	취약종	절멸 위기 Ⅱ종	절멸 위기 증가 중인 종
NT	준위협종	준절멸 위기	현시점에서 절멸 위기도는 낮지만 '절멸 위기' 등급으로 이행할 가능성이 있는 종
DD	정보 부족종	정보 부족	멸종위기 관련 평가 자료가 부족한 종

Day 213

동물 멸종의 가장 중요하고도 어이없는 이유 중 하나는?

| 멸종의 원인 이야기 |

동물이 자연스럽게 멸종하기도 하지만
대개는 인간의 활동이 원인이다.

세 가지만 알면 나도 동물학자!

필요 이상으로 포획하거나 구제하면 멸종할 수도

먹거나 재료로 사용하기 위해 필요 이상으로 많은 동물을 잡을 때가 있다. 희귀한 동물을 반려동물로 판매하기 위해 잡기도 한다. 또한 인간의 생활에 해를 끼치는 동물을 뿌리뽑기 위해 박멸할 때도 있다.

동물들의 서식지가 파괴되기도

개발로 동물들의 서식지가 파괴되거나 활동 영역이 분단되기도 한다. 서식 공간이 좁아지면 개체 수가 감소해 감염병과 산불 같은 우연한 사고로 하루아침에 멸종할 수도 있다.

원래 없던 동물을 들여와서

외부에서 동물을 들여오면 원래 그곳에 살던 토종 동물들의 생활이 위협받는다. 천적이 없어져 폭발적으로 증가하기도 하고 먹이 경쟁에서 진 동물이 멸종하거나 원래 그 먹이를 먹던 동물이 굶어 죽기도 한다. 현재 하루에 100종류 이상, 연간 4만 종의 생물이 멸종한다고 추산된다.

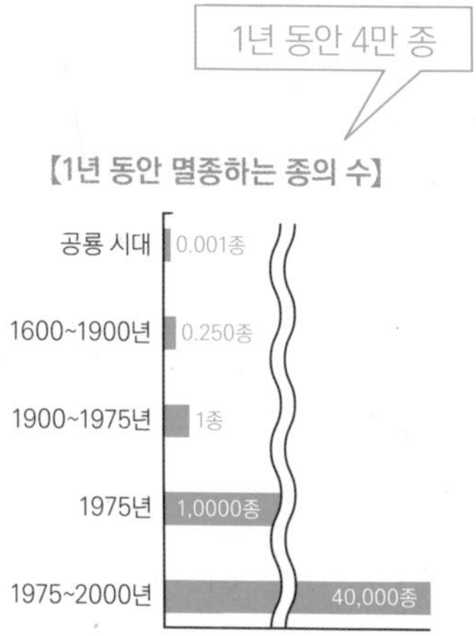

【1년 동안 멸종하는 종의 수】

동물이 멸종하면 어떤 일이 생길까?

|멸종의 영향 이야기|

생물이 멸종하면 자연의 균형이 무너지며
인간이 자연에서 얻는 혜택도 사라질 수 있다.

세 가지만 알면 나도 동물학자!

자연의 균형이 무너진다

생물들은 먹고 먹히는 관계뿐 아니라 개미가 진딧물에서 단물(honeydew)을 얻고 외부의 적에게서 지켜주는 등 복잡한 관계 속에서 살아간다. 어떤 종이 멸종하면 그 균형이 무너진다(Day 216 참고).

자연이 베푸는 혜택을 누릴 수 없다

인간은 생물들의 세계에서 식량과 물, 무언가 만들 재료를 얻는다. 오염된 물과 공기는 바다와 숲이 깨끗하게 정화해준다. 따라서 생물의 멸종이 계속되면 자연이 베푸는 혜택을 누릴 수 없다. 인간이 자연에서 얻는 혜택을 '생태계 서비스'라고 한다.

미지의 가능성이 있어도 돌이킬 수 없다

지구상의 생물은 모두 기나긴 진화의 역사 속에서 살아남은 존재다. 한번 멸종하면 다시는 부활할 수 없다. 무언가에 도움이 될 가능성을 지니고 있어도 영원히 그 가능성을 상실하게 된다.

【생물 다양성의 혜택】

멸종한 동물을 복원할 수 있을까?

|멸종 동물의 복원 이야기|

완전히 멸종한 동물은 힘들지만,
야생 멸종 동물을 복원한 사례가 있다.

세 가지만 알면 나도 동물학자!

야생 멸종 동물을 인간의 손으로 번식·복원시킨 예

야생 멸종 동물은 사육하는 개체를 인간의 손으로 번식시켜 수를 늘릴 수 있다. 개체 수를 늘려 서식지와 비슷한 환경에 방사하고 한동안 보호해 조금씩 야생으로 돌려보낸 사례가 있다. 1981년 야생에서 멸종한 따오기의 경우 38년간 노력한 끝에 멸종위기IA등급으로 돌아왔다.

세계에서 몇 마리밖에 없던 따오기 복원

따오기는 1800~1900년대 초 일본에서 멸종 직전까지 내몰렸으나, 중국과의 협력으로 야생 따오기를 번식시켜 수를 늘리는 데 성공했다. 늘어난 따오기를 몇 차례에 나누어 사도가섬(佐渡島)에 방사했다. 지금은 450마리가량의 개체 수 회복에 성공했다.

SF 영화와 같은 극적인 복원은 아직 불가능

SF 영화 등에는 먼 옛날 멸종한 동물을 복원하는 이야기가 나온다. 하지만 현재 기술로는 아직 불가능하다. 클론을 만들려고 해도 완전한 형태로 보존된 세포가 필요하다.

멸종 동물을 복원하면 얻을 수 있는 긍정적 효과는?

| 멸종 동물의 복원 이야기 |

멸종 동물을 복원하면 자연의 균형이 회복될 수도 있다.

세 가지만 알면 나도 동물학자!

늑대가 멸종해 자연 황폐화

미국의 옐로스톤 국립공원에서는 1926년을 마지막으로 늑대가 멸종했다. 늑대의 먹이였던 사슴이 비정상적으로 증가해 삼림자원을 고갈시켰기 때문이다. 먹이와 댐 만들 재료를 잃은 비버도 멸종 직전까지 내몰렸다.

풍요로운 자연이 회복

늑대가 얼마나 중요한 동물이었는지 깨달은 미국 정부는 30년간의 논의 끝에, 1995년 캐나다에서 늑대를 데려와 옐로스톤 국립공원에 방사했다. 그러자 사슴의 수가 줄어들고 강에 비버의 모습이 보이기 시작했다. 자연의 균형을 유지하면서 중요한 역할을 하는 동물을 '핵심종(核心種)'이라고 한다.

홋카이도에서도 비슷한 상황

홋카이도에서 늑대가 멸종하자 늑대의 먹이였던 에조사슴이 이상 증식해 큰 문제가 되었다. 따라서 미국처럼 러시아에서 늑대를 들여오자는 의견도 있다.

생활 양식 | 먼 옛날 동물 | 친숙한 동물 | 포유류 | 조류 | 별난 동물 | 무척추동물 | 바다 동물

멸종을 방지하려면 어떻게 해야 할까?

| 멸종 예방 이야기 |

멸종위기 동물을 사지 말고 동물에게 미치는 영향을 생각하며 책임감 있게 행동해야 한다.

세 가지만 알면 나도 동물학자!

일단 알아야 할 사실

멸종을 방지하는 첫걸음은 어떤 동물이 어떤 이유로 멸종할지 아는 것이다. 국제자연보호연맹(IUCN)에서 전 세계 희귀 및 멸종위기에 처한 멸종 야생 동식물을 정리한 적색 목록 『레드데이터북(Red data book)』을 활용해보자.

사지 말자

멸종위기 동물이나 해당 동물의 가공 물품을 사지 않는다. 동물과 가공품 거래에는 '워싱턴 조약'이라는 국제 조약이 적용되는데, 돈벌이가 된다는 사실을 알고 은밀하게 거래하려는 사람들이 있어 문제다.

동물에게 끼치는 해를 생각하자

쓰레기 무단 투기, 반려동물 불법 방사, 포획 등 사소한 행동이 뜻하지 않은 동물들의 멸종으로 이어질 수 있다. 동물에게 미치는 영향을 생각해서 책임감을 가지고 행동해야 한다. 동물원과 수족관은 멸종 우려 동물을 보호해서 번식시키는 목적도 있다.

잠자리는 정말 눈을 굴릴 수 있을까?

|잠자리 이야기|

안타깝게도 잠자리는 눈을 굴릴 수 없다.

세 가지만 알면 나도 동물학자!

잠자리의 겹눈과 홑눈

잠자리는 큼직한 눈을 가지고 있다. 겹눈이라 부르는 작은 눈이 2만 개가량 모여서 이루어진 것이다. 겹눈 사이에 세 개의 홑눈도 있다. 주위 전체를 살필 수 있고 시력도 좋아 사냥감을 확실하게 포착할 수 있다.

잠자리가 집중하고 있을 때는 잡기 쉽다

잠자리 눈앞에서 손가락을 빙글빙글 돌리면 손가락을 따라 머리를 돌릴 때가 있다. 먹이인지 적인지 관찰하는 것이다. 잠자리의 주의를 손가락에 집중시키면 쉽게 잡을 수 있다.

날아가는 곤충을 낚아채는 잠자리

커다란 눈으로 먹잇감을 발견하고 날아가는 작은 곤충을 낚아채는 잠자리는 비행 능력이 탁월하다. 공중에 정지한 뒤 공중제비를 도는 등 곡예비행도 가능하다. 잠자리 애벌레가 물속에서 작은 먹이를 순식간에 잡아먹는 것을 '수채(水蠆)'라고 한다.

잠자리는 왜 서로 붙어 있을까?

|잠자리의 교미 이야기|

잠자리가 서로 붙어 있는 것은 교미하거나 산란 중일 때다.

세 가지만 알면 나도 동물학자!

서로 붙어 있는 잠자리는 암컷과 수컷

잠자리가 두 마리씩 붙어 있을 때는 앞에 있는 것이 수컷이고 뒤에 있는 것이 암컷이다. 뒤에 있는 잠자리가 고리 모양일 때는 교미 중이다. 수컷의 복부 앞쪽에 있는 부성기에 암컷이 복부를 딱 붙여서 교미한다.

산란 중일 때는 똑바로 이어져 있다

교미를 마친 암컷은 산란할 수 있다. 그런데 수컷이 좀처럼 떨어지지 않아 수컷의 복부 가장자리에 암컷의 머리를 끼운 채로 두 마리가 날아다니면서 산란할 장소를 찾는다.

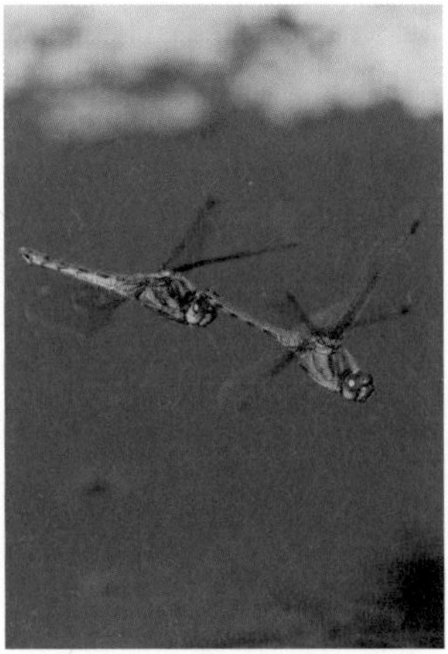

물속과 식물 줄기에 산란

붙어 있는 잠자리가 수면에 복부 끝의 산란관을 대고 있을 때는 암컷이 물속에 산란 중인 경우다. 이어진 채로 물가 식물의 줄기 안에 산란하는 잠자리 종류도 있다. 약 3억 년 전에는 크기가 70센티미터나 되는 잠자리의 조상이 살았다고 한다.

반딧불이는 어떻게 빛을 낼까?

| 반딧불이 이야기 |

반딧불이의 빛은 화학반응을 일으켜 소통하는 것이다.

세 가지만 알면 나도 동물학자!

알도 애벌레도 성충도 빛난다

여름날 밤에는 고운 빛을 깜빡이며 날아다니는 반딧불이를 볼 수 있다. 반딧불이 애벌레는 물속이나 풀숲에서 조개를 먹고 생활한다. 애벌레일 때도 빛을 내고, 부화하기 전 알일 때도 빛을 낼 수 있다.

성충은 암수 모두 빛을 낸다

성충은 복부 끄트머리에 발광기관이 있어 화학반응을 일으킨다. 암컷과 수컷 모두 빛을 낸다. 날면서 빛을 내는 것은 대체로 수컷이다. 암컷은 나뭇잎 뒤 등에서 약한 빛을 내뿜으며 수컷이 오기를 기다린다. 반딧불이는 성충이 되면 먹이를 먹지 않고 물만 마신다.

모든 종류가 빛을 내지는 않는다

모든 반딧불이가 빛을 내는 것은 아니다. 전 세계에 있는 약 2,000종 중 20~30퍼센트만 빛을 낸다. 암수 모두 소통할 때와 적을 놀라게 할 때 빛을 낸다. 빛을 내는 반딧불이든 빛을 내지 않는 반딧불이든 겉모양은 비슷하다.

풍뎅이는 왜 번들번들 빛날까?

| 풍뎅이 이야기 |

풍뎅이는 번들번들 빛을 내 다양한 외부 환경으로부터 몸을 지킨다.

세 가지만 알면 나도 동물학자!

풍뎅이의 가장 큰 적은 새

풍뎅이는 낮에 활발하게 활동한다. 이때 많은 새가 풍뎅이를 잡아먹으려고 노린다. 그런데 새들이 빛 반사를 싫어해, 풍뎅이는 금속처럼 광택이 나도록 진화했다고 여겨진다. 이 광택이 태양 빛을 반사해 번들번들 빛난다.

체온 상승도 방지

풍뎅이는 봄에서 여름에만 활동한다. 강렬한 여름 햇살을 긴 시간 쬐어 금속처럼 광택이 나는 재질로 반사하도록 진화했다고 추정된다. 곤충은 일광 화상의 원인이 되는 강한 자외선을 반사한다.

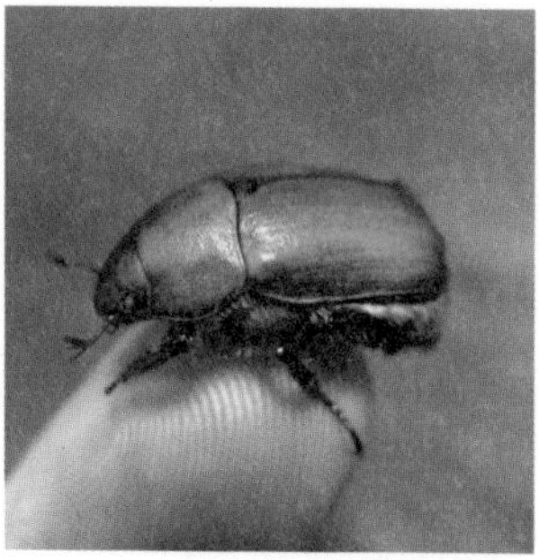

오묘한 색깔은 빛 반사 때문

초록색이나 보라색 등 다양한 광택이 도는 풍뎅이는 죽어도 그 색깔이 남는다. 특수한 구조로 되어 있는 날개 표면에 빛이 닿으면 초록빛을 교묘하게 반사해 오묘한 색깔을 연출한다. 장수풍뎅이와 쇠똥구리 모두 풍뎅이과에 속한다.

방울벌레는 어떻게 소리를 낼까?

|방울벌레 이야기|

방울벌레는 특별한 구조의 날개끼리 문질러 아름다운 음색을 낸다.

세 가지만 알면 나도 동물학자!

날개를 문질러서 소리를 낸다

방울벌레는 울 때 앞날개를 세운다. 날개 일부에 거슬거슬한 부분이 있는데, 그 부분을 문질러서 아름다운 소리를 낸다. 1초 동안 40회 이상 문지른다. 소리를 내는 것은 수컷 방울벌레다. 암컷을 유혹할 때나 자기 영역을 주장할 때 소리 내어 운다.

날개를 세워 소리 전달

앞날개는 소리를 낼 뿐 아니라 소리를 멀리 보내는 스피커 역할도 한다. 크고 단단한 날개에 소리를 반향시켜 소리를 키우고, 날개를 세워 멀리까지 소리가 닿게 만든다.

방울벌레의 날개는 두 장?

울고 있는 방울벌레를 자세히 보면 세운 날개 말고는 다른 날개가 없다. 네 장의 날개 중 뒷날개는 성충이 되면 뒷다리에서 떨어져 나간다. 그래서 방울벌레는 날지 못하고 땅 위를 걸어다니며 생활한다.

Day 223 무척추동물 | 계절 곤충

매미는 왜 맴맴 울까?

| 매미 울음소리 이야기 |

수컷 매미는 자기 영역을 암컷에게 알리려고 큰 소리로 운다.

세 가지만 알면 나도 동물학자!

오랜 기간 땅속에서 생활하는 매미

매미는 나무껍질에 산란한다. 알에서 깨어난 애벌레는 땅속으로 들어가 나무뿌리에 주둥이를 찔러 넣고 수액을 빨아 먹는다. 땅속에서 몇 년 동안 지낸 뒤 여름이 되면 저녁나절 땅 위로 나와 나무에 올라가서 허물을 벗고 성충이 된다.

수컷 매미의 구애 행동

몇 년씩 땅속에서 성장한 매미 성충의 수명은 길지 않다. 짧은 시간에 자기 자손을 남겨야 하기에 우렁찬 소리로 암컷에게 구애한다. 작은 소리로는 암컷에게 닿지 않기 때문이다.

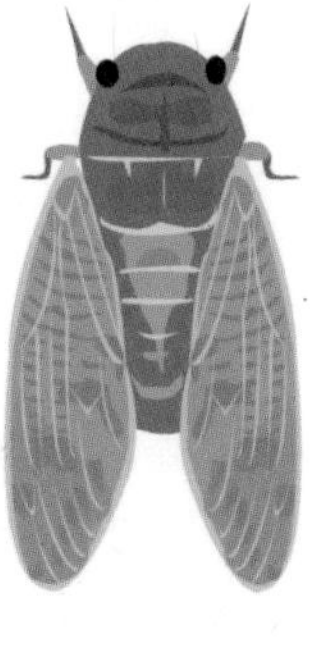

큰 소리를 내는 원리

매미의 복부에는 발음기관이 있다. 이 기관을 근육으로 진동시키는데 1초 동안 2만 번 정도 진동시킨다. 그러면 '공명실'이라는 공간에서 소리가 몇 배 음량으로 증폭된다. 울지 않는 암컷의 복부는 알을 키우는 난소로 채워져 있다.

땅속에서 '찌르르' 소리를 내는 벌레가 땅강아지라고?

| 땅강아지 이야기 |

수컷 땅강아지는 굴을 파고 경쟁하듯 소리 내어 구애한다.

세 가지만 알면 나도 동물학자!

만능 운동선수 같은 곤충

땅속에서 굴을 파고 생활하는 땅강아지는 땅 위로 나와서 달리거나 하늘을 날 수 있다. 심지어 몸에 난 짧은 털로 물을 튕겨내 헤엄까지 칠 수 있는 재주꾼이다. 비록 체구는 작지만, 나무에도 오를 수 있는 만능 운동선수 같은 곤충이다.

땅속에서 암컷을 부르는 땅강아지

초여름이면 수컷 땅강아지는 축축한 흙에 굴을 파고 묵묵히 소리를 내며 암컷을 부른다. 그리고 그 소리에 이끌려 찾아온 암컷과 교미한다. 알을 낳은 암컷은 부화할 때까지 20일 동안 굴속에서 알을 지킨다.

어둠이 내려앉을 무렵 찌르르 운다

도시화로 땅강아지가 생활하기 좋은 축축한 흙이 드러난 공간이 줄어들었지만, 한국, 일본, 대만 등 아시아와 아프리카, 호주, 뉴질랜드 등 많은 지역에 분포한다. 작은 두더지 같은 땅강아지는 메뚜기목에 속하며, 해가 지고 어둠이 내려앉을 무렵 찌르르 소리를 내며 운다.

복어는 어떻게 독을 만들까?

|복어의 독 이야기|

복어는 먹이에 들어 있는 아주 적은 양의
독을 모아서 강력한 독을 만든다.

세 가지만 알면 나도 동물학자!

복어가 먹는 바다 생물에 독이 들어 있다

세균류인 비브리오 종류 등이 생산한 독이 불가사리와 조개류에 축적된다. 이 불가사리와 조개류를 복어가 잡아먹으면 독이 생물 농축되어 몸속에 저장된다.

복어의 독은 맹독인 테트로도톡신

복어의 독에는 맹독인 테트로도톡신 성분이 들어 있다. 테트로도톡신은 1909년 일본의 약학자 다하라 요시즈미(田原良純)가 최초로 분리하는 데 성공했다. 이 독소는 신경과 근육 작용을 방해해 섭취하면 매우 위험하다. 복어 한 마리가 가지고 있는 독은 성인 약 30명을 죽음에 이르게 할 정도로 치명적이다.

【$C_{11}H_{17}N_3O_8$: 테트로도톡신】

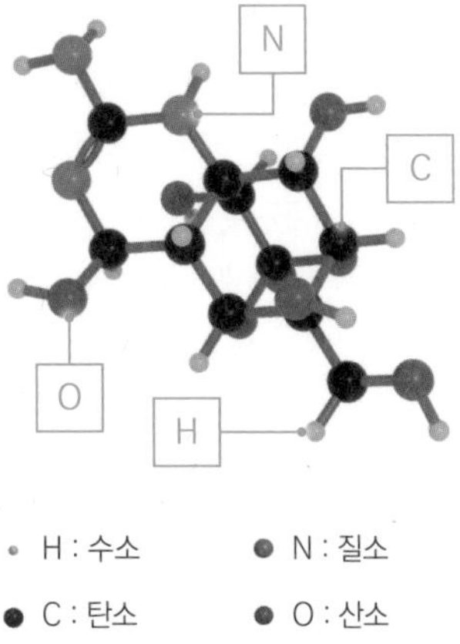

복어는 먹고 싶고 목숨은 아깝고

테트로도톡신은 복어의 간과 난소 등의 내장, 종류에 따라서는 껍질, 근육에도 들어 있다. 한국과 일본에서는 복어 조리에 자격증이 필요하다. 하지만 독이 없는 먹이로 양식하면 독성을 띠지 않는다.

흰동가리가 말미잘의 독침을 전혀 겁내지 않고 잘 지내는 비결은?

|흰동가리 이야기|

말미잘과 공생하는 오셀라리스 클라운피시는
독침에 쏘이지 않는 다양한 방비책을 가지고 있다.

세 가지만 알면 나도 동물학자!

말미잘은 쏘는 상대를 선택

말미잘은 촉수에 무언가 닿으면 독침(자포)을 발사한다. 그런데 일본의 한 고등학생에 의해 마그네슘 농도에 따라 발사 여부를 결정한다는 사실이 밝혀졌다.

마그네슘을 대량 포함한 점막으로 방어

흔히 흰동가리라고 부르는 오셀라리스 클라운피시의 몸 표면은 마그네슘을 대량 함유한 점막으로 덮여 있다. 그래서 말미잘은 오셀라리스 클라운피시를 먹이로 인식하지 않는다.

말미잘에게도 이득이 있다

심지어 오셀라리스 클라운피시는 외부의 적으로부터 몸을 숨기려고 말미잘 안에 숨는다. 이런 행동은 말미잘에게도 이득이 된다. 오셀라리스 클라운피시가 해류를 일으켜 말미잘의 분열을 촉진하기 때문이다. 한마디로, 말미잘과 오셀라리스 클라운피시는 공생 관계에 있다. 단, 말미잘의 종류에 따라 오셀라리스 클라운피시와 궁합이 달라진다.

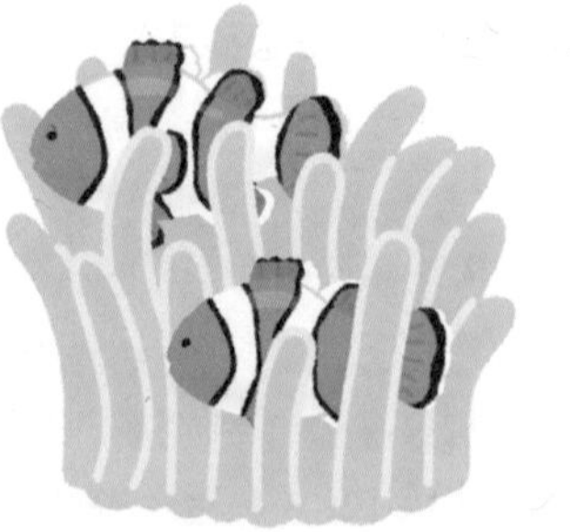

민물에서도 바닷물에서도 살 수 있는 물고기가 있다고?

|기수역 물고기 이야기|

하구 등 밀물과 썰물이 드나들며
염분 농도가 바뀌는 곳에서 살 수 있는 물고기가 있다.

세 가지만 알면 나도 동물학자!

바닷물과 민물에서 생물의 세포 반응

바닷물에서 사는 참치를 민물에 넣으면 곧바로 죽는다. 생물의 세포는 염분 농도가 높은 곳에서는 물이 점점 세포 밖으로 빠져나가 소금에 절인 배추처럼 쪼글쪼글해지고, 반대로 민물에서는 세포로 물이 흘러들어 물풍선처럼 부풀어 펑 터져 죽는다.

민물고기와 바닷물고기

민물고기는 물을 많이 마시지 않고 오줌을 많이 배출해 체액 농도가 낮아지지 않도록 유지한다. 바닷물고기는 물을 잔뜩 마시는데 소변을 적게 배출해 체액 농도가 높아지지 않는다.

하구 부근을 선호하는 물고기의 비밀

기수역에는 바닷물과 민물이 섞여 있다. 체액의 농도와 같은 수준의 물에서는 체액을 조정하는 부담이 적어 천천히 적응할 수 있다. 바닷물고기와 민물고기 양쪽 모두에 적합한 '호적환경수(好適環境水)'라는 인공 사육수(飼育水)가 연구 중이다.

이석은 왜 있을까?

|이석 이야기|

이석은 소리를 듣고, 몸 기울기 상태를 느끼며,
몸의 균형을 잡기 위해 필요하다.

세 가지만 알면 나도 동물학자!

이석과 감각모의 조합으로 기울기 감지

사람은 내이의 '전정'이라는 림프로 채워진 공간 안에 감각모와 그 위에 올려진 이석(耳石, 평형 감각 기관)을 가지고 있다. 물의 진동이 이석을 흔들어 내이를 자극해서 뇌에 전달하면 소리로 인식한다. 또 머리가 기울면 이석의 움직임을 감각모가 감지해 뇌에 전달한다.

이석의 정체는 탄산칼슘

이석은 탄산칼슘으로 이루어져 있다. 탄산칼슘은 달걀 껍데기나 조개껍데기의 성분이 되는 물질이다.

물고기의 이석은 관찰할 수 있다

물고기의 이석은 눈 뒤, 머리뼈에 붙어 있다. 머리뼈 부분을 잘 씻으면 뼈보다 하얀 물체가 좌우로 들어 있는 것을 관찰할 수 있다. 생선구이보다 생선조림 요리에서 더 발견하기 쉽다. 물고기의 종류에 따라 이석의 단단한 정도와 크기가 다르다.

이석으로 물고기의 나이를 알 수 있다는데?

| 물고기의 나이 이야기 |

경골어는 이석의 무늬를 분석해서 나이를 유추할 수 있다.

세 가지만 알면 나도 동물학자!

나이테처럼 생긴 무늬

경골어의 나이는 이석과 비늘에 있는 나이테처럼 생긴 무늬를 분석해서 추정할 수 있다. 이석은 1년에 한 줄씩 늘어나기 때문에 무늬를 보면 나이를 가늠할 수 있다.

가장자리 무늬 조사

이석의 무늬는 중심부터 방사상으로 뻗어나가거나 돌기 형태를 이루는 등 다양하다. 이석 가장자리를 따라 있는 무늬가 나이에 해당한다. 따라서 이 부분의 무늬를 살펴보면 나이를 알 수 있다.

몸 크기와 나이는 무관하다

실제로 다양한 물고기의 크기와 이석을 분석해 나이를 비교한 결과 몸 크기는 나이와 관계없고 성장이 빠른 종류와 느린 종류가 있다는 사실이 밝혀졌다. 참고로, 상어와 가오리 등은 척추뼈로 나이를 알 수 있다.

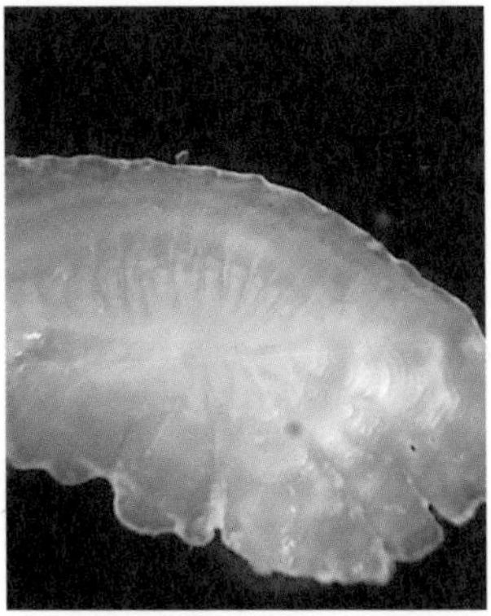

*출처 : 원체험교육연구회(原体験教育研究会,
(공익재단)일본과학협회

물고기는 어떻게 체온을 조절할까?

물고기의 체온 조절 이야기

물고기는 수온의 영향을 받는 '변온동물'인데,
체온 조절이 가능한 물고기도 있다.

세 가지만 알면 나도 동물학자!

대다수 물고기의 체온은 수온보다 낮다

들짐승과 새는 간과 근육에서 에너지를 소비할 때 나오는 열로 데워진 혈액을 고속으로 순환시켜 체온을 유지한다. 그러나 물고기는 혈액 순환이 약해 주위보다 체온을 높이기 어렵다. 물고기는 변온동물이라서 체온이 수온에 좌우된다.

물고기는 움직이며 체온을 올린다

물고기의 체온은 수온에 따라 변하기 때문에 수온이 낮아지면 심장의 움직임이 약해진다. 따라서 물고기는 저수온 상태가 지속되면 꼬리지느러미를 떨듯이 움직여 체온을 올린다.

참치의 체온은 수온보다 높다

갓 잡은 참치의 몸에 길쭉한 체온계를 찔러 넣어 체온을 재보면 수온보다 섭씨 10도 정도 높다. 해양생물학자들이 조사한 결과 가다랑어와 대형 상어도 비슷했다. 활발하게 움직이는 물고기는 체온을 일정하게 조절할 수 있다. 참치 등은 빠르게 장시간 운동할 수 있어 먹이를 잡거나 적에게서 도망칠 때 유리하다.

물고기는 색을 구분할 수 있을까?

|물고기의 눈 이야기|

물고기의 눈에는 색을 식별하는 원추세포가 있다.

세 가지만 알면 나도 동물학자!

빛을 느끼는 원추세포는 두 종류

원추세포의 종류에는 밝기를 느끼는 세포와 색을 느끼는 세포가 있다. 물고기도 사람과 마찬가지로 색을 느끼는 세포는 빨강·초록·파랑(빛의 삼원색)으로 나누어서 느끼고, 뇌에서 알록달록 다양한 색을 감지할 수 있다. 특히 잉어 종류는 색채 감각이 뛰어나다.

원추세포가 없는 물고기도 있다

심해어는 색을 식별하는 원추세포가 없는 종류가 많다. 색을 알려면 빛이 필요한데, 심해에는 빛이 거의 도달하지 않아 색을 알아도 의미가 없다. 상어 종류도 색을 구분하지 못한다고 알려져 있다.

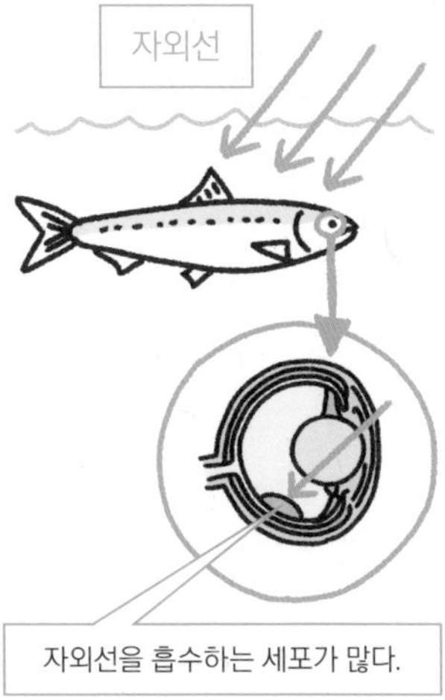

자외선이 보이는 물고기도 있다

정어리처럼 얕은 바다에 서식하는 물고기 중에는 자외선을 볼 수 있는 종류가 있다. 꿀벌과 배추흰나비 같은 곤충도 자외선을 볼 수 있는데, 물고기 중에도 자외선을 볼 수 있는 종류가 있다.

개는 3킬로미터 떨어진 곳에서 나는 냄새를 맡을 수 있다고?

|개의 후각 이야기|

개의 후각은 냄새에 민감하지만 멀리 있는 냄새는 맡지 못한다.

생활 양식
먼 옛날 동물
친숙한 동물
포유류
조류
별난 동물
무척추동물
바다 동물

세 가지만 알면 나도 동물학자!

후각이 사람보다 수천 배 이상 발달

사람과 개 모두 냄새를 느낄 수 있다. 하지만 콧속에 냄새를 느끼는 후각세포가 있는 후각상피는 인간이 약 4제곱센티미터인데 개는 18~150제곱센티미터로 개가 훨씬 넓다. 그래서 개의 후각은 사람의 수천 배나 뛰어나다. 그리고 코가 짧은 퍼그와 불도그는 후각이 떨어진다고 알려져 있다.

잘 맡는 냄새가 있다

개는 특히 민감하게 구분할 수 있는 냄새가 있다. 인간의 땀에 섞인 아세트산과 발바닥에서 나는 시큼한 고린내다. 그래서 보호자의 냄새에 민감하게 반응할 뿐 아니라 인간의 양말 등을 물고 놀 때가 많다.

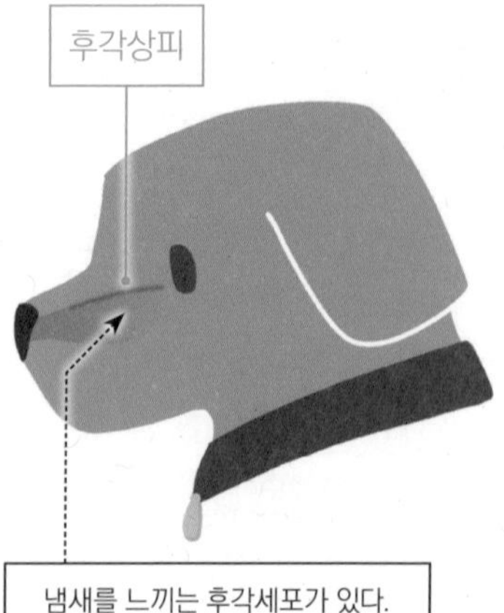

멀리 있는 냄새를 구분할 수 있을까?

멀리 있는 냄새는 맡지 못한다. 바람의 방향에 따라 차이가 있는데, 최대 3킬로미터 정도로 알려져 있다. 경찰견이 냄새를 추적할 때는 멀리 있는 냄새가 아니라 발밑의 땅에 묻은 희미한 냄새를 감지하는 것이다.

Day 233 친숙한 동물 | 개

개는 왜 코가 촉촉하게 젖어 있을까?

|개의 코 구조 이야기|

효율적으로 냄새를 포착하고, 바람의 방향을 느끼며,
체온 조절을 위해 개의 코는 항상 촉촉하게 젖어 있다.

세 가지만 알면 나도 동물학자!

개의 코 구조에는 비밀이 있다

개는 코를 벌름벌름 움직여 콧구멍에 해당하는 외비공으로 정면과 옆부분의 공기를 받아들인다. 사람의 인중에 해당하는 한가운데 부분에 항상 수분을 머금고 있어 냄새를 풍기는 물질이 흡착하는 데 도움을 준다. 표면에 있는 촘촘한 고랑은 콧부리 부분에서 고랑에 수분을 머금어 냄새를 풍기는 물질을 흡착해 감도(感度)를 높인다.

콧속은 온도 센서

촉촉하게 젖은 콧속이 마를 때 좌우 온도 차를 느끼거나 바람이 부는 방향을 감지한다. 코가 젖어 있으면 수분을 증발시켜 체온도 조절할 수 있다. 자는 동안에는 웅크려서 코를 보호하는 자세를 취한다.

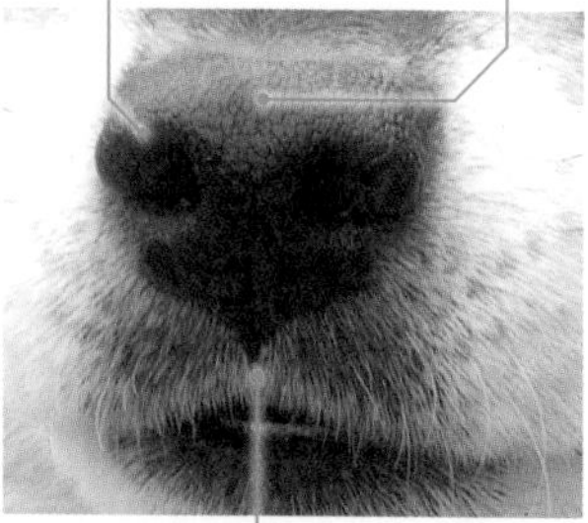

어떻게 코를 촉촉하게 적실까?

개는 자기 코를 날름날름 혀로 핥는다. 또 콧속의 수분은 눈물샘의 눈물이 눈물관을 따라 유입된 수분과 바깥 코샘의 분비물이 섞여 분비된다.

Day 234

개도 땀을 흘릴까?

| 체온 조절 이야기 |

개는 발볼록살 외에는 땀을 흘리지 않는다.

세 가지만 알면 나도 동물학자!

혀를 내밀어 체온 조절

몸이 털로 뒤덮여 있어 땀을 흘리지 않는 개는 더운 계절에 고생이 많다. 수분이 증발할 때는 주위에서 열을 뺏어가 온도가 내려간다. 그러므로 입을 크게 벌리고 젖은 혀를 내밀어 공기를 잔뜩 빨아들여 헉헉대며 체온을 조절한다.

유일하게 땀이 나는 발볼록살

개가 바닥을 걷거나 병원 진찰대에 올라갔을 때 젖은 자국이 생기는 경우가 있다. 개는 털이 없는 발바닥의 발볼록살에 땀샘이 있어 땀을 흘리며, 긴장하면 식은땀을 흘리기도 한다.

몸이 털로 뒤덮인 동물은 더위에 약하다

몸이 털로 뒤덮인 동물은 추위에 강하지만 더위에 약하다. 사람은 땀을 흘려 체온을 조절할 수 있지만, 털북숭이 동물은 땀을 흘리려고 해도 털이 젖어서 필요 이상으로 체온이 내려가거나 올라가 체온 조절이 어렵다. 털이 있는 개와 고양이뿐 아니라 소도 땀을 흘리지 않는다.

개는 인간의 말을 이해할 수 있을까?

|개의 지능 이야기|

개는 인간으로 치면 두 살 또래의 지능을 가졌는데,
이해할 수 있는 말도 있다.

세 가지만 알면 나도 동물학자!

두 살 아이 정도의 지능

개는 두 살 아이 정도의 지능을 가지고 있어 100가지 이상의 말을 이해할 수 있다고 한다. 특히 훈련된 보더콜리와 푸들은 250가지 말과 신호를 이해할 뿐 아니라 간단한 계산도 가능하다.

언어로만 이해하지는 않는다

개는 인간의 시선을 의식해서 행동한다. 또한 언어 외에 인간의 움직임과 기분 등을 감지해서 판단할 수도 있다. 따라서 개에게 지시할 때 말뿐 아니라 손짓 등의 움직임을 추가하면 훨씬 쉽게 이해한다. 언어와 감정의 이해 정도는 개의 종류와 훈련 정도에 따라 달라질 수 있다.

함께 생활하는 시간과도 관계있다

인간과 함께 생활하면 보호자의 목소리를 들으며 언어 이해 능력이 발전한다. 개는 말하지 않아도 언어 이해력이 있기에 훈육과 훈련이 중요하다.

개는 꼬리를 이용해서 감정을 표현한다는데?

|개의 감정 표현 이야기|

개는 몸짓과 꼬리 움직임을 활용해
사회 속에서 자기 위치를 정립하고 전달한다.

세 가지만 알면 나도 동물학자!

꼬리 활용은 감정 표현 중 하나

개는 '멍멍', '끙끙', '낑낑' 등의 소리를 내고 다양한 몸짓언어를 사용한다. 따라서 개의 꼬리와 자세를 관찰하면 기분을 파악할 수 있다. 그리고 울음소리와 자세, 이빨을 드러내는 방법 등으로도 기분을 표현한다.

꼬리로 감정을 표현한다

개는 특히 꼬리를 이용해서 감정을 표현한다. 주로 꼬리 흔드는 방식을 활용한다. 기쁠 때나 놀고 싶을 때는 좌우로 크게 흔들고, 화가 났을 때는 작게 흔든다. 뒷발을 깔고 앉는 자세는 복종한다는 뜻이다.

무리 생활하는 개가 획득한 표현

개의 사회에서는 서열이 확실하게 정해져 있다. 따라서 우두머리의 몸가짐과 싸움을 피하는 방법 등을 익힌다. 반려동물로 키워지는 시대에도 야생 시절의 꼬리를 사용한 표현이 남아 있다.

개의 소변은 어떤 의미일까?

|소변 이야기|

개의 소변은 다른 개에게 영역을 주장할 뿐 아니라
인사와 애정 표현의 의미도 담겨 있다.

세 가지만 알면 나도 동물학자!

자기 영역을 알린다

개가 외출할 때 보는 소변은 주로 자기 영역을 지키려는 마킹(marking)이다. 자기 냄새를 묻혀서 존재를 표현하는 것이다. 다리를 쳐들고 전봇대 등 높은 곳에 갈기는 소변은 더욱 크고 강한 개라고 알리는 자기주장의 의미다.

환경 변화에 따른 스트레스

이사 등으로 생활 환경이 달라졌을 때도 소변으로 영역 표시를 하고 보호자가 없을 때도 불안해져 자기 냄새를 묻혀 침착함을 유지하기 위해 소변을 본다. 보호자의 관심을 끌고 싶을 때는 일부러 소변을 지리기도 한다.

다른 개와 만났을 때

산책 중에 다른 개와 만났을 때 소변을 지리는 것은 적의를 품지 않았음을 보여주려는 행동이며, 소변 냄새로 자기 존재를 알리려는 목적이 많다. 이처럼 소변 보는 행위는 개가 사회를 형성하는 데 중요한 역할을 한다.

개와 인간은 어떤 관계일까?

|개와 인간의 공동생활|

개는 시대에 따라 다양한 형태로 인간을 도와주었다.

세 가지만 알면 나도 동물학자!

고대에는 수렵 목적으로 가축화

수렵 시대부터 인간은 자기를 지켜주는 개를 동반자로 여겨 최초로 가축화했다. 농경 문명으로 변한 뒤에는 다른 가축을 야생동물로부터 지키고 사람을 침입자에게서 보호하는 경비견으로 일했다.

중세에는 주로 사냥개로

중세에 들어서면서 애완견(반려동물)으로 궁정과 귀족 사회에 퍼져 나갔다. 점점 개의 품종이 개량되어 시각과 후각, 운동신경이 뛰어난 개들이 등장했다. 이러한 특성을 이용해 사냥개와 군견으로 활약하게 되었다.

근대~현대에는 다양한 분야에서 활약

1896년 독일에서 최초로 경찰견이 등장한 후 시각장애인 안내견, 청각장애인 도우미견, 재해 구조견, 인간의 마음을 치유해주는 테라피 도그 등이 탄생했다. 개는 재해 현장에서 인명 구조를 하고 마약 탐지 분야에서도 활약하며 사회에 매우 중요한 존재가 되었다.

Day 239

새끼 코끼리는 코로 모유를 먹을까?

| 코끼리 이야기 |

새끼 코끼리는 코가 아니라 입으로 유두를 물고 빨아 먹는다.

세 가지만 알면 나도 동물학자!

길쭉한 코는 코로만 이루어져 있지 않다

코끼리의 길쭉한 코는 코뿐만 아니라 윗입술도 같이 길게 뻗은 것이다. 코끝의 돌기 부분은 센서처럼 민감해 콩알을 집을 정도로 정교한 동작도 가능하다. 코로서 기능도 존재해 개보다 후각이 뛰어나다.

긴 코에는 뼈가 없다

코끼리의 긴 코에는 뼈가 없어 연골도 관절도 없다. 사람의 혀나 문어의 다리와 마찬가지로 근육 다발이어서 '근육포골격(筋肉包骨格)'이라고 한다. 수만 개의 근조직이 코를 움직인다.

그래도 코는 코, 입은 입

코끼리의 유방은 겨드랑이 옆 부근에 좌우로 한 쌍 있다. 하지만 유두는 새끼 코끼리가 모유를 먹기 좋도록 약간 옆을 향하고 있다. 젖 먹을 시간이 되면 어미 코끼리는 코로 신호를 보낸다. 그러면 새끼 코끼리는 긴 코를 머리 위로 들어 올린 뒤 입으로 유두를 물고 모유를 빨아 먹는다.

판다는 대나무만 먹고 살까?

|판다 이야기|

판다는 대나무를 주식으로 먹지만, 사실 잡식성이다.

세 가지만 알면 나도 동물학자!

판다는 곰과 친척

판다는 식육목 곰과로 분류된다. 식육목은 고기를 먹기에 적합한 이빨을 가진 종류를 말한다. 판다는 곰과 공통의 조상에서 진화했다고 여겨진다. DNA 배열과 소화기관도 곰과 비슷한 점이 있다. 실제로 곰처럼 사람을 습격하기도 한다.

대나무를 잘 먹을 수 있도록 진화

판다는 유독 성분이 있는 대나무 겉껍질을 벗기고 안쪽 부분을 어금니로 으깨서 먹는다. 대나무를 잘 먹을 수 있도록 이빨과 턱관절이 발달하고, 그에 맞춰 근육도 진화했다.

야생 판다는 잡식성

판다의 조상은 서식지에 일 년 내내 풍부하게 자라던 대나무를 먹고 살아남았다. 하지만 야생 판다는 작은 동물과 물고기, 과일도 먹는 잡식성이어서 식물성 셀룰로스를 효과적으로 분해하지 못한다. 그래서 큰 체구를 유지하기 위해 하루에 10시간 정도, 하루 평균 약 12킬로그램의 대나무를 소비한다.

코알라는 유칼립투스만 먹을까?

|코알라 이야기|

유칼립투스를 주식으로 삼는 동물은 코알라뿐이다.

세 가지만 알면 나도 동물학자!

몇 종류의 유칼립투스만 먹는다

유칼립투스를 주식으로 하는 동물은 코알라뿐이다. 그렇지만 600종류 이상 되는 유칼립투스 중에서 몇 종류만 먹는다. 독이 적은 잎을 골라내고 새싹과 부드러운 잎을 즐겨 먹는다. 새끼 코알라는 '팹'이라는 어미 코알라의 특별한 대변을 이유식으로 먹는다(Day 182 참고).

입맛 까다로운 미식가

사육 시설에서는 그날 코알라 기준으로 합격한 종류만 먹이로 준다. 유칼립투스는 호주가 원산지라서 다른 나라 동물원에서는 먹이를 공수하기가 쉽지 않다.

사람보다 40배 긴 맹장

식물에 포함된 난소화성 성분을 소화하기 위해 코알라의 맹장은 2미터나 된다(사람의 약 40배). 긴 맹장에 서식하는 특별한 장내세균이 100시간 이상 잎을 발효시킨 뒤 간에서 독소를 분해하고 소화한다. 수분도 유칼립투스 잎에서 흡수해 물을 따로 마실 필요가 없다.

【코알라와 사람의 맹장 길이】

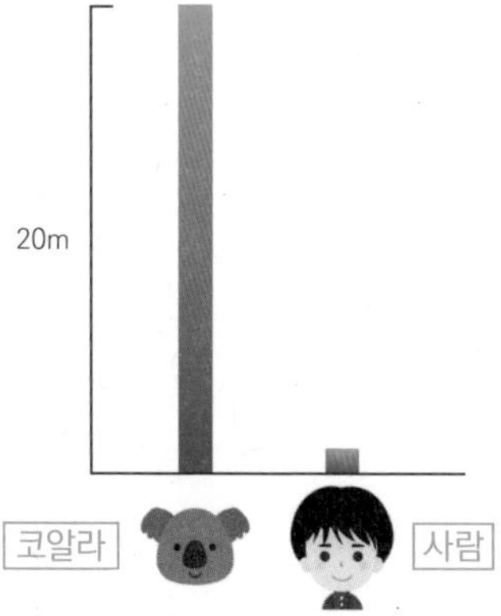

Day 242

개미핥기는 개미만 먹을까?

|개미핥기 이야기|

야생의 개미핥기는 주로 영역 안에서 흰개미와 개미를 찾아서 먹는다.

세 가지만 알면 나도 동물학자!

기다란 개미핥기의 혀

개미핥기의 혀 길이는 몸의 절반가량 된다. 삐쭉한 입에는 이빨이 없고, 아래턱의 뼈를 좌우로 여닫아 혀를 넣고 뺀다. 길고 끈적끈적하며 뾰족한 돌기가 있는 혀로 개미를 소스에 찍어 먹듯 묻혀서 입안으로 넣으면 뼈가 벌어지는 구조다.

지속 가능한 식량 문제

야생에서는 하루에 3만 마리의 개미와 흰개미를 먹는다. 하나의 개미탑에서 야금야금 먹고 다음 개미탑으로 이동한다. 여왕 흰개미는 매일 산란하기에 영역 안의 개체만 계속 먹어도 식량이 동나지 않는다. 걸쭉한 것은 뭐든 먹을 수 있는 개미핥기는 마요네즈도 좋아한다.

흰개미는 슈퍼푸드

바퀴벌레와 친척인 흰개미는 단백질, 미네랄, 비타민 등이 풍부한 영양 덩어리다. 최근 곤충식이 인간 사회에도 퍼지기 시작했다. 흰개미가 식량난을 겪는다면 곤충을 두고 사람과 먹이 경쟁을 벌인 결과일 수도 있다.

새끼 돼지는 각자 전용 젖꼭지가 따로 있다는데?

| 돼지 이야기 |

돼지는 태어난 지 2~3일만 되면 전용 젖꼭지가 정해진다.

세 가지만 알면 나도 동물학자!

어미 돼지의 젖꼭지(유두)는 좌우 6~7개씩

어미 돼지의 젖꼭지는 좌우 양쪽으로 6~7개씩 있다. 모든 젖꼭지에서 같은 양, 같은 영양분의 젖이 나오는 것은 아니다. 머리에 가까운 젖꼭지의 젖이 엉덩이에 가까운 젖꼭지의 젖보다 영양분이 풍부하다.

좋은 젖꼭지 쟁탈전

한 번에 태어난 새끼의 수는 유두의 수와 거의 같은 12마리 정도다. 새끼 돼지는 태어나자마자 좋은 젖을 차지하기 위해 쟁탈전을 펼친다. 그 결과 2~3일 만에 각각의 전용 젖꼭지가 정해진다.

어미 돼지는 육아의 달인

어미 돼지는 젖이 나오는 시간에 맞춰 새끼 돼지를 불러 수유한다. 수유하는 데는 20초에서 1분 정도 걸린다. 유두를 둘러싸고 아웅다웅 다툴 시간이 없다. 따라서 새끼 돼지는 어미 돼지의 울음소리가 들리면 자다가도 벌떡 일어나 자기 젖꼭지로 돌진한다.

박쥐는 왜 거꾸로 매달려 살까?

|박쥐 이야기|

박쥐는 거꾸로 매달린 자세가 오히려 편하다.

세 가지만 알면 나도 동물학자!

사람이 거꾸로 매달린다면?

사람 등 대다수 포유류는 한동안 고개를 숙이면 불쾌감이 밀려온다. 중력의 영향을 받아 머리로 대량의 피가 몰려서 생기는 신체 반응이다. 장시간 물구나무를 서면 심장과 간에 부담이 가서 위험할 수도 있다.

박쥐는 거꾸로 매달려도 멀쩡하다

박쥐는 하늘을 나는 위팔 근육 외에는 발달하지 않아 적은 혈압과 혈류로 몸을 유지할 수 있다. 다리의 힘줄이 톱날 모양이라서 힘을 주지 않아도 거꾸로 매달릴 수 있다. 박쥐는 볼일을 볼 때 천장에 엄지발가락을 걸고 소변을 아래로 떨어뜨린다.

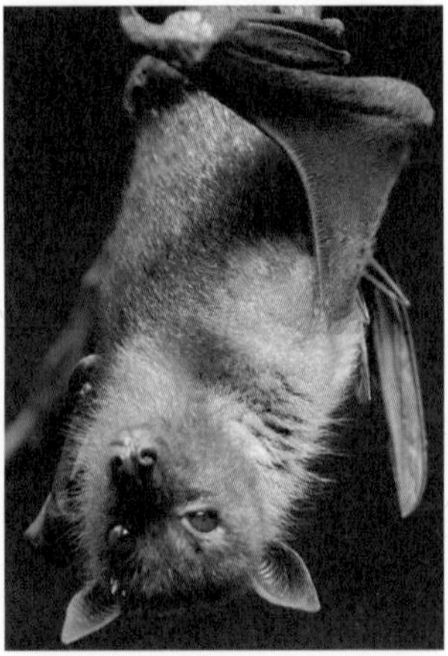

천장에 거꾸로 매달려 에너지를 절약한다

지면에서 날아오르려면 많은 에너지와 다리 근육이 필요하다. 앞다리로 나는 능력을 얻은 대신 뒷다리는 극단적으로 약해져 제대로 설 수조차 없다. 하지만 거꾸로 매달려 있으면 몸을 떼기만 해도 공중으로 날아오를 수 있다.

Day 245

쥐는 왜 쳇바퀴를 돌릴까?

|쥐의 본능 행동 이야기|

쥐가 쳇바퀴를 돌리는 것은 몸 상태를 조절하기 위해 매일 해야 하는 습관적인 행동이다.

세 가지만 알면 나도 동물학자!

동물의 본능 행동에는 모두 의미가 있다

'본능 행동'이란 욕구가 이끄는 대로 하는 행동을 말한다. 취식, 번식, 도피 등 개체나 종의 유지에 꼭 필요한 행동이므로, 어떤 행동이든 생존에 중요한 의미를 지닌다. 간뇌의 시상하부가 본능 행동과 생명 유지의 중추 역할을 한다.

부족함이 없는 사육 환경에서도 달린다

주행은 쥐의 본능 행동이다. 쳇바퀴 돌리기는 검색과 도피를 위한 행동의 대명사로 알려져 있다. 그런데 쥐는 부족할 것 없는 사육 환경에서도 부지런히 쳇바퀴를 돌리거나 깡충깡충 뛰어다닌다.

아무 의미 없이 달리는 것 같지만

행동을 지원하는 대사와 순환 기능도 동시에 조정된다. 야간에 주행 행동을 하는 것은 일정한 리듬으로 호르몬을 분비하거나, 신경을 자극하거나, 면역 기능 향상으로 이어지는 등 체내 환경을 조정하기 위한 일종의 본능 행동으로 추정된다.

현생 조류는 지구상에 몇 종류나 있을까?

| 새의 종류 이야기 |

지구상에 있는 척추동물 6만 종류 중 약 1만 종류가 새다.

세 가지만 알면 나도 동물학자!

분류법이 달라 종류 수가 늘어나거나 줄어든다

새뿐 아니라 비슷한 동물이 같은 종류인지 다른 종류인지 구별하기는 어렵다. 최근에는 생김새가 아니라 DNA의 차이로 종류를 구별하기에 종류 수가 바뀔 때가 있다.

새의 종류 결정

나라마다 조류학회에서 자국의 조류목록을 발표한다. 일본조류학회가 발표한 '일본조류목록'에 따르면, 현재 일본 자연에서 발견되는 새는 633종에 이른다. 그리고 일본구리꿩과 일본딱따구리 등 일본에서만 볼 수 있는 새의 종류는 15종이다.

일본에는 새의 종류가 많다

일본은 남북으로 길쭉한 지형이어서 아한대부터 아열대까지 다채로운 기후대에 속한다. 따라서 철새도 많이 찾아오고 새의 종류도 다양하다.

쥐라기에 살았던 시조새는 현재의 새와 무관하다?

|새의 조상 이야기|

백악기에 멸종했다고 알려진 공룡은 사실 새가 되어 살아남았다.

세 가지만 알면 나도 동물학자!

깃털 공룡이 새의 조상

새의 조상으로는 쥐라기의 시조새가 유명하다. 하지만 사실 시조새는 현재 새의 직계 조상이 아니다. 같은 시기에 살았던 '깃털 공룡'의 앞발이 날개로 변해서 날 수 있게 되었다고 여겨진다.

발가락 모양으로 새의 조상 판명

공룡의 앞발 발가락은 엄지발가락~가운뎃발가락, 새의 앞발 발가락은 집게발가락~넷째발가락으로 여겨졌으나 최근 연구 결과 새와 공룡 모두 엄지발가락~가운뎃발가락임이 밝혀졌다. 새와 공룡이 같은 종류라는 의미다. 새의 앞발 발가락 관련 연구는 2011년 도호쿠대학교 다무라(田村) 교수 팀이 발표했다.

살아남은 공룡이 새가 되었다

백악기 말에 공룡을 비롯한 많은 생물이 멸종했다. 그런데 소형 지상성(地上性) 깃털 공룡 일부가 살아남아 새가 되었다.

비둘기는 왜 고개를 흔들며 걸을까?

| 비둘기의 고갯짓 보행 이야기 |

비둘기가 고개를 끄덕끄덕 흔들면서 걷는 것처럼 보이지만 사실은 주위 풍경에 대비해 머리를 정지시키고 있는 것이다.

세 가지만 알면 나도 동물학자!

풍경에 시선을 맞추려고 움직이는 부위가 다르다

비둘기는 눈이 옆에 붙어 있어 자동차 창으로 바깥을 내다보는 느낌이다. 사람은 외부의 흘러가는 풍경에 시선을 맞추기 위해 머리를 돌리거나 눈동자를 움직이지만, 비둘기는 눈동자를 움직일 수 없다.

비둘기는 풍경에 맞춰 머리를 고정

자동차와 반대로 비둘기가 걸을 때는 주위 풍경이 움직인다. 그래서 주위 풍경에 시선을 맞추려면 머리를 움직여야 한다.

다리의 움직임과 머리의 움직임이 연동

한쪽 다리를 앞으로 내밀면서 동시에 고개를 앞으로 쭈욱 내민다. 그 머리를 정지한 채로 몸을 머리 아래에 가져온다. 그리고 다른 쪽 다리를 앞으로 내밀면서 동시에 머리를 쭈욱 앞으로 내민다. 이 동작을 반복하면 고개를 끄덕끄덕 흔들면서 걷는 것처럼 보인다. 비둘기에게 눈가리개를 씌우거나 트레드밀에 태우면 고개를 흔들지 않는다.

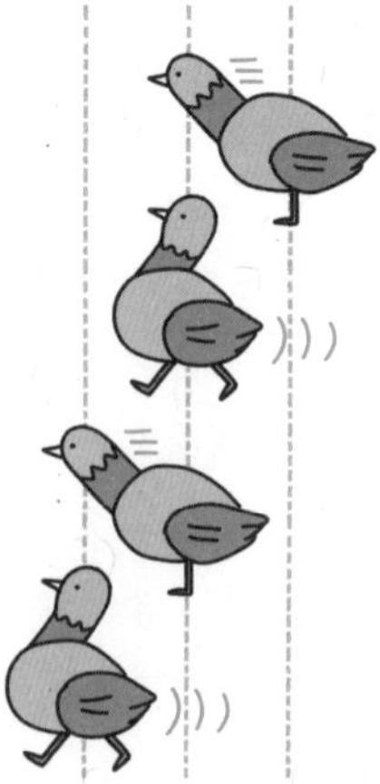

올빼미가 캄캄한 밤에 어렵지 않게 날아다니는 비결은?

| 올빼미 이야기 |

올빼미는 어두운 곳에서도 보이는 눈과
작은 소리도 들을 수 있는 귀가 있어 밤에도 안전하게 날 수 있다.

세 가지만 알면 나도 동물학자!

사람과 비교해 100분의 1 수준의 빛으로도 느낄 수 있다

색을 느끼는 세포도 빛을 느낄 수 있지만, 밝기를 느끼는 세포는 더 약한 빛도 느낄 수 있다. 이 세포를 올빼미는 사람보다 많이 가지고 있다. 게다가 눈이 커서 약한 빛을 많이 받아들일 수 있다.

얼굴 앞에 달린 눈으로 입체적으로 볼 수 있다

올빼미는 머리 앞에 달린 두 개의 눈에 비치는 상의 왜곡으로 물체를 입체적으로 볼 수 있는 특이한 시각을 가지고 있다. 하지만 시야가 좁아서 옆이나 뒤를 보려면 머리를 크게 움직여야 한다.

귀를 둘러싼 깃털이 소리를 모은다

눈 양옆에 있는 귀를 둘러싼 단단한 깃털이 소리를 반사해 파라볼라 안테나처럼 귀 쪽으로 소리를 모아 매우 작은 소리도 놓치지 않고 감지할 수 있다. 올빼미의 날개깃 가장자리는 특수한 형태라서 날갯짓 소리가 거의 나지 않는다.

알록달록한 색깔을 가진 새가 많은 이유는?

|깃털의 색깔 이야기|

새는 감각이 발달해 깃털 색깔의 차이가 중요한 정보가 된다.

세 가지만 알면 나도 동물학자!

깃털 색깔은 종의 특징을 나타내거나 구애 행동에 도움

수컷은 암컷을 유혹할 때 알록달록한 깃털을 보여주며 구애의 춤을 춘다. 복잡한 무늬의 색깔은 상대방을 놀라게 하거나 배경에서 윤곽을 불분명하게 만들어 위장하는 데 도움이 된다.

푸른색 깃털을 가진 새는 없다

새는 빨간색이나 노란색 색소는 가지고 있지만 파란색 색소는 없다. '구조색'이라고 해서 비눗방울 표면이 무지갯빛으로 빛나는 것과 같은 원리로 푸르게 보이는 것뿐이다. 앵무새의 초록색 깃털은 노란색 색소와 파란색 구조색의 조합이다.

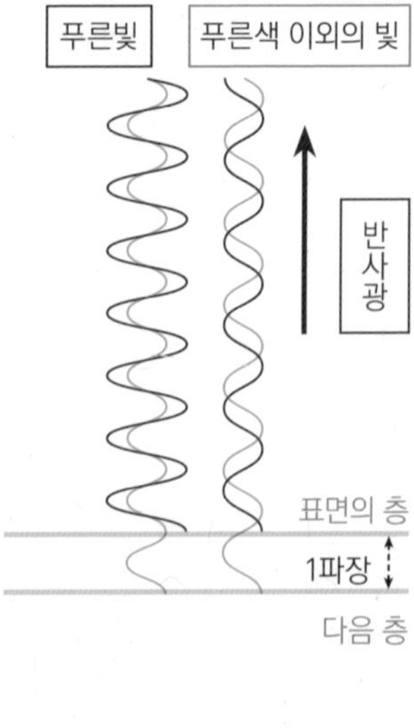

여러 색깔로 보이는 것은 깃털의 구조 때문

깃털에 닿는 푸른빛의 파장이 표면과 다음 층 사이 두께와 같으면 반사 물결의 산과 산이 겹쳐 푸른색이 강하게 보인다. 그런데 파장이 다른 색깔이면 산과 산이 겹치지 않아 약해진다. 두 층의 두께가 다르면 다양한 색깔로 보인다.

공작의 깃털은 왜 화려할까?

|공작의 깃털 이야기|

공작의 깃털이 화려한 이유에 대해서는 다양한 설이 있는데, 암컷이 건강하고 강한 수컷을 선호하기 때문이라는 설이 유력하다.

세 가지만 알면 나도 동물학자!

화려한 색은 건강하다는 증거

새의 깃털에는 벼룩이나 진드기 등의 기생충이 득실댄다. 그런데 기생충이 들끓지 않도록 손질하는 과정이 만만치 않다. 공작의 장식깃은 150가닥이나 되기에 제대로 손질된 깃털은 건강하다는 증거다.

살아남았다는 건 체력이 좋다는 증거

1.5미터나 되는 길고 눈에 띄는 공작의 장식깃은 생활하는 데 거추장스럽다. 그런데 이런 장식깃을 잘 간직하고 있다는 것은 그동안 포식자에게 잡아먹히지 않고 잘 살아남았다는 증거다.

'건강하고 강한 수컷'이 간택된 결과

구혼 상대를 선택하는 주도권은 수컷이 아니라 암컷이 쥐고 있다. 암컷이 더 길고 화려한 장식깃을 가진 수컷을 선호해서 화려한 장식깃을 가진 수컷이 많아졌다고 추정된다. 번식기가 끝나면 장식깃은 떨어져 나가고 이듬해 다시 자란다.

Day 252

다리가 긴 새는 왜 외다리로 서서 잘까?

| 외다리로 자는 새 이야기 |

다리 긴 새가 외다리로 서면 열 방출을 방지하고
다리를 교대로 쉴 수 있다.

세 가지만 알면 나도 동물학자!

사람과 새의 다리를 비교하면 굽은 부분은 다른데 뼈의 구조는 같다

새의 다리에서 무릎은 어디일까? 겉으로 보이는 다리의 굽은 부분은 무릎과 방향이 다르다. 우리 눈에 무릎처럼 보이는 부분은 발꿈치이고 무릎은 다리와 몸통 연결 부위에 있다. 즉, 새는 발톱 끝으로 서 있는 셈이다.

외다리로도 균형을 잡을 수 있는 구조

골반 옆에서부터 나온 넓적다리는 몸통 표면을 따라 앞으로 뻗어 있고, 무릎으로 구부러진 몸 옆에서부터 중앙으로 비스듬하게 기울어져 있다. 그 부분이 마침 몸 중심 바로 아래에 있어 발가락을 펼치면 외다리로도 편하게 설 수 있다.

내이와 골반 안에 평형 감각 센서가 있다

새의 내이와 골반 안에 평형 감각 센서가 있어 외다리로도 머리를 움직이지 않고 몸의 균형을 쉽게 잡을 수 있다. 새의 뇌는 절반씩 휴식을 취해 자는 동안에도 균형을 잡을 수 있다.

Day 253

중생대에 살았던 어룡은 몸길이가 25미터가 넘었다고?

|어룡과 수장룡 이야기|

공룡 시대에는 어룡과 수장룡, 악어와 거북의 조상 등 다양한 생물이 물속에서 번성했다.

세 가지만 알면 나도 동물학자!

어룡은 오늘날 돌고래와 몹시 닮았다

어룡은 물속에서 생활하는 파충류라서 공룡이 아니다. 오늘날 돌고래처럼 유선형 몸에 물을 휘젓는 지느러미처럼 생긴 앞발이 있고, 눈도 무척 컸다. 대체로 상어 정도 크기였다. 몸길이가 25미터 넘는 어룡도 있었다.

목이 긴 수장룡도 있었다?

수장룡은 파충류의 친척이다. 수장룡이라고 하면 긴 목과 작은 머리가 떠오르는데, 목이 짧고 머리가 큰 종류도 있었다. 1968년 일본 후쿠시마현 후타바층(双葉層)에서 당시 고등학생이던 스즈키 다다시(鈴木直)가 발견한 후바타사우루스가 유명하다.

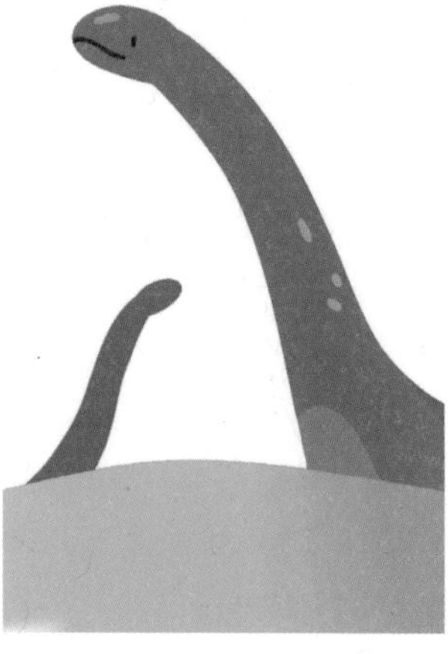

어룡, 수장룡 외에도 다양한 생물이 있었다

중생대 바다는 온난하고 산호초가 많았다. 암모나이트, 악어, 실러캔스 등도 살았다. 백악기에는 모사사우루스가 군림했다. 거북의 조상인 아르켈론은 사람이 탈 수 있을 정도로 컸다.

초대형 익룡 케찰코아틀루스는 공룡 새끼를 잡아먹었다는데?

| 익룡 이야기 |

익룡은 척추동물 최초로 하늘을 날아,
공룡 시대 넓은 하늘을 지배했다.

세 가지만 알면 나도 동물학자!

몸집이 큰 익룡은 스스로 날지 못하고 상승기류를 타고 활공했다?

대표적인 익룡 프테라노돈은 큰 머리와 뒤로 뻗은 볏을 가지고 있었다. 펼치면 7미터가 넘는 날개에는 깃털이 없었다. 대부분 익룡은 해안 절벽에 살았으며, 날개를 펄럭이지 않고 상승기류를 이용해서 활공해 물고기를 잡았다.

공룡 새끼를 잡아먹는 익룡도 있었다?

지금까지 발견된 최대급 익룡은 케찰코아틀루스다. 기린과 비슷한 크기로, 날개를 펼치면 10미터가 넘었다. 물고기뿐 아니라 공룡 새끼까지 잡아먹었다고 알려져 있다. 한편, 가장 작은 익룡은 참새 정도 크기였다.

익룡은 조류보다 박쥐에 가깝다?

익룡은 조류에 가까운 존재이지만, 신체적으로는 포유류인 박쥐에 가깝다. 앞발 자체가 날개가 된 새와 달리 박쥐와 같이 몸의 피부가 연장된 듯한 형태의 날개를 가지고 있기 때문이다. 대형 익룡은 뼈가 텅 비어 보기보다 몸이 가벼웠다.

시조새의 몸에 파충류의 특징이 있었다?

| 시조새 이야기 |

시조새는 파충류와 조류 중간에 걸친 존재지만
새의 조상은 아니었다.

세 가지만 알면 나도 동물학자!

새를 쏙 빼닮은 시조새의 특징

160년 이상 전에 발견된 시조새의 화석에는 깃털과 날개 같은 조류와 파충류의 특징이 함께 있었다. 그래서 시조새는 파충류가 조류로 진화하는 중간 단계 생물로 여겨 새의 조상이라고 믿었다. 시조새의 학명 '아르카이옵테릭스(*Archaeopteryx*)'는 '고대의 날개'라는 의미다.

파충류의 특징도 지니고 있다

시조새의 부리에는 날카로운 이빨이 빼곡하게 늘어서 있었다. 세 개의 손가락에는 갈고리 모양 손톱이 나 있고 몸통보다 긴 꼬리에는 뼈가 있었다. 이러한 것은 조류에 없는 파충류의 특징이다.

비둘기보다 비행이 서툴렀다?

시조새의 날개는 깃털이 있고 하늘을 날기에 충분한 크기였다. 하지만 가슴 근육이 발달하지 않고 날개도 얇아 날갯짓해서 이륙해도 비둘기만큼 날지 못했다. 꿩처럼 단거리를 날기에 적합한 몸 구조였다.

공룡 시대에 살았던 포유류는 대부분 쥐 정도 크기였다고?

|공룡 시대의 포유류 이야기|

작은 포유류의 조상은 공룡에게 들키지 않도록 숨어서 살았다.

세 가지만 알면 나도 동물학자!

공룡 시대 포유류 화석은 대부분 쥐 정도 크기

공룡 시대에 살았던 포유류 화석은 대부분 쥐 정도 크기였다. 그래서 사냥감을 찾는 크고 작은 다양한 육식공룡에게서 도망치거나 숨어 살았다고 추정된다.

포유류의 조상은 공룡 새끼를 잡아먹었다?

중국에서 레페노마무스라는 포유류의 전신 골격과 작은 공룡의 뼈가 발견되었다. 분석 결과, 고양이 크기 정도의 레페노마무스가 공룡 새끼를 잡아먹은 것이었다. 그로 인해 작고 약한 포유류의 조상이라는 이미지에 약간의 변화가 생겼다.

발굴 체험으로 찾아낸 귀중한 화석

2016년 후쿠이현 화석 발굴 체험 행사에서 당시 초등학교 4학년 남학생이 포유류의 골격을 발견했다. 복원 결과, 몸길이 13센티미터인 쥐처럼 생긴 모습이어서 공룡 시대 포유류의 전신 모습을 알 수 있었다. 공룡 멸종 후 지상에서는 포유류가 주인공이 되어 번성했다.

지구상 최초의 포유류

과거에 존재했던 동물의 90퍼센트 이상이 이미 멸종했다는데?

|백악기에 멸종한 동물 이야기|

공룡, 익룡, 어룡, 암모나이트 등 백악기 말에 살던 동물의 70퍼센트가 멸종했다.

세 가지만 알면 나도 동물학자!

멸종이란 하나의 종이 지구상에서 완전히 사라지는 사건

오늘날에도 사람에 의해 멸종으로 내몰린 동물이 많다. 물론 사람이 없어도 자연스럽게 멸종이 일어날 수 있다. 과거에 서식하던 동물의 90퍼센트 이상이 이미 멸종했다.

가장 최근에 일어난 대량 멸종은 백악기 말

백악기 말 약 1억 6,000만 년에 걸쳐 육상을 지배한 공룡 대부분이 멸종했다. 그 밖에도 하늘을 나는 익룡, 바다에 살던 어룡과 수장룡, 암모나이트 등 전체 종의 70퍼센트 정도가 지구상에서 사라졌다. 과거 다섯 차례의 대량 멸종을 '빅 파이브'라고 부른다.

백악기 말에 멸종한 모사사우루스

살아남은 종은 조류 일부와 소형 동물

공룡 중에서 깃털을 가진 공룡(깃털 공룡) 일부는 날개를 가지고 조류가 되었다. 그 조류의 아주 일부는 대량 멸종을 모면했다. 포유류와 파충류 등도 몸집이 작고 아주 적은 먹이로 살 수 있는 소형 동물로 살아남았다.

정말 백악기 말에 운석 충돌로 공룡이 멸종했을까?

| 대량 멸종의 원인 이야기 |

대량 멸종이 일어났을 때 지층에 운석 충돌 흔적이 남아 있어 '운석 충돌설'이 가장 유력하다.

세 가지만 알면 나도 동물학자!

공룡 등의 화석이 대량으로 출토되는 지층 'K-Pg 경계'

백악기에 대량 멸종한 공룡 등의 화석이 집중된 지층이 전 세계에 존재한다. 그 위에 쌓인 다음 시대 지층에서는 이들 화석이 전혀 나오지 않는다. 대량 멸종을 보여주는 지층의 경계를 'K-Pg 경계'라고 한다. 이는 백악기(Kreide)와 팔레오기(Paläogen)의 경계를 말한다.

운석에 대량 포함된 '이리듐'

K-Pg 경계에는 운석에 대량 들어 있는 이리듐이라는 물질이 통상 100배 농도로 들어 있다. 또 운석 충돌에서만 볼 수 있는 특수한 광물과 쓰나미로 옮겨진 퇴적물도 포함되어 '운석 충돌설'을 뒷받침한다.

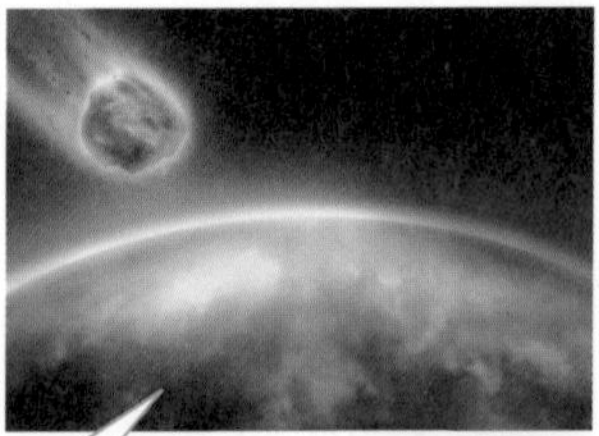

공룡 등이
대량 멸종한 지층
(K-Pg 경계)

운석 충돌로 왜 공룡이 멸종했을까?

운석 충돌로 생긴 대량의 먼지가 대기 중에 퍼져 햇빛을 차단했다. 그로 인해 식물이 광합성을 하지 못해 개체 수가 빠르게 줄어들어 초식공룡이 폐사했고, 육식공룡도 마침내 대량 멸종에 이르렀다.

공룡 화석이 대륙 이동설의 증거라는 주장이 사실일까?

| 대륙 이동설 이야기 |

공룡 화석뿐 아니라 겉씨식물과 파충류 화석도 대륙 이동설의 증거다.

세 가지만 알면 나도 동물학자!

독일의 기상학자 베게너가 제창한 대륙 이동설

알프레트 베게너(Alfred Wegener)는 전 세계 대륙을 퍼즐처럼 맞추면 하나의 대륙(판게아 대륙)이 된다는 사실을 발견했다. 이것이 2억 5,000만 년 전 존재한 판게아 대륙이 긴 시간 이동해 오늘날의 육지가 되었다는 '대륙 이동설'이다.

같은 겉씨식물 화석이 다른 대륙에서 발견

겉씨식물은 씨앗으로 자손을 번식해 먼 곳에서는 같은 종류가 증식하지 않는다. 그런데 남아메리카와 아프리카 등지에서 약 2억 년 전 겉씨식물의 화석이 발견되어 대륙 이동설의 증거가 되었다.

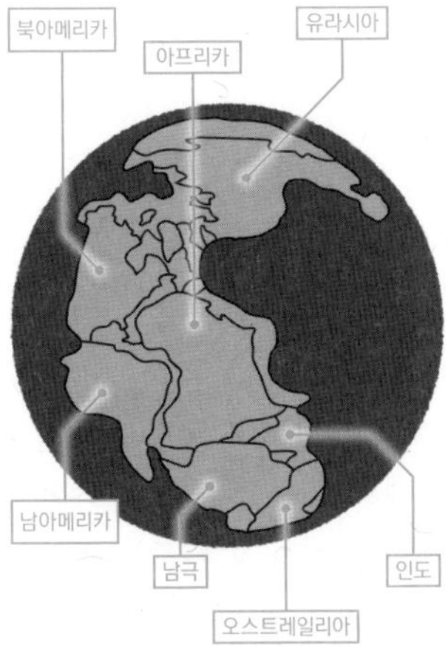

증거가 된 화석은 겉씨식물 외에도 있다

대륙 이동설을 뒷받침한 겉씨식물의 이름은 글로소프테리스다. 그 밖에 메소사우루스와 키노그나투스, 리스트로사우루스 등 2억 년 전에 살았던 파충류도 여러 대륙에서 발견된다. 지금도 대륙이 연간 2~10센티미터 속도로 이동한다.

어떤 동물이 파충류일까?

|파충류의 종류 이야기|

파충류에는 뱀, 거북, 도마뱀, 악어, 투아타라 등이 포함된다.

세 가지만 알면 나도 동물학자!

몸이 비늘로 덮여 있고 껍데기가 있는 알을 낳는다

파충류는 몸 표면이 비늘로 덮여 있고(반려동물 중에는 비늘이 아닌 품종도 있다), 종류에 따라 탄력 있는 알과 딱딱한 껍데기가 있는 알을 낳는다.

탈피해서 커진다

파충류는 몸집이 커질 때 묵은 피부가 허물 벗듯 완전히 벗겨진다. 뱀처럼 허물을 통째로 깔끔하게 벗는 종류, 카멜레온처럼 너덜너덜하게 벗는 종류, 악어나 거북처럼 단단한 부분이 쏙 벗겨지듯 떨어져 나가는 종류가 있다. 특히 뱀은 눈동자까지 탈피(눈허물, 아이캡)한다. 약 2센티미터의 카멜레온에서 990센티미터의 비단뱀까지 다양한 크기의 파충류가 존재한다.

이빨 모양은 전부 같다

사람의 치아는 네 종류의 형태가 있는데 도마뱀, 뱀, 악어의 이빨은 한 종류다. 거북은 이빨이 없는 대신 씹는 부분이 단단하다.

도마뱀은 왜 뱀으로 진화했을까?

| 뱀의 진화 이야기 |

도마뱀은 유전자 변이와 환경에 적응하기 위해
다리가 없는 뱀의 형태로 진화했다.

세 가지만 알면 나도 동물학자!

유전자 전달 오류, 헤지호그 유전자

동물의 다리를 형성하는 과정에서 중요한 헤지호그(hedgehog) 유전자가 도중에 제대로 작동하지 않으면서 다리가 자라지 않게 되었다고 알려져 있다. 중생대 후기인 약 2억 5,217만~약 6,600만 년 전에 이러한 변화가 일어났다. 그 무렵 화석에는 자그마한 다리가 달려 있다.

서식지에 적응하며 길쭉해졌다

도마뱀은 포식자에게 잡아먹힐 때가 많다. 그런데 길쭉해져 숨을 데가 늘어나고 굴속에서 더욱 안전하게 살게 되어 생존율이 높아졌다. 그 진화로 현재의 길쭉한 뱀이 존재하게 되었다.

비늘 사이 피부가 잘 늘어났다

길쭉해진 도마뱀과 달리 뱀은 비늘 사이 피부를 늘일 수 있게 되었다. 신축성이 좋아져 지금까지 먹을 수 없던 먹이도 먹게 되었다. 커다란 먹이를 집어삼킬 수 있도록 턱까지 촘촘한 비늘과 틈이 피부로 덮여 있다.

Day 262

뱀은 왜 혀를 날름거릴까?

| 뱀의 포식에 관한 감각 이야기 |

뱀은 혀를 날름날름 내밀어 먹잇감을 찾는다.

세 가지만 알면 나도 동물학자!

냄새를 맡기 위해

뱀은 입의 위턱 내부에 있는 한 쌍의 '야콥슨 기관(Jacobson's organ)'으로 냄새를 느낀다. 혀를 날름거려 공기 중에 떠다니는 냄새 미립자를 포착해, 혀끝을 입 안의 야콥슨 기관에 꾹 눌러서 냄새를 맡는다.

소리는 거의 듣지 못한다

뱀은 귓구멍도 고막도 없어 소리를 거의 듣지 못해 사냥감이나 천적의 동태를 알려면 눈과 혀의 움직임이 중요하다. 열을 감지하는 '피트관(pit hole)'이라는 구멍을 가진 뱀은 이 기관으로 먹잇감의 위치를 파악한다. 비단뱀과 살무사 등이 피트관을 가지고 있다.

뱀의 혀는 촉각을 느끼는 작용도 한다

혀는 공기의 진동과 흐름, 온도 차까지 느낄 수 있고, 촉각을 느끼는 작용도 한다. 그래서 뱀은 행동할 때나 먹잇감에 접근할 때 평소보다 더 활발하게 혀를 날름거린다. 흥분해도 쉴 새 없이 혀를 날름거린다.

뱀은 어떻게 사냥감을 먹을까?

|뱀의 턱 이야기|

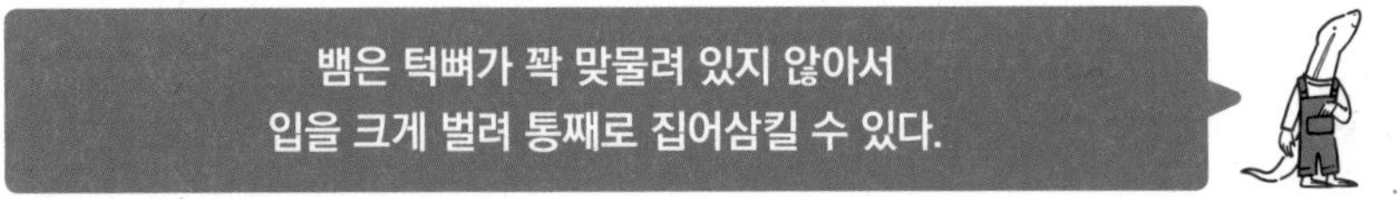

세 가지만 알면 나도 동물학자!

턱 끝에 있는 뼈가 연결되어 있지 않다

뱀은 턱 끝의 뼈가 붙어 있지 않고 피부와 인대로만 이어져 있다. 그래서 골격이라는 한계 없이 피부가 늘어날 수 있을 때까지 입을 상하좌우로 매우 크게 벌릴 수 있다.

턱관절 가동 범위가 넓다

뱀은 머리와 아래턱을 연결하는 두 개의 네모난 뼈를 가지고 있다. 그로 인해 움직일 수 있는 범위가 매우 넓고 아래턱을 더 아래로 쑥 내릴 수 있다. 또 먹이를 집어삼킨 다음에는 넓어진 턱을 바로잡기 위해 하품 비슷한 동작을 한다.

갈비뼈 가동 범위를 넓혔다

뱀은 포유류와 달리 등뼈와 갈비뼈밖에 없다. 그래서 피부가 늘어나는 정도에 따라 삼킬 수 있는 크기가 정해진다. 또 갈비뼈의 가동 범위가 넓어 가로 너비도 늘였다 줄였다 마음대로 조절할 수 있다.

아래턱에 좌우 두 개의 독립된 뼈가 있다.

일본에는 어떤 독사가 있을까?

|친숙한 독 이야기|

일본에는 강력한 독을 지닌 대표적인 뱀이 세 종류 있다.

세 가지만 알면 나도 동물학자!

출혈독을 가진 살무사

오키나와에 사는 오키나와반시뱀과 홋카이도에서 규슈에 걸쳐 분포하는 살무사는 출혈 독을 가지고 있다. 물리면 혈관이 파괴되며 출혈이 발생하고 세포가 괴사할 수도 있다. 개가 물리면 부기가 며칠 지속되지만 웬만해서 죽지는 않는다.

신경독을 가진 일본산호뱀과 바다뱀

아마미오섬(奄美大島)에 사는 코브라 친척뻘인 일본산호뱀 종류도 신경독을 가지고 있다. 물리면 근육 마비를 일으켜 호흡 곤란에 빠진다. 먹이가 되는 동물을 물고 늘어져 독을 주입하고 약하게 만들어 도망칠 수 없게 만든다.

용혈독을 가진 유혈목이

혼슈(本州) 이남 등지에 서식하는 유혈목이는 용혈독을 가지고 있어 물리면 출혈이 멈추지 않는다. 주로 봄철에 번식하러 모인 일본두꺼비를 잡아먹고, 일본두꺼비가 가진 독을 목 피부 아래에 저장한다. 일본에 서식하는 약 50종류의 뱀 중 18종류가 독사다.

도마뱀 꼬리는 잘리면 계속 다시 자랄까?

|도마뱀의 꼬리 이야기|

도마뱀의 꼬리는 몇 번씩 잘려도 다시 자라지만 원래대로 자라지는 않는다.

세 가지만 알면 나도 동물학자!

몇 번씩 재생되지만……

대부분의 도마뱀은 천적과 마주칠 경우 꼬리를 잘라 미끼로 넘기고 도망치는 것으로 유명하다. 이것을 자할(自割) 또는 자절(自切)이라고 한다. 꼬리 끝이 끊어지면 몇 차례 재생할 수 있지만 꼬리와 몸통 연결 부위에서 끊어지면 한 번밖에 재생할 수 없다. 재생 부분에는 뼈 대신 연골이 들어 있다. 잘린 꼬리가 재생하는 데 20일 정도 걸린다. 꼬리가 재생되더라도 처음과 같은 모양은 아니다.

대다수 도마뱀의 꼬리는 재생 가능

도마뱀류는 기본적으로 꼬리가 잘려도 재생되지만, 모든 종류가 그런 것은 아니다. 도마뱀 중에서 왕도마뱀과 카멜레온 등은 재생되지 않는다.

잘려 나가지만 소중한 꼬리

표범도마뱀붙이를 비롯해 일부 도바뱀붙이는 꼬리에 영양분을 저장한다. 그리고 날도마뱀붙이는 날 때 꼬리로 균형을 잡는다. 피시 스케일 게코의 비늘은 잘 떨어져 나가는 대신에 재생 능력이 매우 뛰어나다.

Day 266

카멜레온은 왜 끊임없이 몸 색깔을 바꿀까?

|카멜레온 이야기|

카멜레온은 몸 상태와 상황에 따라 몸 색깔을 바꾼다.

세 가지만 알면 나도 동물학자!

동작 속도를 보완하기 위해 몸의 색깔을 바꾼다

파충류인 카멜레온은 아프리카와 마다가스카르섬을 중심으로 약 90종이 서식한다. 몸의 색깔을 바꿀 수 있는 동물로 유명하다. 하지만 색깔이 거의 변하지 않는 종도 있다. 매복해서 기다렸다가 혀를 잽싸게 내밀어 벌레를 잡아먹는다.

몸 상태와 기분에 따라 몸의 색깔이 변한다

카멜레온은 추위를 느끼면 몸의 색깔을 거무스름하게 만들어 햇볕 흡수율을 높여 체온을 올린다. 다른 개체와 다른 종을 경계할 때는 색깔을 좋아지게 하는 반응을 보인다. 주위(배경) 색에 맞춰 몸의 색깔을 자유롭게 바꿀 수 있는 것이 아니라, 빛의 세기와 온도 등의 조건에 따라 몸의 색깔을 바꾼다.

색소 세포 덕분에 변색

몸의 색깔을 변화시키는 능력은 피부 세포 속 색소 세포(하얀색, 빨간색, 노란색, 검은색 등의 색 입자) 때문이다. 빛과 온도에 따라 이 세포들의 크기가 달라져 전체 색깔이 변한다.

쇠똥구리는 왜 고대 이집트에서 인기가 많았을까?

| 쇠똥구리 이야기 |

쇠똥구리는 자기 배설물로 만든 공 안에 알을 낳는다.

세 가지만 알면 나도 동물학자!

고대 이집트에서 인기 많던 곤충

고대 이집트 피라미드에 쇠똥구리 그림이 그려져 있다. 고대 이집트에서는 쇠똥구리를 '스카라브(scarab)'라고 부르며 신의 화신으로 여겼다. 대변으로 어떻게 깔끔한 공 모양을 만드는지 밝혀지지 않아 신비로운 동물로 생각한 것이다.

대변은 먹이이자 이불

쇠똥구리는 대변으로 공을 만들어 자기 굴까지 옮긴 뒤 그 안에 산란한다. 배설물 공 안에서 부화한 애벌레는 안쪽에서 배설물을 먹으며 성장해, 마침내 번데기가 되어 날개 달린 성충이 된다. 지저분한 배설물이 이불도 되고 먹이도 되는 셈이다.

일본에도 사는 쇠똥구리 종류

일본에 서식하는 뿔소똥구리와 금풍뎅이는 배설물을 먹이로 삼지만, 배설물 공을 굴리지는 않는다. 이런 종류를 '똥벌레'라고 부른다. 야생동물의 배설물을 먹어서 처리하는 청소부다.

자기 대변 모양으로 변신하는 희한한 동물이 있다는데?

|곤충의 의태 이야기|

다양한 대상의 모습을 흉내 내는 의태 중에서
새의 대변을 모방하는 곤충이 있다.

세 가지만 알면 나도 동물학자!

다른 대상의 모습을 흉내 내는 의태

곤충의 대표적인 적은 새다. 술래잡기하듯 새에게서 도망치기가 쉽지 않아 숨바꼭질 작전을 구사하는 곤충도 있다. 자기 모습을 다른 대상으로 바꾸는 현상을 '의태(擬態)'라고 한다. 의태는 긴 시간에 걸쳐 진화한 결과다.

몸을 웅크려 진짜 배설물처럼

새의 눈을 속이기 위해 새가 자기 배설물이라고 착각하게 만드는 곤충이 있다. 한 가지 색이 아니라 진짜 새의 배설물처럼 희끄무레한 부분도 있고, 몸을 웅크린 채 움직이지 않아 진짜 새똥처럼 보인다.

육식곤충도 의태를 활용

육식곤충으로 유명한 사마귀 종류 중에서 난초사마귀는 마치 꽃처럼 몸의 형태와 색을 바꾼다. 의태한 난초 사마귀의 모습을 보고 꽃이 피어 있다고 착각해 방심하고 다가온 곤충을 잡아먹는다.

Day 269

흰개미는 개미보다 바퀴벌레에 가깝다고?

흰개미 이야기

흰개미는 목재를 먹는 곤충이어서 목조 건축에 피해를 준다.

세 가지만 알면 나도 동물학자!

흰개미는 개미가 아니다

흰개미는 개미라는 이름이 붙어 있지만 바퀴벌레에 가깝다. 그러나 개미처럼 역할이 정해져 있는 사회성 곤충이다. 여왕 흰개미와 왕 흰개미는 목재와 땅속에 굴을 파고 알을 낳아 살림을 차린다.

목재를 먹는다

흰개미는 목재로 둥지를 짓고, 그 목재를 먹이로 삼는다. 만약 목조 주택에 둥지를 틀면 집을 먹어치워 큰일 날 수도 있다. 1년 동안 200만 채의 집이 흰개미의 피해에 시달린다는 조사 결과도 있다.

목재에 영양이 있을까?

흰개미는 마른 목재를 먹어도 영양분을 섭취할 수 있다. 장 속에 있는 다양한 미생물이 목재 성분을 분해해 영양분으로 활용한다. 모래땅에 집을 짓는 종류는 커다란 개미 군체를 형성하고 탑처럼 높은 집을 짓기도 한다.

농땡이 부리는 일개미가 있다고?

| 일개미 이야기 |

땅바닥을 쉬지 않고 꼬물꼬물 돌아다니는 일개미가
모두 일하고 있는 것은 아니다.

세 가지만 알면 나도 동물학자!

개미는 각자 역할이 있다

개미는 사회성 곤충으로 분류된다. 여왕개미를 중심으로 각자 다양한 역할을 맡은 팀으로 생활한다. 개미 사회에는 계급이 있다. 여왕개미 외에 먹이를 모으거나 집을 짓는 일개미가 있다.

밖에서 활동하는 개미는 약 5퍼센트뿐

개미집 근처를 관찰하면 수많은 개미가 바쁘게 돌아다닌다. 그런데 대부분 개미는 집 안에 있고, 밖에 있는 개미는 5퍼센트 정도다. 땅바닥에 보이는 개미는 먹이를 집으로 운반하는 일을 한다.

일하지 않는 개미도 있다?

밖에서 활동하는 개미의 20퍼센트 정도는 아무것도 하지 않고 빈둥거리며 농땡이를 부린다. 그러다가 비가 내리는 등 자연재해가 생기거나 집이 무너지거나 다른 생물이 습격하면 갑자기 일하기 시작한다. 개미는 '페로몬'이라는 화학물질로 정보를 교환한다.

Day 271

인간이 파리에게 큰 신세를 지며 살고 있다?

| 파리 이야기 |

인간은 파리를 질색하지만, 사실 파리는 중요한 역할을 한다.

세 가지만 알면 나도 동물학자!

파리는 무엇을 먹을까?

파리는 꽃의 꿀과 과일 등의 당분을 에너지원으로 삼는다. 단백질을 좋아해 동물의 체액과 고기, 배설물, 부패 물질 등도 먹는다. 파리는 먹이로 삼는 대상에 알을 낳는다. 파리 애벌레를 '구더기'라고 한다.

구더기는 어떤 역할을 할까?

구더기는 썩거나 발효되어 죽처럼 걸쭉해진 물질을 입으로 빨아 먹는다. 세 차례 탈피하고 점점 커져 번데기가 된다. 그런 다음 날개 달린 성충 파리가 된다. 성충이 된 암컷 파리는 한평생 500개가량의 알을 낳는다.

해충이지만 간접적으로 신세를 지기도

동물의 사체와 배설물 등은 구더기의 활동으로 신속하게 분해된다. 구더기가 없으면 세균 등으로 썩기를 기다릴 수밖에 없다. 그러면 산처럼 쌓인 사체와 배설물에서 풍기는 냄새로 고생할 가능성이 크다. 인간은 파리를 질색하지만, 간접적으로 신세를 지고 있는 셈이다.

노린재는 왜 고약한 냄새를 풍길까?

|노린재 이야기|

노린재는 자기 몸을 지키기 위해 고약한 냄새를 풍긴다.

세 가지만 알면 나도 동물학자!

왜 고약한 냄새를 풍길까?

코를 찌르는 고약한 냄새는 상대에 따라 독이 될 수도 있다. 그런데 동료 사이에서는 정보 교환 용도로 사용된다. 노린재는 냄새를 느끼면 도망쳤다가 냄새가 약해지면 다시 모여든다.

애벌레도 성충도 냄새를 풍긴다

노린재류는 '불완전 변태' 방법으로 성장한다. 알에서 태어난 애벌레는 성충을 쏙 빼닮은 모습이다. 번데기가 되지 않고 그대로 성충이 된다. 애벌레도 만지면 고약한 냄새를 풍긴다.

냄새의 원인은 무엇일까?

노린재를 건드려서 묻은 고약한 냄새는 좀처럼 사라지지 않는다. 사실 이 냄새는 기름과 같은 성분이다. 애벌레는 복부의 등 쪽에서, 성충이 되면 뒷다리와 몸통 연결 부위에서 이 기름을 분비한다. 노린재를 자극한 다음 잡아서 밀폐용기에 넣어두면 자기 냄새에 질식해서 죽는다.

말벌에 쏘이면 어떻게 될까?

|말벌 이야기|

말벌은 공격성이 강해 쏘이면 생명이 위태로울 수도 있다.

세 가지만 알면 나도 동물학자!

암벌만 쏜다

개미와 마찬가지로, 벌도 동료 집단 안에서 역할이 정해져 있어 사회성 곤충으로 분류된다. 침은 알을 낳기 위한 산란관이 변화한 기관으로, 암컷에게만 있다. 말벌은 몇 번이라도 침을 쏠 수 있다. 세계에서 가장 큰 장수말벌은 몸집이 4센티미터 정도 된다.

공격적인 말벌

무리 생활을 하는 몸집이 큰 말벌 종류는 함부로 건드리면 안 된다. 섣불리 벌집을 건드리면 공격당할 수 있다. 공격에 나선 벌은 페로몬을 내뿜어 벌집에서 동료들을 불러내 집단으로 달려든다.

쏘이면 병원으로

말벌의 독은 강력해서 쏘이면 심한 통증이 동반된다. 근육 수축이 일어나고, 체질에 따라서는 심한 알레르기 반응으로 생명이 위태로울 수도 있어 최대한 빨리 병원에 가야 한다. 두 번째로 쏘이면 중증이 될 가능성이 높다.

날치는 어떻게 하늘을 날게 되었을까?

|날치 이야기|

날치는 적에게 습격당했을 때 도망치기 위해 날게 되었다는 가설이 유력하다.

세 가지만 알면 나도 동물학자!

새처럼 날지 않고 날다람쥐처럼 활공한다

날치는 적에게 습격당하거나 흥분하면 고속으로 해수면을 향해 헤엄친다. 해수면에서 날아오르면 좌우로 긴 가슴지느러미와 짧은 가슴지느러미를 동시에 뻗어 해수면 위로 활공한다.

나는 원리는 비행기와 똑같다

비행기에 비유하자면 긴 가슴지느러미는 주익, 짧은 꼬리지느러미는 수평 꼬리날개, 배 쪽이 길어진 꼬리지느러미는 수직 꼬리날개 역할을 한다. 이 구조 덕분에 날치는 수십 미터에서 수백 미터까지 날 수 있다. 날치알이 알밥이나 초밥 재료로 많이 쓰여 생선보다는 알로 더 널리 알려져 있다.

속도도 빠르다

해수면 위로 날아오르는 속도는 시속 30킬로미터 이상 되며 바람을 타고 활공할 때의 속도는 시속 60킬로미터가 넘는다. 바람을 타면 활공 시간이 길어지는 현상은 비행기와 같다.

개복치는 평생 약 3억 개의 알을 낳는다는데?

|개복치 이야기|

개복치의 생김새는
일반적인 물고기에서 절반이 없어진 모양이다.

세 가지만 알면 나도 동물학자!

몸집은 크고 산란 수는 매우 많은 물고기

몸에 혹 모양의 돌기를 가지고 있는 혹개복치는 몸길이가 3미터가량 되고 몸무게가 2톤 이상 나가는 거대한 물고기다. 개복치 종류는 평생 약 3억 개의 알을 낳는데 그중 소수만 살아남는다. 개복치의 기네스 기록은 최대 길이 2.72미터, 몸무게 2.3톤이다.

꼬리지느러미도 없다!

물고기는 일반적으로 꼬리지느러미가 등지느러미와 대칭을 이루며 길다. 그러나 개복치는 배지느러미가 없고 꼬리지느러미도 없어 닻과 같은 모양이다. 두툼한 점막으로 덮인 피부는 충돌하면 바로 생채기가 날 정도로 연약하다.

해수면에 누워 있다

심해 수백 미터에서부터 해수면까지 오가는 개복치는 해수면에 누워 뻐끔뻐끔 자맥질할 때가 있다. 피부 점막에 있는 기생충을 없애기 위해 일광욕 중이거나 새가 기생충을 먹어 주기를 기다리는 것으로 여겨진다.

세계에서 가장 긴 물고기 리본이악어의 정체는?

|리본이악어 이야기|

리본이악어는 몸이 평평하고 머리에서 뻗어 나온
등지느러미가 길쭉한 뿔처럼 생긴 심해어다.

세 가지만 알면 나도 동물학자!

용과 판박이! 길쭉한 지느러미가 특징

몸 형태는 납작하고 머리가 부풀며 작은 꼬리지느러미를 향해 길쭉한 모양이다. 뒷지느러미는 없고, 등지느러미 머리 부분은 길쭉하게 뻗은 갈기 모양이며, 좌우 한 쌍씩 있는 가슴지느러미는 수염처럼 길다. 전체 길이가 11미터 정도 되는 개체가 발견된 적이 있다.

일반적인 물고기와 다른 점

산갈치과 물고기인 리본이악어는 이빨이 없다. 비늘도 없고 부레도 없다. 수심 200미터 이상 심해에 서식하며 세계에서 가장 긴 물고기로 알려져 있다.

리본이악어와 관련된 미신

일본에서는 용왕의 뜻을 전하는 사자(使者)로 불리는 환상의 심해어다. 2018년 교토 미야즈시(宮津市) 해역에서 정치망 어선의 그물에 잡힌 적이 있다. 리본이악어가 그물에 걸리면 대지진의 전조라는 말이 있는데, 연구 결과 사실이 아니라고 판명되었다.

수중 최고의 명사수 물총고기는 어떤 물고기일까?

| 물총고기 이야기 |

물총고기는 입에서 물총처럼 물을 발사해 먹잇감을 맞춰 떨어뜨리는 물고기다.

세 가지만 알면 나도 동물학자!

맹그로브 숲에 사는 겨우 7종의 그룹

물총고기 종류는 주로 인도부터 동남아시아와 호주 북부까지 맹그로브 숲의 민물에서 생활한다. 일본의 이리오모테섬(西表島)에서도 발견된 적이 있다. 아랫입술이 비스듬하게 위로 튀어나와 있다.

아가미덮개로 압력을 가해 물을 쏜다

물총고기의 위턱 안에는 레일처럼 길쭉한 고랑이 한 줄 패어 있다. 혀를 이 고랑에 대고 아가미덮개를 꽉 닫으면 압력에 의해 물이 고랑을 따라 뿜어져 나간다.

멈춰 있는 사냥감을 노린다

물총고기가 쏘는 물총으로 물이 날아가는 거리는 1~1.5미터 정도다. 그래서 1.5미터 정도 떨어진 사냥감도 격추할 수 있다. 움직이는 물체는 겨냥하기 어려워 주로 멈춰 있는 벌레를 노린다. 물총을 쏘아서 떨어뜨린 뒤 잡아먹기도 하고 물속의 작은 물고기와 새우 등도 잡아먹는다.

Day 278

해마는 수컷이 임신한다고?

| 해마 이야기 |

해마는 암컷이 수컷의 육아낭 안에 산란하면
알이 수정되어 수컷의 배가 부풀어 오른다.

세 가지만 알면 나도 동물학자!

수컷만 육아낭을 가지고 있다

수컷 해마의 몸 표면에는 아랫배에 캥거루처럼 육아낭이 있다. 암컷이 수컷의 육아낭 안에 산란하면 알이 육아낭 안에서 수정되어 수컷의 배가 점점 부풀어 오른다.

배가 불룩한 육아 중인 수컷

육아낭이 없는 암컷 해마의 배는 불룩해지지 않는다. 수컷도 육아 중이지 않을 때는 배가 불룩하지 않다. 그래서 배가 불룩한 채로 흐늘흐늘 헤엄치는 해마가 보인다면 육아 중인 수컷이다.

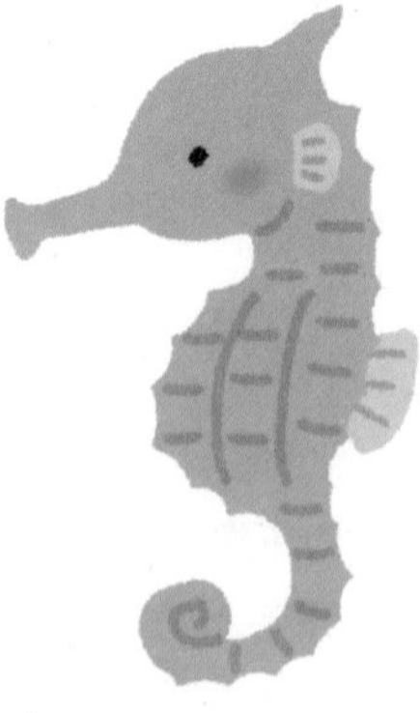

배로 매력을 뽐내는 수컷

육아낭은 자손을 남기는 중요한 수단이다. 그래서 수컷은 암컷에게 구애할 때 멋진 육아낭을 가졌음을 보여주기 위해 바닷물을 잔뜩 들이마셔 배를 불룩하게 만든다. 일본에서는 이런 해마의 특성을 본뜬 결혼식 답례품과 순산을 기원하는 부적도 있다.

상어가 인간을 공격하는 일이 의외로 드물다는 게 사실일까?

|상어 이야기|

상어는 흥분하거나 사냥감이라고 착각하면 공격한다.

세 가지만 알면 나도 동물학자!

상어는 경계심이 강한 물고기

상어가 사람을 공격하는 이유는 세 가지다. 첫째는 먹이라고 착각해서 공격하는 경우다. 검은색 잠수복 입은 사람을 아래에서 보면 상어의 먹이인 물개나 바다표범과 비슷해 보인다. 둘째는 자기 생활권 침입에 대해 경계하는 의미로 입질하는 경우다. 그리고 셋째는 환경 악화 등으로 신경이 날카로워진 경우다.

피 냄새에 무척 민감하다

영화 등의 영향으로, 상어는 사람을 잡아먹는다는 이미지가 강하다. 그러나 상어는 경계심이 매우 강해 평소에는 인간을 공격하지 않는다. 하지만 피 냄새에 민감해 피냄새를 맡으면 광분한 상태로 공격한다.

인간을 공격하는 상어는 약 30종류

인간을 공격하는 상어는 무는 힘이 무척 강하다. 백상아리, 뱀상어, 황소상어 등 전 세계에서 30종류 정도가 위험하다고 알려져 있다. 상어의 이빨은 계속 새로 자라서 평생 몇만 개가 난다.

피라냐는 겁이 많아 자기 무리보다 작은 동물만 공격한다는데?

| 피라냐 이야기 |

피라냐는 겁쟁이 물고기라서 거의 인간을 공격하지 않는다.

세 가지만 알면 나도 동물학자!

피라냐의 조상은 잡식성 메가피라냐

남미 아마존강에서 유명한, 날카로운 이빨을 가진 피라냐의 조상을 거슬러 올라가면 약 800만 년 전 잡식성 메가피라냐다. 이 메가피라냐의 조상은 초식성 물고기다. 피라냐의 피라(pira)는 '물고기', 냐(nha)는 '이빨'이라는 뜻이다.

자기보다 작은 크기만 공격

피라냐는 손바닥만 한 크기에서 60센티미터까지 크기가 다양하다. 종류는 20~30종으로 알려져 있다. 원래 겁이 많은 성격이라서 무리 짓는 습성이 있는 피라냐는 무리의 크기보다 작은 동물만 공격한다. 날카로운 이빨과 강력한 턱으로 고기를 뜯어 먹는다.

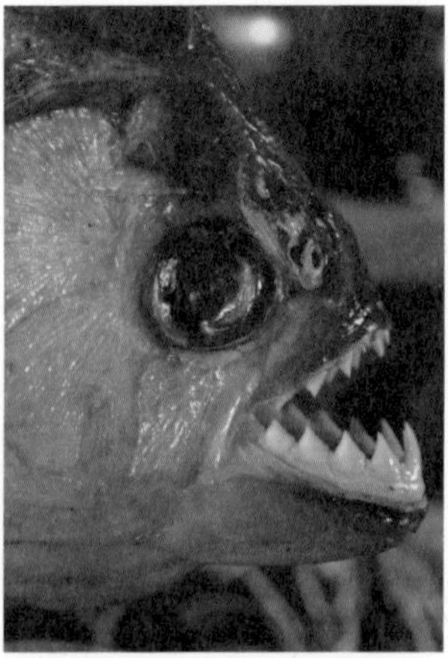

피 냄새와 물보라에 흥분

피라냐는 피 냄새와 물보라에 흥분한다. 이런 상태일 때나 사냥할 때 무심코 다가가면 착각해서 자기보다 큰 인간이나 악어도 물어뜯으려 한다. 평소에는 사나운 이빨이 입술에 가려져 있다.

고양이는 왜 자기 몸을 핥을까?

|고양이의 털 고르기 이야기|

고양이는 불필요한 털을 제거하고
먼지와 기생충 등을 떼어내기 위해서 털을 고른다.

세 가지만 알면 나도 동물학자!

적에게 들키지 않도록 냄새를 없앤다

고양이가 몸을 핥으며 털을 고르는 모습을 자주 볼 수 있다. 머리에서부터 시작해 등, 배, 꼬리, 항문, 생식기 주변으로 진행한다. 새끼 고양이는 스스로 할 수 있을 때까지 어미 고양이가 핥아준다. 냄새를 지우거나 몸을 청결하게 하거나 체온 조절을 위한 행동이다.

고양이 혀는 까슬까슬하다

고양이의 혀는 표면에 작은 돌기(혀유두)가 있어 까슬까슬하다. 이 돌기가 솔빗 역할을 해서 빠진 털을 골라내거나 결을 고르게 다듬는 데 도움이 된다. 생후 1개월 무렵부터 돌기가 나기 시작한다.

빠진 털을 삼킬 때가 많다

고양이는 자기 털을 삼킬 때가 많다. 특히 장모종 고양이는 위 속에 털 뭉치가 들어 있다. 털 뭉치가 커지면 토해내기도 한다. 고양이끼리 놀이 상대의 털을 골라주면 정서적으로 안정되는 효과가 있다.

고양이는 왜 나무타기를 좋아할까?

|고양이의 본능 이야기|

단독 생활을 하는 고양이는 높은 곳에서
은밀하게 사냥감을 노리는 습성이 있다.

세 가지만 알면 나도 동물학자!

사냥감을 확실하게 포획하기 위해 높은 곳에서 매복

고양이의 조상은 단독 매복 사냥으로 한번에 공격해서 먹이를 잡았다. 사냥감을 확실하게 포획하기 위해 들키지 않도록 높은 곳에서 노렸다. 그 본능이 지금도 남아 나무처럼 높은 곳을 좋아한다.

높은 곳에서 뛰어내려도 멀쩡하다

사냥감을 단숨에 덮치는 고양이는 운동신경도 뛰어나다. 조용히 매복했다가 놀라운 속도로 덮친다. 자기 몸의 다섯 배 높이까지 점프할 수 있다. 몸이 유연해 공중에서 자세를 바로잡아 능숙하게 착지한다. 대신 지구력이 약하다. 그런데 간혹 지나치게 높은 곳에 올라간 뒤 무서워서 내려오지 못하는 고양이도 있다.

캣타워를 사랑한다

고양이는 담장 위를 걸어다니거나 지붕 위에 잘 올라간다. 서랍장이나 탁자 위에 올라가는 것도 좋아한다. 실내에서 애완동물로 기를 때 캣타워를 활용하면 고양이가 매우 좋아한다.

고양이의 귀 모양만 살펴도 감정을 알 수 있다?

| 고양이의 귀 이야기 |

고양이는 귀를 좌우로 따로따로 움직여
소리가 나는 방향을 찾는다.

세 가지만 알면 나도 동물학자!

귀 밝은 고양이의 비밀

고양이의 귀에는 가는 혈관이 수없이 많아 체온을 조절한다. 쥐의 울음소리는 물론 작은 발소리도 감별할 수 있다. 고양이는 어둠 속에서 사냥하는 습성이 있어 오감 중에서 청각이 가장 뛰어나다. 귀를 좌우로 따로 움직여 소리가 나는 방향을 찾는 재주도 있다.

귀 모양으로 감정을 유추할 수 있다

표정이 바뀌지 않아도 귀를 돌리는 방향과 각도로 감정을 알 수 있다. 공격적일 때는 귀를 쫑긋 세워 옆으로 향하지만, 상대방이 강하면 귀를 눕히고, 편안할 때는 귀를 앞으로 향한 자세를 취한다. 귀 모양을 살피면 미묘한 감정 변화를 판별할 수 있다.

얼굴과 다른 방향을 향할 때도 있다

살짝 신경 쓰이는 일이 있으면 얼굴은 앞을 보면서 귀를 소리 나는 방향으로 돌린다. 주위를 경계하거나 불안감이 들 때는 오징어처럼 양쪽 귀를 뒤로 눕힌 자세를 취한다.

고양이는 왜 화나면 털을 곤두세울까?

|고양이의 분노 이야기|

고양이는 상대에게 자신을 크게 보이기 위해 털을 곤두세운다.

세 가지만 알면 나도 동물학자!

적을 만나면 온몸의 털을 곤두세운다

고양이는 공포, 흥분, 분노 등의 감정을 느끼면 교감신경이 자극받아 호르몬이 분비된다. 그로 인해 몸의 '털세움근'이라는 근육이 수축하며 털이 곤두선다. 털을 곤두세우는 이유는 상대방에게 자신을 강하게 보이거나 크게 보이기 위해서다.

털을 곤두세울 때는 소리도 낸다

고양이가 상대방에게 적의를 드러낼 때나 싸울 때 털을 곤두세우며 "캬", "하악"과 같은 센 소리를 내는 모습을 종종 볼 수 있다. 이런 소리를 낼 때는 신경이 날카로워져 있으니 가라앉을 때까지 다가가지 않는 것이 좋다.

기쁠 때는 꼬리를 세운다

고양이는 기쁠 때나 어리광을 부릴 때 꼬리를 바짝 세운다. 전체적으로 꼬리를 흔들 때는 보호자에게 요구사항이 있다는 의미다. 고양이의 꼬리 변화는 동료 고양이와의 관계뿐 아니라 인간과의 관계에서도 나타난다.

Day 285 친숙한 동물 | 고양이

고양이는 왜 교통사고를 많이 당할까?

|고양이의 습성 이야기|

야외에서 생활하는 고양이가 많아
도시에서 교통사고 발생 빈도가 높다.

세 가지만 알면 나도 동물학자!

고양이는 야외 생활이 많다

고양이는 개와 비교해 야외 생활시간이 길어 외출 고양이로 키우는 가정도 많다. 외출 고양이로 키우다가 바깥에서 새끼가 태어나 길고양이가 증식하기도 한다. 그렇다 보니 교통사고를 당하는 고양이도 많이 목격된다. 동물의 교통사고사를 보통 '로드킬(roadkill)'이라고 한다.

고양이 습성과의 관계

고양이는 새와 쥐 등 움직이는 동물에 본능적으로 반응한다. 또 야생성이 아니라 새벽이나 해가 저무는 저녁나절에 행동하는 습성이 있다. 도시는 차량이 많고 길도 좁아 교통사고 빈도가 높아질 수밖에 없다.

사람과 환경에 적응하면 사고도 증가

도시에서는 집 안에서만 고양이를 키우는 가정이 늘고 있다. 사람과 함께 지내는 시간이 많아져 낯선 사람도 두려워하지 않는다. 외출했을 때 차량 등 움직이는 대상을 보고도 놀라지 않아 로드킬이 벌어질 수 있다.

고양이는 왜 영역 의식이 강할까?

|고양이의 마킹 이야기|

고양이는 기본적으로 한 마리씩 행동하며
냄새 진한 소변으로 영역을 표시한다.

세 가지만 알면 나도 동물학자!

고양이는 자기 영역을 정기적으로 순찰

고양이는 경쟁을 피하려고 정기적으로 자기 영역을 순찰한다. 서로의 행동 영역을 존중하고 적절한 거리를 유지하며 생활한다. 안전하다고 여겨지는 집 안에서도 돌아다닌다. 이는 단독 행동하는 고양이에게 중요한 행동 양식이다.

냄새 지독한 고양이 소변

개보다 후각이 떨어지는 고양이의 소변은 몸 밖으로 분비되는 성분의 냄새가 강하다. 영역을 알리려고 마킹할 때는 약간 높은 곳에서 분무기로 뿌리듯 소변을 분사하는데, 뿌리는 방향을 조절할 수도 있다.

기본 배뇨 자세

고양이도 집회를 연다

동네마다 고양이들끼리 모이는 장소가 있고 거기에 고양이들이 옹기종기 모여 있는 모습을 볼 수 있다. 영역 의식이 강하지만, 불필요한 다툼을 방지하고 확인하기 위한 모임이다. 그러나 회의 목적이 아니라서, 모임 내내 거리를 두고 오도카니 떨어져 앉아 있다.

기본 마킹 자세

고양이는 왜 뜨거운 음식을 잘 못 먹을까?

|뜨거운 것을 못 먹는 고양이 이야기|

고양이 말고도 '뜨거운 음식에 약한' 야생동물이 많다.

세 가지만 알면 나도 동물학자!

야생동물은 체온보다 뜨거운 먹이를 먹지 않는다

야생동물의 체온은 섭씨 38도 정도다. 기본적으로 야생동물은 자기 체온보다 뜨거운 먹이를 먹지 않는다. 그래서 고양이뿐 아니라 다른 동물도 뜨거운 음식을 잘 먹지 못한다. 인간이 뜨거운 음식을 먹을 수 있게 된 것은 가열 조리 기술이 생겼기 때문이다.

고양이는 코로 온도를 느낀다

고양이는 혀로 온도를 잘 느끼지 못한다. 대신 코로 들이마신 공기로 온도를 판단해 섭씨 0.5도의 온도 변화도 민감하게 알아챈다. 새끼 고양이가 어미의 젖꼭지를 찾을 때도 코로 체온을 감지한다.

고양이는 미각이 발달

고양이는 인간과 마찬가지로 맛을 느끼는 미각기가 있다. 하지만 인간과 달리 단맛은 느끼지 못한다. 원래 완전 육식인 고양이는 과일에 들어 있는 당분을 느끼는 감각이 중요하지 않기 때문이다.

아이아이가 원숭이의 일종으로 밝혀졌다는데?

|아이아이 이야기|

세 가지만 알면 나도 동물학자!

'원숭이'란 무엇일까?

생물을 공통되는 특징을 지닌 종류(계통)끼리 분류할 경우, 원숭이는 동물계-척삭동물문-포유강-영장목(원숭이)에 속하며, 다시 과, 속, 종으로 세세하게 분류된다. 일반적으로 원숭이는 영장목 중에서 사람 이외 동물을 가리킨다. 사람도 영장목이다. 사람은 침팬지와 보노보노와 같은 조상인 호미니드(Hominid)에서 갈라져 나왔다.

아이아이의 특징

영장목 아이아이과 아이아이속으로 분류되며, 마다가스카르섬의 고유종이다. 평생 계속 자라는 앞니와 툭 튀어나온 주둥이 때문에 다람쥐처럼 보이지만, 원숭이의 특징인 길쭉한 손가락과 넓적한 손톱을 가지고 있다.

DNA를 조사하면 근연관계도 알 수 있다

게놈 해독이라는 기법을 통해 부모에서 자식으로 이어져 내려온 유전 정보를 알 수 있다. 이 연구에서 유전 정보를 세세하게 분류한 결과 아이아이는 원숭이 종류였다.

얼룩말은 맨살에도 얼룩무늬가 있을까?

| 얼룩말의 무늬 이야기 |

얼룩말의 얼룩무늬는 털 때문이고, 피부는 새까맣다.

세 가지만 알면 나도 동물학자!

털색과 피부색을 결정하는 색소

털과 피부는 다른 기관이다. 각각에 존재하는 색소 세포가 만드는 색소의 양에 따라 색깔이 다르게 나타난다. 얼룩말은 온몸의 피부에서 색소가 만들어져 맨살은 까무잡잡하다. 털에도 색소 세포가 있어 색소가 만들어지지 않는 부위에서는 하얀 털이 난다.

얼룩말의 얼룩무늬가 가진 이점

얼룩말은 주로 열대 지역에서 무리 지어 생활한다. 얼룩무늬는 주위 풍경에 동화되고 집단 동일성을 유지해주는 이점이 있다. 햇빛을 흡수하고 열을 내보내 체온 조절에도 유리하다.

감염병으로부터 몸을 지키는 얼룩무늬 방어복

얼룩말 서식지에는 치명적인 감염병을 옮기는 흡혈 파리가 사는데, 이 흡혈 파리는 얼룩무늬에 약해 얼룩말은 감염되지 않는다. 만약 검은 소에 하얀 줄무늬를 그리면 흡혈 곤충의 피해가 줄어든다. 얼룩무늬는 개체와 종을 지키기 위해 환경에 적응하며 진화한 것이다.

털색이 바뀌는 포유동물이 있다고?

| 털색의 변화 이야기 |

털색이 바뀌는 포유동물이 있는데, 털색이 바뀌는 원인은 다양하다.

세 가지만 알면 나도 동물학자!

자연계에서 살아가기 위한 생존 비결

많은 생물이 자연계에서 살아남기 위해 치열하게 투쟁한다. 포식자는 사냥감 몰래 다가가려고, 피식자는 적을 속이기 위해 자연의 풍경에 녹아들어 들키지 않으려 애쓴다.

여름 털 vs. 겨울 털

계절에 따라 털 색깔이 다른 동물이 있다. 여름용 갈색 털은 겨울철 눈 속에서 눈에 잘 띄기 때문이다. 북방족제비와 토끼 등이 대표적이다. 긴 세월에 걸쳐 획득한 생태라서 눈이 내리지 않아도 겨울에는 털이 하얗게 변한다.

신비한 유전자

샴고양이는 온도 감수성 유전자를 지닌 대표적인 종류다. 체온이 높은 새끼 고양이 때는 털이 새하얀색이었다가 성장하면서 색이 바뀐다. 그러나 기온이 높은 지역에서는 성장해도 털이 하얀색이고 기온이 낮은 지역에서는 짙은 색이 되는 경향이 있다.

사향땃쥐는 왜 꼬리에 꼬리를 물고 줄 지어 이동할까?

|본능 행동 이야기|

사향땃쥐는 다른 생물에게 세력을 과시해서 몸을 지키기 위해 줄 지어 이동한다.

세 가지만 알면 나도 동물학자!

사향땃쥐의 캐러밴 행동

사향땃쥐는 작은 두더지를 닮은 포유류다. 옆구리에서 사향과 비슷한 독특한 냄새를 풍겨 '사향땃쥐'라는 이름이 붙었다. '집땃쥐', '아시아집땃쥐'라고도 부른다. 캐러밴 행동은 새끼가 어미의 꼬리를 물고 새끼들을 굴비 두름 엮듯 줄 지어 이동하는 것을 말한다.

합체(줄서기)로 변신?

줄서기는 다른 동물로 변신한 모습이다. 사향땃쥐는 벨벳처럼 부드러운 털이 온몸을 골고루 덮고 있다. 눈이 작고 납작한 몸통에 발바닥 전체를 사용해서 걷는다. 합체해서 달리면 길고 큰 동물이 이동하는 것처럼 보여 다른 동물들이 놀란다.

화가 가와하라 게이가(川原慶賀)가 그린 사향땃쥐(집땃쥐)

본능에 깃든 몸을 지키는 지혜

새끼가 젖 뗄 무렵까지 합체 행동을 보인다. 작은 동물이 적으로부터 몸을 지키기 위한 행동으로 추정된다. 젖을 떼고 독립해서 미아가 되지 않기 위해서라는 등 다양한 가설이 있다.

하늘다람쥐와 날다람쥐의 차이는?

|하늘다람쥐와 날다람쥐 이야기|

하늘다람쥐와 날다람쥐는 용모도 다르지만, 가장 다른 점은 몸집의 크기다.

세 가지만 알면 나도 동물학자!

하늘다람쥐와 날다람쥐의 공통점

하늘다람쥐와 날다람쥐는 모두 다람쥐과에 속하는 잡식성, 야행성 설치류다. 둘 다 피막으로 바람을 맞아 활공하는데, 피막 형태가 약간 다르다. 하늘다람쥐는 앞뒤 다리 사이에, 날다람쥐는 뒷다리와 꼬리 사이에도 피막이 발달했다.

서식하는 지역

날다람쥐는 일본과 중국, 하늘다람쥐는 전 세계에서 확인되고 있다. 하늘다람쥐는 해발고도가 높은 지역에서 집단으로 지내고, 날다람쥐는 산기슭에서 단독으로 서식한다. 날다람쥐는 잎을 접어서 먹는 특징이 있다.

하늘다람쥐

바람을 받아서 활공한다

하늘다람쥐는 '하늘을 나는 손수건', 날다람쥐는 '하늘을 나는 보자기'라는 비유가 있다. 하늘다람쥐는 손바닥 위에 올려놓을 수 있을 정도로 아담하고, 날다람쥐는 고양이 정도 크기다. 날다람쥐는 옆머리에서 복부로 이어지는 부분의 털이 하얀색이다.

날다람쥐

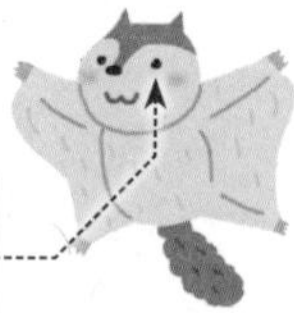

얼굴에 비해 눈이 커다랗다.

코끼리는 매머드에서 진화했을까?

|코끼리와 매머드 이야기|

코끼리와 매머드는 같은 조상에게서 진화 도중에 갈라져 나왔다.

세 가지만 알면 나도 동물학자!

매머드가 뭘까?

매머드라고 하면 털이 길고 커다랗고 휘어진 상아를 가진 털매머드를 상상한다. 그러나 그 밖에 콜롬비아매머드, 황제매머드, 스텝매머드, 남부매머드 등 여러 종류가 있다.

코끼리도 멸종위기종

매머드는 포유강 장비목 코끼리과 코끼리족 맘무투스속 코끼리를 아울러 이르는 명칭이다. 160종이 넘는 코끼리의 화석이 발견되었다. 현재는 아프리카코끼리와 둥근귀코끼리, 아시아코끼리만 남아 있다. 세 종류 모두 멸종위기종이다.

멸종위기종을 교배한 하이브리드

현존하는 코끼리의 조상과 매머드의 조상이 같은 시대에 살아 교잡으로 진화했다고 여겨진다. 최근 멸종위기종인 아시아코끼리와 털매머드의 DNA로 북극권 기후에 적응한 하이브리드 코끼리를 만드는 연구가 진행되고 있다.

다람쥐는 왜 겨울잠을 잘까?

|다람쥐의 겨울잠 이야기|

다람쥐는 신체를 회복하기 위해 겨울잠을 잔다.

세 가지만 알면 나도 동물학자!

초저체온으로도 견디는 에너지 효율이 높은 체질

겨울잠을 자는 동안 다람쥐의 심박수와 호흡은 극도로 억제되고, 대사는 평소의 50분의 1 이하로 떨어진다. 그러나 겨울잠 모드로 변신한 신체 구조 덕분에 혈액 속에 충분한 산소가 공급되어 건강을 유지할 수 있다.

겨울잠 유도 촉진제라는 특별한 단백질

체내에서 만들어지는 겨울잠 유도 촉진 단백질(HP)의 양은 연주 리듬으로 조절되며, 혈액을 따라 온몸으로 운반된다. HP가 대량 유입되면 뇌는 온몸에 겨울잠 준비 명령을 내린다.

겨울잠 자는 다람쥐

다람쥐는 기온이 섭씨 15도 이하로 내려갈 무렵 겨울잠에 들어간다. 겨울잠을 자는 동안 며칠에서 열흘에 한 번씩 각성해 배설하거나 먹이를 먹는다. 연주 리듬이 규칙적으로 조절되어 자는 기간이 긴 개체가 장수하는 경향이 있다.

포유류의 뇌는 다른 동물과 어떻게 다를까?

|포유류의 뇌 이야기|

포유류의 뇌에는 신피질이 있어
다른 동물보다 더 정교하게 작동한다.

세 가지만 알면 나도 동물학자!

뇌는 신경 기관이 부풀어서 생겼다

뇌의 기본적 구조는 진화 단계가 오래된 생물에서 새로운 생물로 갈수록 기능이 서서히 추가되었다. 포유류의 뇌는 파충류의 뇌에 신피질이 추가된 구조다.

포유류는 대뇌가 크다

토끼, 고양이 등 포유류도 대뇌가 크다. 인간만큼 고도로 발달하지는 않았어도 감각과 운동 능력이 발달했다. 어류, 양서류, 파충류는 생존에 필요한 뇌간과 소뇌를 중심으로 본능적으로 행동하도록 만들어진 구조다.

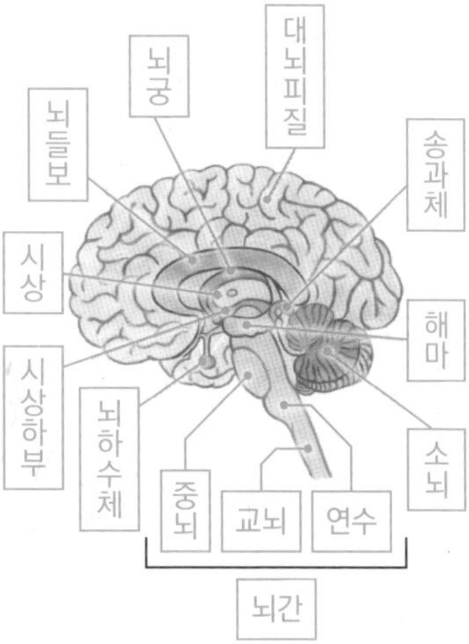

뇌간과 소뇌를 감싸는 대뇌

사람의 뇌에서 가장 바깥에 있는 대뇌는 뇌에서 가장 큰 부분을 차지한다. 뇌 전체를 감싸듯 차곡차곡 접혀 있는 대뇌피질은 부위에 따라 감각, 운동, 언어 기능과 같은 여러 가지 기능을 수행한다. 중뇌, 교뇌, 연수로 이루어진 뇌간은 호흡 등 생명 활동을 유지하는 가장 기본적인 역할을 한다.

Day 296

지구 역사상 가장 오래된 영장류 화석이 쥐와 다람쥐를 닮은 포유동물이었다고?

| 영장류의 탄생 이야기 |

영장류의 조상은 다람쥐처럼
나무 위에서 생활하며 과일을 먹고 살았다.

세 가지만 알면 나도 동물학자!

6,590만 년 전에 영장류의 조상이 살았다

미국에서 발견된 '푸르가토리우스 매케에베리(*Purgatorius mckeeveri*)'는 가장 오래된 영장류 화석으로 추정된다. 쥐와 다람쥐를 닮은 작은 포유류의 화석으로, 6,590만 년 전에 살았던 것으로 추정된다.

나무 열매를 으깨기 쉬운 치아

같은 시대에 살았다고 여겨지는 소형 포유류 대부분은 곤충을 먹기 쉽도록 송곳니가 발달한 치아를 가지고 있었다. 그런데 발견된 푸르가토리우스 화석은 어금니가 커서 열매를 으깰 수 있었다. 나무 위에 살면서 열매를 먹고 나뭇가지를 건너다니며 생활했다고 추정된다. 푸르가토리우스가 먹은 과일의 씨앗이 배설물로서 여기저기 분포 지역을 확장했을 것이다.

공룡과 함께 살았다?

이 화석을 통해 6,580만 년 전에 일어난 소행성 충돌 위기를 극복하고 살아남았다는 사실이 밝혀졌다.

푸르가토리우스를 본뜬 실루엣

사람과 원숭이는 언제 DNA가 갈라졌을까?

|인류의 탄생 이야기|

700만 년 전 아프리카에서 살던 원숭이 종류가
인간의 조상으로 여겨진다.

세 가지만 알면 나도 동물학자!

1,200만 년 전에 고릴라와 분기

약 6,600만 년 전에 등장한 초기 영장류(영장목)는 1,500만 년 전에 오랑우탄과 고릴라·사람·침팬지 그룹으로 분기했다. 그리고 1,200만 년 전에 고릴라와 사람·침팬지로 갈라졌다.

700만 년 전에 침팬지와 분기

사람은 침팬지, 보노보와 공통 조상에서 약 700만 년 전에 갈라져 나온 것으로 추정된다. 현재 가장 오래된 인류 화석은 2001년 차드의 주라브 사막에서 발견된 '투마이 화석'이다.

【사람과 유인원의 계통도】

유전 정보로 분기 연대 추정

모든 생물의 세포에는 DNA가 있다. DNA는 유전 정보를 부모에게서 자식으로 전달한다. DNA의 차이를 분석하면, 해당 종이 언제 갈라져 나왔는지 추정할 수 있다. 사람의 DNA 정보를 여러 원숭이와 비교해서 분기 연대를 알아냈다. DNA 등 분자의 차이로 분기 연대를 추정하는 방법을 '분자시계'라고 한다.

가장 오래된 초기 인류의 화석 사헬란트로푸스 차덴시스의 실체는?

|투마이 원인 이야기|

지금까지 발견된 화석 중 가장 오래된 것은
투마이 화석이라고도 부르는 사헬란트로푸스 차덴시스다.

세 가지만 알면 나도 동물학자!

초기 인류 사헬란트로푸스 차덴시스

2001년 프랑스 연구 팀이 아프리카에서 발견한 머리뼈가 약 680만~700만 년 전 인류의 화석으로 밝혀졌다. 발견지인 차드 북부와 사헬의 지명을 따서 '사헬란트로푸스 차덴시스(*Sahelanthropus tchadensis*)'라고 이름 붙였다. 같은 지층에서 발견된 여러 동물 화석을 통해 연대를 추정했다.

투마이 머리뼈라 불린 화석

이 화석이 발견된 초기에는 '투마이 두개골 화석'이라고 불렸다. '투마이(Toumai)'란 현지 언어로 '생명의 희망'을 뜻한다. '사헬란트로푸스 차덴시스'라고 정식 이름이 붙은 뒤에도 투마이는 애칭이 되었고, 한자 문화권에서는 투마이 원인(猿人)으로 알려지기도 했다.

사헬란트로푸스 차덴시스의 특징

머리뼈는 키 130센티미터가량의 남성으로, 눈두덩이가 툭 튀어나왔다는 특징이 있다. 뼈의 특징을 바탕으로 직립 이족 보행을 했다는 가설이 나왔다.

인류는 다른 동물과 신체 구조가 어떻게 다를까?

|직립 이족 보행 이야기|

인류는 직립해서 두 발로 걸을 수 있는 골격을 가졌다.

세 가지만 알면 나도 동물학자!

직립 이족 보행에 적합한 머리뼈 형태

사람은 머리뼈부터 수직으로 척추가 뻗어 있다. 머리뼈 바로 아래에 등뼈와 이어지는 큰후두구멍이 있다. 이것은 직립 이족 보행에 적합한 구조다. 아래 그림에서 침팬지와 비교하면 차이를 확연히 알 수 있다.

내장을 받치기 위해 옆으로 벌어진 골반

골반도 직립 자세로 내장을 떠받칠 수 있도록 크게 옆으로 튀어나온 형태다. 전체적으로 대접이나 사발 모양이다. 사람의 튀어나온 엉덩이도 골반 형태에서 영향을 받은 것이다.

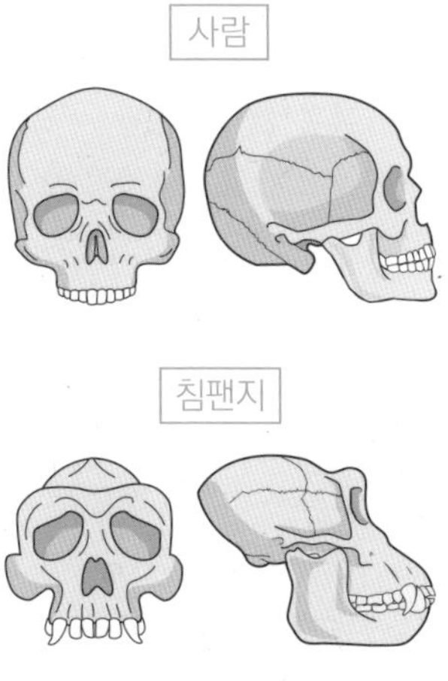

이족 보행으로 생긴 단점

이족 보행을 하면 머리가 커지고 손(앞발)이 자유로워진다는 이점이 있다. 특히 큰 머리는 지능 발달에 필수 요소다. 그러나 위하수, 요통, 난산 등 다른 동물에 없는 증상이 나타난다는 단점도 있다. 참고로, 사람은 몸에 굵은 털이 거의 나지 않는다는 점도 원숭이와 큰 차이점이다.

318만 년 전 오스트랄로피테쿠스 아파렌시스의 뼈 구조가 현재 인류와 일치한다는데?

|인류의 조상 이야기|

호모 사피엔스 이전 인류의 조상으로는
아르디피테쿠스와 오스트랄로피테쿠스, 네안데르탈인 등이 있었다.

세 가지만 알면 나도 동물학자!

아르디피테쿠스 라미두스

1992년 에티오피아에서 발견된 원인 아르디피테쿠스 라미두스(*Ardipithecus ramidus*)의 전신 골격은 440만 년 전 여성이었다. '아르디'라는 애칭으로 불렸다. 전신이 밝혀진 가장 오래된 화석으로 지금도 중요한 의미가 있다.

오스트랄로피테쿠스 아파렌시스

1974년 에티오피아 동부에서 발견된 318만 년 전 화석 오스트랄로피테쿠스 아파렌시스(*Australopithecus afarensis*)는 '루시'라는 이름이 붙은 여성이었다. 키는 110센티미터, 몸무게는 30킬로그램가량으로 머리와 허리, 다리뼈의 특징이 현재 인류와 일치했다.

네안데르탈인

네안데르탈인은 약 80만 년 전부터 4만 년 전까지 유라시아에서 살았던 인류로 호모 네안데르탈렌시스(*Homo neanderthalensis*)라는 사람속의 일종이다. 수준 높은 문화와 기술을 가져 호모 사피엔스와 교류했다고 추정된다.

호모 사피엔스는 언제 등장했을까?

|현생 인류 이야기|

호모 사피엔스는 약 20만 년 전
아프리카에 처음 나타났다.

세 가지만 알면 나도 동물학자!

20만 년 전 하이델베르크인에서 분화

20만 년 전 하이델베르크인(*Homo heidelbergensis*)에서 갈라져 나와 아프리카에 처음 등장한 호모 사피엔스는 서서히 아프리카를 벗어났다. 고대 인류는 아프리카에서 두 차례 이동했는데, 호모 사피엔스는 두 번째 원정 때 아프리카를 벗어난 인류였다. 인류의 기원이 아프리카라는 설이 거의 정설로 받아들여지고 있다.

네안데르탈인과의 관계

네안데르탈인과 호모 사피엔스의 동료인 자바 원인과 베이징 원인이 최초로 아프리카를 벗어나 다른 세계로 퍼져 나갔다. 그 후 네안데르탈인은 호모 사피엔스와 서아시아에서 만났다.

【인류의 진화와 분포 과정】

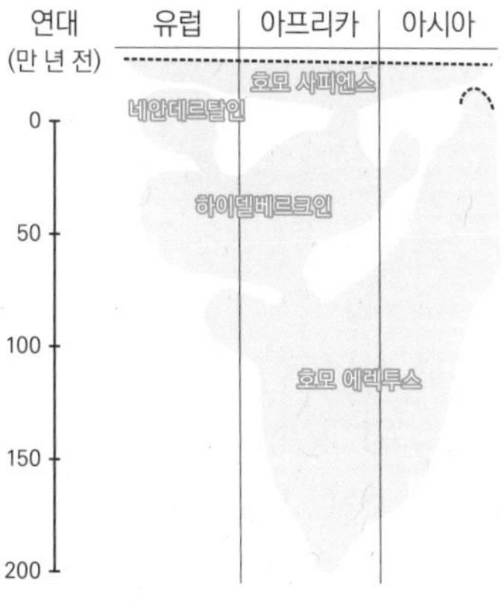

우리 몸 안에 네안데르탈인의 유전자도

네안데르탈인과 만난 호모 사피엔스는 그들과 교잡(交雜)하기도 했다. 그 결과 네안데르탈인 유전자가 호모 사피엔스 유전자에 남아 있는 증거가 발견되고 있다.

Day 302 별난 동물 | 거북

거북 등딱지를 몸에서 떼어낼 수 있을까?

|거북 등딱지 이야기|

거북 등딱지는 목에서 이어진 뼈와 갈비뼈가
합체된 구조라서 떼어낼 수 없다.

세 가지만 알면 나도 동물학자!

거북 등딱지는 등뼈와 갈비뼈가 합체된 구조

거북의 뼈는 목뼈에서 등딱지로 연결되어, 꼬리까지 하나로 이어져 있다. 등딱지 안에는 내장과 근육, 뼈가 들어 있다. 거북은 다른 동물과 달리 등딱지(갈비뼈) 안에 어깨뼈(견갑골)가 들어 있는 무척 특이한 동물이다.

등딱지는 비늘이 진화한 것

겉보기에는 네발과 머리, 꼬리에만 비늘이 있는데, 알고 보면 등딱지도 비늘이다. 등딱지 뼈 위에 각질로 이루어진 색이 들어간 비늘 63장이 앞뒤로 붙어 있다. 등딱지와 네발의 비늘에는 나무의 나이테 같은 무늬가 생긴다.

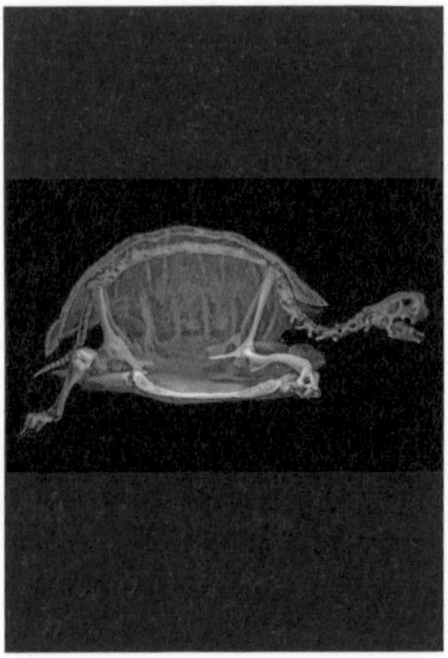

2층 구조로 되어 있다

등딱지는 뼈와 각질의 2층 구조로 되어 있다. 뼈끼리 서로 갈라진 틈과 각질이 갈라진 부분은 다른 부위라서 등딱지가 잘 망가지지 않는다. 또 등딱지 이음매는 가늘고 톱날처럼 들쭉날쭉한 모양이라서 쉽사리 떼어낼 수 없다. 거북의 각질층은 봄 무렵에 탈피한다.

거북은 목을 어떻게 움츠릴까?

|거북의 목 움츠림 이야기|

거북은 등딱지 안에서 등뼈부터 목으로 뻗은 근육을 잡아당겨 목을 S자로 만든다.

세 가지만 알면 나도 동물학자!

바다거북은 목을 움츠릴 수 없다

육지거북은 위험한 상황이 닥치면 목과 다리를 잡아당겨 동그랗게 몸을 말듯이 움츠려 등딱지 안에 몸을 숨긴다. 반면 바다에 사는 바다거북은 위험에 노출될 상황이 적고, 만약 위험한 동물이 다가오더라도 멀리 헤엄쳐서 도망칠 수 있다.

목을 움츠릴 수 있는 거북

목을 등딱지 안으로 움츠릴 수 있는 거북은 등~배 부분부터 목으로 발달한 무수한 근육이 붙어 있다. 그 근육 가운데 하나가 목을 S자로 구부리는 부분에 연결되어, 힘을 주어 수축시켜 등딱지 안으로 집어넣는다.

북부뱀목거북

S자로 목을 움츠릴 수 있는 거북

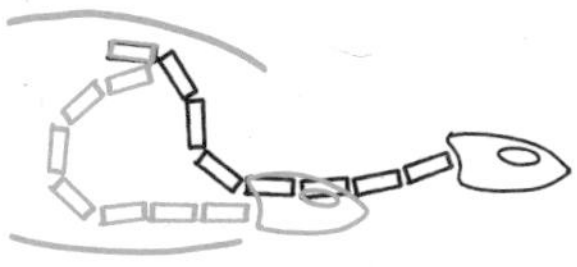

목을 움츠릴 수 없는 거북

북부뱀목거북은 목이 너무 길어 집어넣을 수 없다. 그래서 머리~목을 등딱지와 앞다리 사이에 바짝 붙인다. 자라는 모래 속으로 파고 들어가서 몸을 숨긴다. 등딱지가 움직여 다리와 머리까지 등딱지 안으로 집어넣을 수 있는 상자거북도 있다.

거북은 왜 돌 위에 올라가 있기를 좋아할까?

거북의 체온 조절 이야기

거북이 돌 위에 올라가 있는 것은
체온을 높여 움직일 준비에 나서기 위해서다.

세 가지만 알면 나도 동물학자!

기온과 수온이 내려가면 에너지 소비를 줄인다

파충류는 변온동물이어서 주위 온도에 영향을 받아 체온이 변한다. 수온이 내려갈 때는 움직일 수 없어 자동으로 에너지 소비를 최소한으로 줄여 생존율을 높인다.

체온을 높이는 비결

봄·가을이나 수온이 내려가는 날이 이어질 무렵에는 돌 위나 콘크리트 위처럼 햇볕으로 따스하게 데워진 장소에 올라가서 몸을 녹인다. 햇볕을 등에 직접 받으면 체온이 올라간다.

체온 이외의 이유

일광욕으로 외부의 기생충과 곰팡이를 제거한다. 등딱지를 만들 때 칼슘을 흡수하기 위해 비타민을 체내에서 합성하는 과정에도 자외선이 꼭 필요하다. 일광욕을 충분히 하지 않으면 등딱지 등이 말랑말랑한 병에 걸리거나 식욕 부진이 나타날 수 있다. 겨울잠 기간에는 물속에서 피부 호흡만으로 살 수 있다.

Day 305

갈라파고스땅거북 허리엇이 176년 동안이나 살았다고?

|거북의 수명 이야기|

거북의 수명은 종에 따라 다르지만 사람과 비슷한 수준이다.

세 가지만 알면 나도 동물학자!

에너지 효율 등급이 높은 생활

거북은 느긋하게 생활한다. 느릿느릿 움직이며 체온이 외부 기온에 따라 바로 변동해 불필요한 세력 소모가 없다. 다만 정확한 생태는 연구 중이라서 아직 밝혀지지 않은 부분도 있다.

종류에 따라 수명이 다르다

육지 거북 중에서 가장 장수하는 갈라파고스땅거북은 야생에서도 100년 이상 산다. 매부리바다거북은 30~50년, 붉은바다거북은 70~80년 정도로 추산된다. 1835년 찰스 다윈이 갈라파고스 제도에서 포획한 갈라파고스땅거북 허리엇의 수명은 약 176년으로 추정된다.

등딱지로 나이를 알 수 있다

거북의 나이는 등딱지의 나이테처럼 생긴 요철의 수로 대강 가늠할 수 있다. 거북의 등딱지는 조금씩 커져 탈피하는데, 겨울철에 먹이가 없으면 성장을 멈춘다. 성장을 멈춘 시기에 올록볼록한 요철이 생긴다.

Day 306

바다거북이 물속이 아닌 육지에 알을 낳을 수밖에 없는 절박한 이유는?

| 거북의 산란 이야기 |

알도 호흡하지 않으면 생존할 수 없기 때문에, 거북은 육지에 알을 낳는다.

세 가지만 알면 나도 동물학자!

알도 호흡한다

바다거북의 알은 하얗고 탁구공만 한 크기다. 알 표면에 기공이라는 작은 구멍이 수없이 나 있다. 산소를 받아들여 알 속에서 호흡으로 발생한 이산화탄소를 알 밖으로 배출하기 위한 구멍이다.

적절한 수분을 머금은 모래밭에 산란

알이 흡수하는 산소는 소량의 물에 녹아 있지 않으면 쓸 수 없어, 어미 바다거북은 수분이 적절한 모래밭에 알을 낳는다. 염분 농도가 너무 높거나 너무 건조해도 알이 죽는다.

산란 중인 어미 거북은 자기 몸속에서 염분 조절

흔히 산란 중인 어미 거북이 눈물을 흘린다고 하는데, 사실은 '염류샘'이라는 기관에서 염분 농도를 조절해 불필요한 염분을 몸 밖으로 배출하는 것이다. 염류샘에서는 바닷물 농도보다 2배 높은 염수를 내보낼 수 있다. 바닷새와 바다오리는 식사할 때 바닷물을 삼키기 때문에 염류샘을 가지고 있다.

육지거북과 바다거북은 무엇이 다를까?

|거북의 생활 이야기|

육지거북과 바다거북은 생김새도 다르고 생활 장소도 다르다.

세 가지만 알면 나도 동물학자!

육지거북의 생활

육지거북은 주로 따뜻한 지방의 건조한 지역에서 생활한다. 풀이 주식이고 때로 과일을 먹는다. 겁 많은 개체가 많아 바로 목을 움츠리고, 다리에 있는 까슬까슬하고 단단한 비늘로 몸을 지킨다.

바다거북의 생활

산란기 외에는 줄곧 바다에서 생활한다. 바닷속에서 해초와 해면, 해파리, 갑각류 등을 잡아먹는다. 특수한 형태인 네 개의 다리로 노처럼 물을 휘저어 헤엄친다. 하지만 다리를 등딱지 안에 집어넣을 수는 없다. 바다거북 외에 노처럼 생긴 네 다리를 가진 종으로는 돼지코거북이 있다.

육지거북

생활에 적합한 등딱지 형태

바다거북은 헤엄칠 때 물의 저항이 덜 생기도록 등딱지가 거의 평평한 모양이다. 반면 육지거북은 돔처럼 생긴 등딱지를 가진 종류가 많은데, 포식자에게서 몸을 지키기 위한 구조다.

바다거북

주변 온도가 거북의 암수를 결정한다고?

| 거북의 성별 이야기 |

거북은 알 주위 모래의 온도가 섭씨 29.5도
이상이면 암컷이 될 확률이 높다.

세 가지만 알면 나도 동물학자!

온도로 성별 결정

바다거북의 알은 주위에 있는 모래의 온도가 섭씨 29.5도 이상이면 암컷이 될 확률이 높아지고, 그 이하면 기본적으로 수컷이 된다. 이를 '온도 의존성 결정'이라고 한다. 일반적으로는 유전자에서 성별을 결정하는데, 바다거북은 주변 온도가 성별을 결정한다. 거북의 성별은 꼬리 길이로 알 수 있다.

바다거북의 99퍼센트가 암컷

오늘날에는 전 지구적으로 온난화가 진행되어 호주에 서식하는 바다거북의 99퍼센트가 암컷이다. 이렇게 암컷만 많이 태어나면 암수가 교미할 기회가 줄어들어 개체 수가 감소할 수밖에 없다.

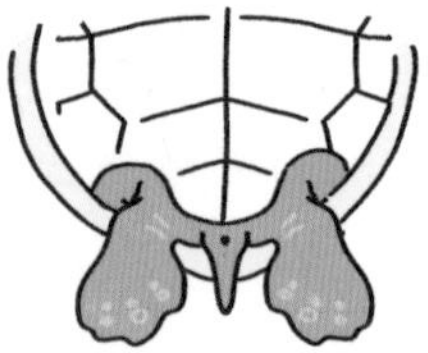

암컷

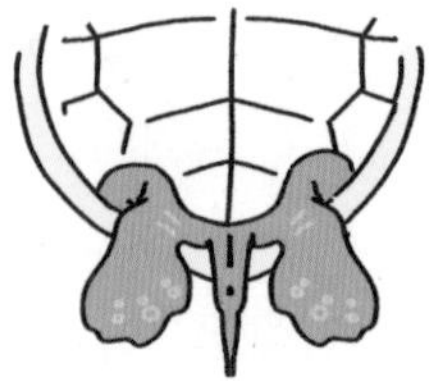

수컷

종 보존에 중요한 정보

일부 파충류와 어류는 온도 의존성 결정으로 성별이 정해진다. 이러한 사실을 알아야 종 보존과 조사, 연구에 중요한 참고 자료로 사용할 수 있다. 사육할 때도 번식에 적합한 암수 비율을 맞출 수 있어 종 보존에 도움이 된다.

Day 309 무척추동물 | 신비한 동물

달팽이 껍데기를 떼어내면 민달팽이가 될까?

달팽이와 민달팽이 이야기

달팽이와 민달팽이는 서로 다른 동물이라서 달팽이 껍데기를 떼어내도 민달팽이가 되지는 않는다.

세 가지만 알면 나도 동물학자!

달팽이와 민달팽이는 복족류(고둥)

달팽이와 민달팽이의 조상은 둘 다 육지에 올라온 고둥이다. 내장의 생김새는 대체로 같고 껍데기의 유무만 차이 난다. 달팽이에게 껍데기는 몸의 중요한 일부분이다. 소라게처럼 입었다 벗었다 할 수 없고, 껍데기 안에는 내장이 꽉 들어차 있다.

민달팽이도 조개일까?

민달팽이도 고둥의 일종이다. 달팽이는 고둥에게서 껍데기를 그대로 물려받았지만, 민달팽이는 껍데기가 퇴화했다. 껍데기가 없어 몸놀림이 가벼워 좁은 틈 사이로도 파고들 수 있다. 몸속에 껍데기의 흔적이 남아 있는 민달팽이 종류도 있다.

달팽이 껍데기를 떼어내면 어떻게 될까?

달팽이 껍데기는 몸의 일부라서 떼어내면 달팽이가 살 수 없다. 억지로 떼어내면 바스러지며 내장이 튀어나올 수 있다. 달팽이를 위해서라도 껍데기를 떼어내지 말자!

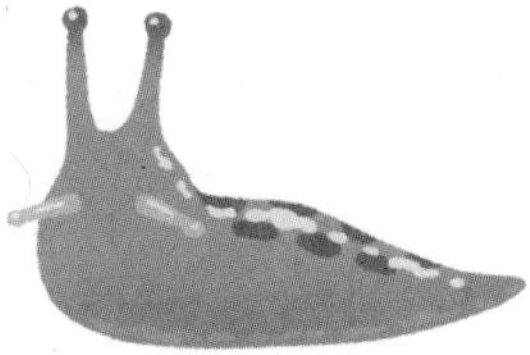

민달팽이에 소금을 뿌리면 어떻게 될까?

| 민달팽이와 소금 이야기 |

민달팽이에 소금을 뿌리면 몸속에서 수분이 빠져나가 쪼그라든다.

세 가지만 알면 나도 동물학자!

배추를 소금에 절이는 것과 같은 원리

배추와 같은 채소를 소금에 절이면 수분이 빠져나가며 숨이 죽는다. 이와 마찬가지로 민달팽이에 소금을 뿌리면 몸에서 수분이 빠져나가 쪼그라든다. 빠져나온 수분에 소금이 녹아 끈적끈적해져 민달팽이가 흐물흐물하게 녹아내린 것처럼 보인다.

소금을 뿌리면 왜 수분이 빠져나갈까?

소금을 뿌리면 몸 바깥의 염도가 더 높아져 몸 안에서 수분이 빠져나온다. 반대로 소금기가 없는 맹물을 민달팽이에게 끼얹으면 몸속 염도가 올라가면서 수분이 스며들어 축축해진다. 민달팽이는 맹물에 강해 실제로는 빗물 등에 노출되어도 눅눅해지지 않는다.

설탕을 뿌리면 어떻게 될까?

민달팽이에 설탕을 뿌려도 소금과 마찬가지로 수분이 빠져나가 쪼그라든다. 같은 양일 경우 설탕보다 소금을 뿌릴 때 수분이 훨씬 잘 빠져나간다.

Day 311

지렁이는 왜 도로에서 말라비틀어질까?

| 지렁이 이야기 |

비가 내리거나 너무 더우면 답답해서 지렁이가 땅속에서 기어 나오기 때문이다.

세 가지만 알면 나도 동물학자!

지렁이는 피부로 호흡한다

지렁이는 갯지렁이, 거머리와 같은 환형동물이다. 이 부류는 몸속에 폐가 없고 피부로 호흡한다. 그래서 비가 내려 땅속으로 빗물이 스며들면 답답해서 땅 밖으로 기어 나온다.

지렁이는 체온을 조절할 수 없다

지렁이는 땅속에서 사는데, 속으로 파고 들어갈 수 있는 깊이는 고작 20센티미터 정도다. 더 깊이 들어가면 공기가 부족해서 호흡할 수 없다. 그래서 직사광선이 내리쬐어 지면이 뜨겁게 달궈지면 참을 수 없어 지상으로 도망친다. 북미 대륙 북부 등 추운 지역에서는 지렁이가 침략적 외래종이다.

【지렁이의 복부】

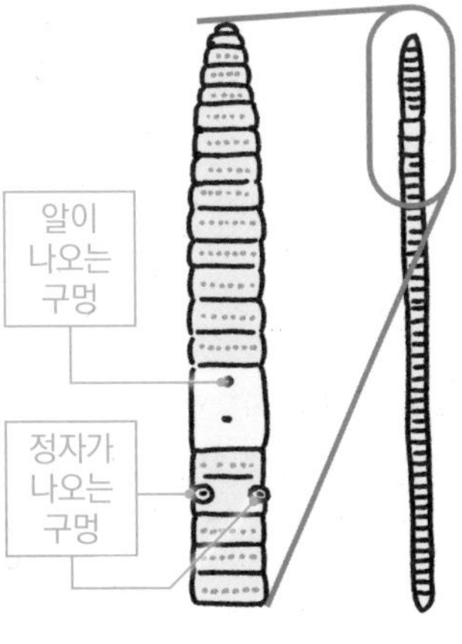

지렁이는 눈이 없다

지렁이는 피부로 빛을 느낄 수는 있지만 눈이 없어 주위 상황을 정확하게 파악할 수 없다. 그래서 지상으로 나오면 파고 들어갈 장소가 없어 그대로 말라비틀어진다.

Day 312

기생충은 어떤 벌레일까?

|기생충 이야기|

기생충은 숙주 표면에 들러붙어 몸속으로 파고 들어가서 사는 생물이다.

세 가지만 알면 나도 동물학자!

숙주의 먹이를 가로챈다

숙주는 기생충의 보금자리가 되는 동물을 가리킨다. 기생충은 종류마다 다양한 숙주에 기생한다. 숙주의 몸에서 나오는 때를 먹거나 숙주가 먹은 먹이를 가로채 살아간다. 기생충은 숙주 없이는 살 수 없다.

기생충의 종류

큰 종류부터 작은 종류까지 모양이 다양하다. 벼룩과 진드기 같은 절지동물부터 실이나 원통 모양으로 길쭉한 선충류, 조충처럼 납작하고 길쭉한 조충류, 나뭇잎이나 원반처럼 생긴 몸에 두 개의 흡반을 가진 흡충류 등이 있다. 이질아메바와 말라리아 원충 등 일부 단세포 생물도 기생충에 포함된다.

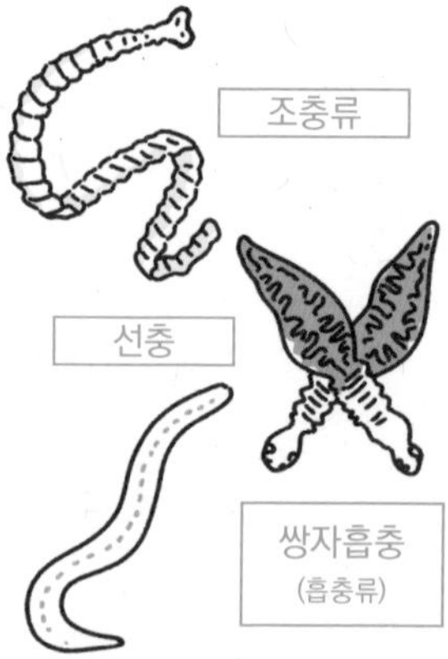

숙주에 해를 끼치기도

숙주에는 온갖 생물이 숨어 있지만, 모든 기생충이 해를 끼치는 것은 아니다. 하지만 일부 기생충은 식중독을 일으키거나 뇌와 내장에 기생해 최악의 경우 숙주를 죽이기도 한다.

지네의 다리가 102개일 수는 있어도 100개일 수 없는 이유는?

|지네와 노래기 이야기|

다리가 100개 넘는 지네는 있지만,
딱 100개인 지네는 존재하지 않는다.

세 가지만 알면 나도 동물학자!

마디와 다리 개수의 관계

지네와 노래기의 몸통은 같은 모양(마디)이 계속 반복되는 구조로 되어 있다. 한 마디에 지네는 한 쌍, 노래기는 두 쌍의 다리가 나 있기 때문에 다리 개수는 마디 수의 각각 2배, 4배가 된다. 마디보다 다리가 더 많다.

지네는 다리가 100개라서 '백각(百脚)'

지네는 다리가 100개라서 한자로 '백각(百脚)', 영어로 '센티피드(centipede)'라고 한다. 노래기는 다리가 1,000개라서 영어로 '밀리피드(millipede)'라고 하는데, 역시 다리가 딱 1,000개인 노래기는 없다.

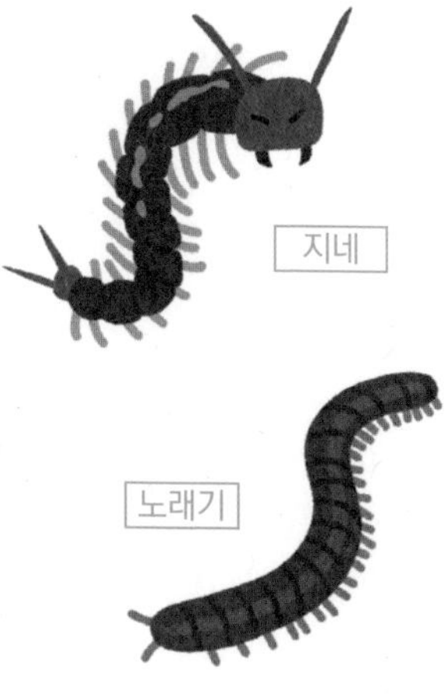

다리가 100개인 지네가 없는 이유

지네의 다리는 마디 수의 2배인데, 마디의 수는 반드시 홀수다. 그래서 다리가 102개인 지네는 있지만 100개인 지네는 존재하지 않는다. 그리고 노래기는 첫 번째 세 마디에 다리가 한 쌍씩밖에 달려 있지 않기 때문에 전체 다리가 1,000개가 될 수 없다.

쥐며느리와 공벌레는 어떻게 다를까?

|쥐며느리와 공벌레 이야기|

쥐며느리는 잽싸게 도망칠 수 있고, 공벌레는 방어에 집중한다.

세 가지만 알면 나도 동물학자!

쥐며느리와 공벌레는 새우·게와 친척(갑각류)

쥐며느리와 공벌레는 새우, 게와 같은 조상에서 진화했다. 바다에서 뭍으로 올라온 조상 중에서 몸을 가볍게 만들어 도피에 집중한 종류가 쥐며느리이고, 껍데기를 단단하게 만들어 방어력을 높인 종류가 공벌레다. 해저에 서식하는 바티노무스 기간테우스라는 심해 등각류는 공벌레와 가까운 친척이다.

공벌레는 어떻게 몸을 동그랗게 말까?

공벌레는 이름 그대로 놀라면 몸을 공처럼 동그랗게 만다. 약점인 배를 개미 등의 천적에게서 보호하기 위해서다. 쥐며느리보다 다리가 짧아 몸을 말면 다리까지 포함해 온몸을 방어할 수 있다.

공벌레

쥐며느리는 잡기 어렵다!

쥐며느리는 공벌레보다 몸이 납작하고 말랑하다. 몸을 동그랗게 말 수는 없지만, 유연한 몸과 긴 다리를 활용해 돌멩이와 낙엽 같은 장애물도 가뿐히 뛰어넘거나 틈 사이로 쏙 숨어들어 잡기가 쉽지 않다.

쥐며느리

Day **315** 무척추동물 | 신비한 동물

플라나리아는 270개로 조각나도 재생한다?

| 플라나리아 이야기 |

플라나리아는 아무리 가늘게 잘라도 모든 조각에서 몸이 재생한다.

세 가지만 알면 나도 동물학자!

플라나리아는 어떤 동물?

플라나리아는 깨끗한 강의 돌 아래 등에 서식하는, 길이 0.5~2센티미터 정도의 편형동물이다. 납작하고 길쭉한 몸 어디를 잘라도 계속해서 증식하는, 재생력이 놀라운 동물이다.

몸이 어떻게 재생할까?

플라나리아의 몸은 동물 중에서 단순한 구조로 되어 있다. 몸 세포가 온몸 어느 부분으로든 변화할 수 있어 몸 일부가 없어져도 재생할 수 있다. 플라나리아의 몸을 세로로 길게 자르면 머리에는 꼬리가, 꼬리에는 머리가 재생한다. 최대 270개로 잘라도 재생했다는 기록이 있는데, 환경 변화에는 약하다.

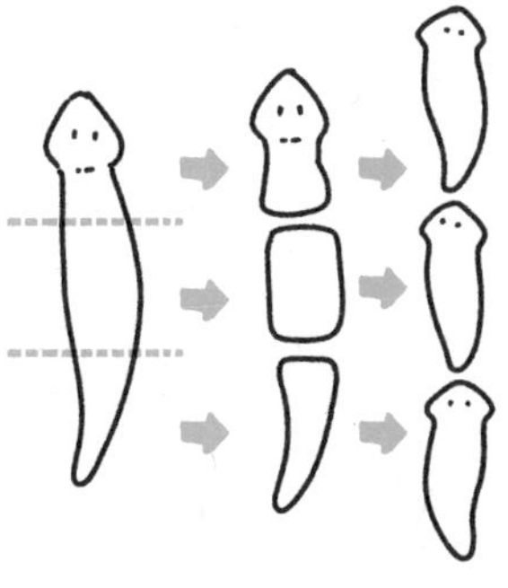

어떻게 머리와 꼬리 위치를 헷갈리지 않을까?

부위에 따라 들어 있는 성분의 종류와 농도가 다르기 때문에 세포는 해당 정보를 지도처럼 활용해 자기 위치를 파악한다. 이 정보를 바탕으로 어디를 재생할지 결정한다.

고래는 하마와 가까운 친척이라는데?

|고래의 조상 이야기|

고래는 육상 포유동물 중에서 하마와 가장 가깝고,
소와 같은 종류다.

세 가지만 알면 나도 동물학자!

유전자를 활용해 분석한 결과

생물은 모두 유전자를 가지고 있다. 이 유전자를 분석하면 생물 진화의 양상을 알아낼 수 있다. 고래의 유전자를 분석한 결과, 육지 포유동물 중에서 하마와 가장 가까운 것으로 나타났다.

하마와 고래의 조상이 같다는 의미

하마와 고래의 조상이 닮았다는 사실은 조상이 같다는 뜻이다. 공통의 조상에서 고래의 조상과 하마의 조상이 갈라져 나온 뒤 각각 진화해 지금의 모습에 이르렀다.

【유전자의 분기】

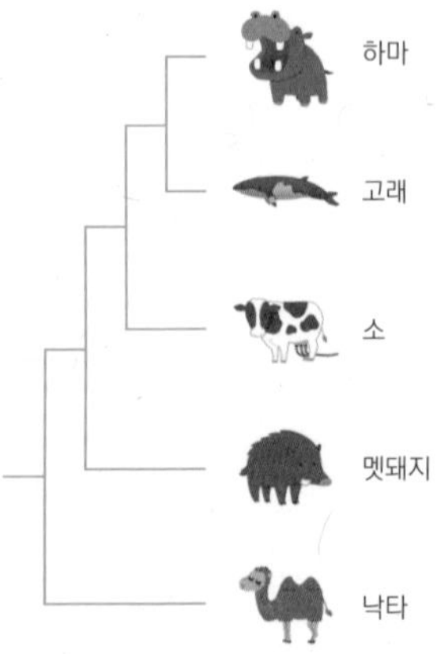

고래는 우제목의 일부

소와 멧돼지 등 발굽이 짝수인 종류를 우제목(偶蹄目)이라고 한다. 유전자를 바탕으로 계통수를 작성한 결과 하마와 고래도 우제목의 일종임이 밝혀졌다. 그래서 최근에는 경우제목(鯨偶蹄目)이라는 용어가 만들어졌다. 화석 등의 증거가 없어도 유전자를 분석하면 진화 과정을 추측할 수 있다.

현재 지구에는 고래가 몇 종류나 존재할까?

|고래의 종류 이야기|

고래는 약 84종류가 있는데,
최근 신종의 발견과 멸종으로 종류에 변동이 생겼다.

세 가지만 알면 나도 동물학자!

고래의 종류는 두 그룹

고래는 크게 두 그룹으로 나뉜다. 턱에 이빨이 있어 사냥감을 공격해서 잡아먹는 이빨고래류가 약 70종류, 위턱에 수염처럼 생긴 이빨이 있어 플랑크톤을 걸러서 먹는 수염고래류가 14종류, 합쳐서 약 84종이다.

유전자 검사로 신종 발견

2003년에는 마다가스카르에서 오무라고래가, 2015년에는 알래스카에서, 2019년에는 홋카이도 연안에서 각각 신종 부리고래가 발견되었다. 옛날부터 존재는 알려졌으나, 유전자 분석을 통해 신종으로 판별되는 종류가 많다.

범고래(참돌고래과)

환상의 고래류 멸종

중국의 양쯔강돌고래는 2006년 조사에서 한 마리도 확인되지 않아 멸종이 선언되었다. 멕시코에 서식하는, 세계에서 가장 작은 돌고래의 일종인 바키타도 2017년 기준 30마리밖에 없었다. 고래 종류도 보호하지 않으면 멸종할 수 있다.

향유고래(이빨고래 중 최대)

대왕고래(수염고랫과)

모든 고래가 몸집이 큰 것은 아니다?

|고래의 크기 이야기|

고래는 가장 큰 대왕고래와 가장 작은 상괭이 등 크기가 다양하다.

세 가지만 알면 나도 동물학자!

고래와 돌고래는 크기로 결정

고래는 크게 이빨고래와 수염고래로 나눌 수 있다. 이빨고래 중에서 몸길이가 4미터 이하인 종류를 돌고래라고 한다. 그런데 거두고래의 일종인 큰코돌고래는 몸길이가 3~4미터로 작은데도 고래라고 부른다.

흰수염고래의 크기

흰수염고래 중에서 최대 체급인 대왕고래는 몸길이가 24~34미터, 몸무게가 130~150톤이나 된다. 그리고 가장 작은 꼬마긴수염고래는 몸길이가 6미터가량, 몸무게가 3.2톤 정도 된다. 흰수염고래는 몸집이 큰 종류가 많다.

이빨고래의 크기

이빨고래 중에서 최대 체급인 향유고래는 몸길이가 15~20미터, 몸무게가 40~60톤에 달한다. 그리고 가장 작은 종류는 한국, 중국, 일본 해역에 서식하는 상괭이로 몸길이가 1.5미터, 몸무게가 50~60킬로그램 정도다. 이빨고래는 대체로 아담하다.

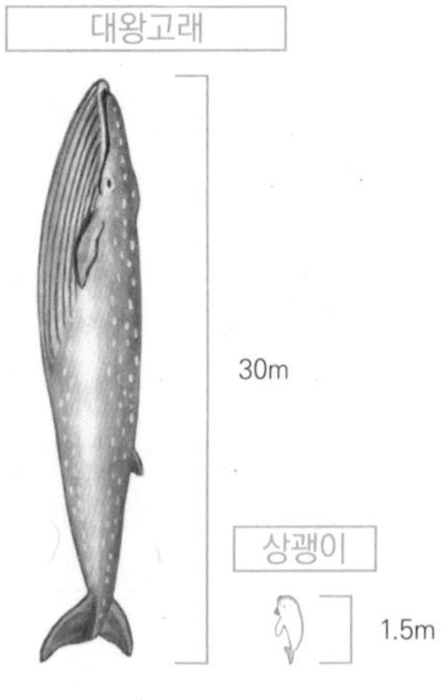

북방에 서식하는 혹등고래는 어디에서 겨울을 날까?

|혹등고래의 회유 이야기|

혹등고래는 캄차카반도 연안에서 여름을 보내고,
일본의 오키나와와 오가사와라, 필리핀 등지에서 겨울을 난다.

세 가지만 알면 나도 동물학자!

여름에는 먹이를 따라 북방에서 생활

향유고래는 주로 작은 물고기를 먹는다. 여름철에는 작은 물고기가 대량 발생하는 캄차카반도 연안 등 북방 해역에서 매일 1톤 이상의 먹이를 먹는다. 그러다가 가을이 되면 일본의 오키나와(沖縄)와 오가사와라(小笠原), 필리핀 등지를 향해 남하하기 시작한다.

겨울에는 육아를 위해 남방에서 생활

12~1월 무렵 남방의 바다에 도착한 향유고래는 새끼를 낳아 육아를 시작하거나 짝을 찾는다. 수컷이 모여 암컷을 놓고 경쟁할 때 해수면에서 뛰어오르기도 한다. 거구가 바다에서 펄쩍 뛰어오르는 모습이 장관을 연출한다.

【향유고래의 회유】

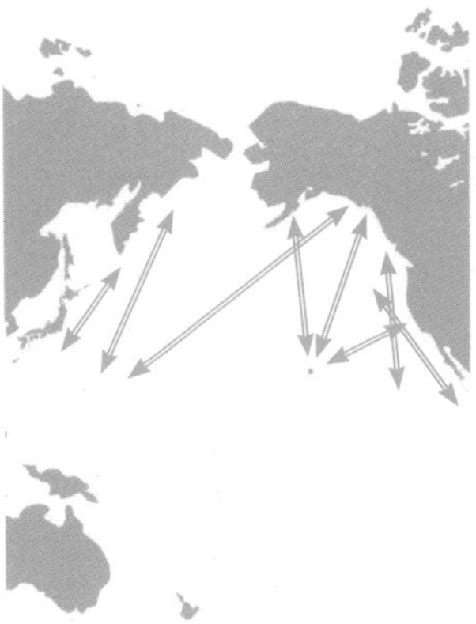

향유고래는 겨울철에 먹이를 거의 먹지 않는다

겨울철에는 먹이가 되는 물고기가 거의 없는 오키나와와 오가사와라의 따뜻한 바다에서 지낸다. 암컷은 새끼에게 매일 대량의 모유를 먹이면서 북방 바다로 돌아갈 때까지 먹이를 거의 먹지 않는다.

향유고래는 바닷속 몇 미터까지 잠수할 수 있을까?

|향유고래의 잠수 이야기|

향유고래가 대왕오징어를 찾아
해저 3,000미터까지 잠수한 기록이 있다.

세 가지만 알면 나도 동물학자!

향유고래의 먹이인 오징어

향유고래는 이빨고래 중에서 가장 큰 체급이다. 큰 몸을 유지하기 위해 오징어를 먹이로 삼는다. 심해에 사는 대왕오징어와 중층에 사는 로버스트클럽후크오징어, 빨강오징어 등을 잡아먹기 위해 심해까지 잠수한다.

근육에 미오글로빈 대량 보유

향유고래는 근육에 산소 저장 작용을 하는 미오글로빈 단백질을 많이 가지고 있다. 저장된 산소를 서서히 사용해 장시간 잠수할 수 있다. 최장시간 잠수 기록은 민부리고래의 138분이다.

머리의 지방을 부침에 이용

향유고래의 머리에는 대량의 기름이 있다. 잠수할 때는 이 지방을 바닷물에 식혀 굳힌 뒤 추처럼 사용해 가라앉는다. 지방은 고체 상태에서 밀도가 커지기 때문이다. 반대로, 떠오를 때는 지방을 따뜻한 피로 녹여 부상하는 데 사용한다.

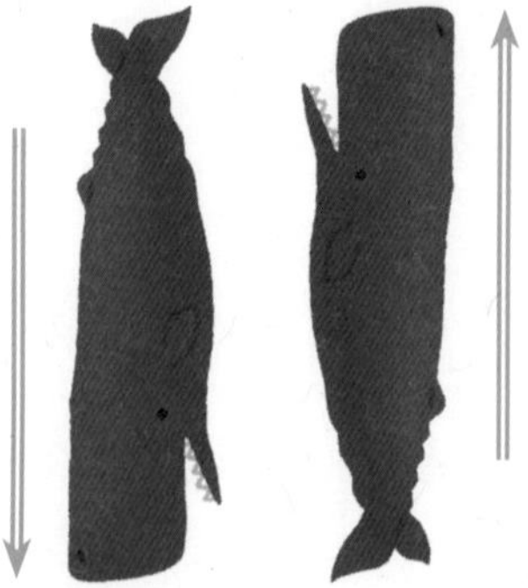

돌고래의 초음파를 분석하면 대화 내용을 알 수 있다는데?

|돌고래와 초음파 이야기|

돌고래는 초음파로 먹이를 찾거나 동료끼리 대화한다.

세 가지만 알면 나도 동물학자!

돌고래가 들을 수 있는 소리의 범위

초음파란 사람의 귀에 들리지 않는 높은 소리다. 사람은 대략 20~20,000헤르츠까지 들을 수 있는데 돌고래는 100~150,000헤르츠까지 들을 수 있다. 즉 사람과 비교해 3옥타브 이상 높은 소리까지 들을 수 있다.

초음파를 사용해 먹잇감과 장애물 탐지

돌고래는 초음파를 내보내 먹잇감에 닿아서 돌아오는 것을 감지해 먹잇감을 찾거나 장애물을 탐지한다. 탁한 물속과 같이 잘 보이지 않는 곳에서도 초음파를 활용해 먹잇감을 찾아낼 수 있다.

초음파와 소통

돌고래는 초음파를 사용해서 소통한다. 자기 이름에 해당하는 소리를 가지고 있어 동료에게 전달하거나 경계한다. 연구가 진행되면서 돌고래의 대화도 해독할 수 있게 되었다. 돌고래는 머리에 있는 멜론이라는, 지방을 잔뜩 저장한 기관에 음파를 모아서 내보낸다.

Day 322

돌고래의 갑작스러운 폐사가 집단행동 탓이라고?

|돌고래의 폐사 이야기|

돌고래가 갑자기 폐사하는 것은 초음파의 반향이 교란되거나 집단행동의 결과라는 설이 있는데, 확실한 이유는 밝혀지지 않았다.

세 가지만 알면 나도 동물학자!

돌고래의 폐사 사례

2015년 일본의 이바라키현(茨城県)에서 고양이고래 150마리가 해안으로 떠밀려왔다. 2021년에는 시즈오카현에 줄무늬돌고래 9마리가 떠밀려왔다. 뉴질랜드에서 돌고래 600마리가 집단으로 폐사한 사례를 비롯해 호주의 체인스 해변, 스코틀랜드 등지에서도 폐사한 돌고래가 발견되었다.

폐사하는 돌고래의 특징과 폐사 원인

돌고래 종류는 초음파를 사용해서 탐색한다. 그런데 지형이 복잡하면 초음파가 교란될 수 있다. 같은 해역에서 종종 돌고래가 폐사하는 사고가 일어나는 것으로 보아, 그 지역 지형의 영향을 받는다고 추정된다.

집단생활도 폐사의 요인?

돌고래의 폐사가 집단행동과도 관련 있다는 가설이 떠올랐다. 무리의 우두머리가 얕은 바다로 가면 우르르 따라가거나, 어린 돌고래가 길을 헤매면 다 같이 구하려다가 폐사한다는 주장이다.

어떤 동물이 가축이 될까?

|가축 이야기|

가축은 성격이 온순하며 저렴한 먹이를 먹고
빨리 자라는 등의 성질이 있어야 한다.

세 가지만 알면 나도 동물학자!

온순한 성격

가축으로 기르는 동물은 우선 성격이 온순해야 한다. 가축이 공황을 일으켜 공격한다면 주인이 다치거나 목숨을 잃을 수도 있다. 상하관계가 확실한 무리를 형성하면 사람이 맨 위에 위치해야 동물을 통제할 수 있다.

점점 증식하고 쑥쑥 자란다

야생동물은 사람에게 사육당해도 번식하지 않는다. 그러나 새끼를 많이 낳지 않는 동물은 가축이 될 수 없다. 또 사람이 먹는 저렴한 먹이로 빨리 성장하지 않으면 가축으로 기를 수 없다.

가축이 되면 점점 더 가축다워진다

소, 돼지, 말, 양, 염소를 5대 가축이라고 한다. 사람이 사육해서 가축화한 동물은 점점 가축다워진다. 가령 젖소의 경우 우유를 대량으로 생산한다. 이는 사람이 바라는 특징이 발달한 종이 선택되어 몇천 년에 걸쳐 품종개량이 이루어진 결과다.

Day 324

15년 동안 217톤의 우유를 생산한 젖소가 있다고?

|우유 이야기|

젖소의 품종으로 유명한 홀스타인종은
하루에 약 20~30리터의 우유를 생산한다.

세 가지만 알면 나도 동물학자!

홀스타인종이 생산하는 우유의 양

대표적 젖소 품종인 홀스타인종은 하얗고 까만 얼룩무늬 소다. 홀스타인종은 우유를 대량으로 생산하는 품종이다. 하루에 약 20~30리터의 우유를 생산할 수 있다.

홀스타인종은 어디서 왔을까?

홀스타인종은 원래 라인강 하류 지방에 살던 소가 게르만인이 이동하면서 함께 서쪽으로 옮겨와 네덜란드 품종으로 확립된 것이다. 몸무게가 650킬로그램이나 나가는 거대한 품종이어서 유럽에서는 육우로도 쓰인다.

저지종 우유

젖소의 또 다른 품종인 저지종(Jersey)은 우유에 유지방과 단백질이 풍부하고 맛이 진하다. 저지종은 우유를 하루에 6~7리터 정도 생산해 고급 우유로 취급된다. 기네스북에 따르면, 15년 동안 217톤에 가까운 우유를 생산한 소가 있다.

와규는 어떤 품종일까?

|와규 품종 이야기|

와규 품종은 에도 시대까지 일본에 있던 소와
메이지 시대 해외에서 들여온 소의 잡종이다.

세 가지만 알면 나도 동물학자!

일본 토종 소

일본에서는 에도 시대까지 소를 즐겨 먹지 않았다. 소는 오로지 쟁기를 끌거나 농사일에만 쓰였다. 토종 일소는 우유 생산량도 적고 몸집도 작아 고기의 양이 적었다. 따라서 지금은 거의 남아 있지 않다.

일본 소와 해외 소의 잡종 시대

메이지 정부는 일본 소를 외국에서 들여온 소와 교배해 품종 개량을 시도했다. 그런데 이 무렵 소는 육질과 노동 생산성이 개체마다 차이가 있었다. 품질이 안정되지 않으면 가축으로서 가치가 떨어진다.

와규의 탄생

1944년에 육우 품종인 구로게와규(黑毛和牛), 아카게와규(赤毛和牛), 무카쿠와규(無角和牛)가 탄생했고, 1957년에 일본 단카쿠종(短角種)이라는 품종이 탄생했다. 이 품종들이 '와규'라고 불린다. 사람들이 고기에 지방이 골고루 섞인 '마블링'을 선호하면서 대중화되었다.

Day **326** 친숙한 동물 | 가축

말이 돼지·소보다 2,000여 년 늦게 가축화한 까닭은?

|말 이야기|

돼지와 소는 약 8,000년 전에,
말은 약 6,000년 전에 가축화했다.

세 가지만 알면 나도 동물학자!

말이 가축이 된 이유

말은 현재 우크라이나에서 러시아 남서부 부근에 걸친 지역에서 처음으로 가축화했다. 이 지역에서는 추위에 약한 양과 소가 겨울을 나려면 인간의 보살핌이 필요했는데, 말은 겨울을 버티고 살아남았다. 말은 엔진이 발명되기 전 가장 빠른 이동 수단이었다.

식육용으로 사육

우크라이나에서 발견된 약 6,000년 전 유적 데레이프카에서 말 뼈가 대량 발견되어 이 무렵에 말이 가축화했다고 추정한다. 가축화하고 나서 말은 마차를 끌거나 등에 짐을 싣고 이동하는 데 활용되었다.

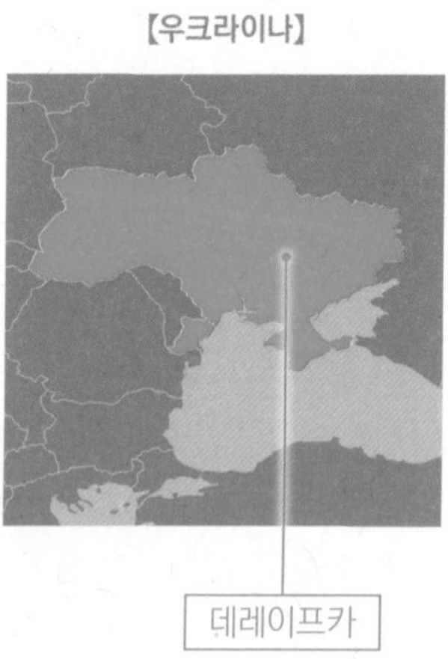

말을 쉽사리 가축화할 수 없었던 이유

말은 소와 달리 위가 여러 개가 아니라서 먹은 음식을 되새김질하지 못해 몸집이 잘 불지 않는다. 그래서 고기를 얻을 목적으로는 적합하지 않다. 게다가 고대 인간 문명이 번성한 온난 지역에는 서식하지 않았다.

돼지와 멧돼지는 같은 동물일까 다른 동물일까?

|돼지와 멧돼지 이야기|

야생 멧돼지를 가축화한 것이 돼지이므로
돼지와 멧돼지는 같은 동물이다.

세 가지만 알면 나도 동물학자!

돼지와 멧돼지는 같은 동물

돼지와 멧돼지는 학명(*Sus scrofa domesticus*)이 같다. 즉, 생물학적으로는 같은 동물이다. 멧돼지 중에서 가축화한 종류를 '돼지' 또는 '집돼지'라고 한다. 오늘날의 돼지는 새끼를 많이 낳고 빨리 성장하며 고기를 많이 얻을 수 있도록 품종이 개량된 것이다.

멧돼지는 가축화하기 쉬운 동물

멧돼지는 가축으로 적합한 특징을 지니고 있다. 무리를 지어 생활하고 잡식성이다. 게다가 인간이 남긴 음식 찌꺼기를 먹고 청결해서 기르기 쉽다. 멧돼지는 서양과 동양에서 모두 가축화했다.

몸통이 길어 먹을 수 있는 부분이 많다.
성장이 빠르고 새끼를 많이 낳는다.

세계 각지에서 가축화한 멧돼지

멧돼지를 가축화한 가장 오래된 증거는 8,000년 전 요르단 유적에서 발견되었다. 스위스의 7,000년 전 유적과 중국의 5,000년 전 유적에서도 발견되었다. 이를 통해 세계 각지에서 가축화한 동물이라고 할 수 있다.

Day 328

원래 뻣뻣했던 양털이 복슬복슬해진 이유는?

|양털 이야기|

양털은 사람이 부드러운 털을 계속 선별해
오늘날과 같이 복슬복슬해졌다.

세 가지만 알면 나도 동물학자!

양의 원종은 아시아 무플런?

양의 기원은 기원전 7000~기원전 6000년 고대 메소포타미아로 추정된다. 양의 기원이 된 동물은 아시아 무플런(mouflon)과 그에 가까운 동물의 혼혈이라는 설이 유력하다. 처음에는 식육용이었다.

아시아 무플런의 털에서 양털로

아시아 무플런은 바깥에 두껍고 거칠거칠한 털(hemp)이 있고, 그 안에 곱슬곱슬한 부드러운 털(wool)이 약간 자란다. 사람이 수많은 양의 원종에서 뻣뻣한 털이 적고 복슬복슬한 털이 많은 종을 꾸준히 선별했다.

아시아 무플런

바빌로니아에 부를 가져다준 양모

기원전 2000년에 복슬복슬한 털이 많은 양이 탄생했다. 현재 이라크 부근에 있던 고대 바빌로니아에서는 곡물, 식물 기름과 함께 양모가 주요 특산품이었다. 가늘고 가벼우며 따뜻한 메리노울(merino wool)을 만드는 메리노종은 1300년 무렵에 탄생했다.

양

무엇으로, 어떻게 치즈를 만들까?

|염소와 양의 치즈 이야기|

옛날에는 염소와 양의 젖으로 치즈를 만들었다.

세 가지만 알면 나도 동물학자!

염소의 가축화

염소는 기원전 7000년경 서아시아 지역에서 처음으로 가축화했다고 여겨진다. 개 다음으로 오래된 가축이다. 들염소가 기원이다. 어쩌면 다른 염소 종류와 피가 섞였을 수도 있다.

세계 최초로 젖을 짠 동물

염소젖과 고기를 식용으로 쓰고 가죽은 양피지 원료로, 털은 천막 등의 원단으로 사용했다. 인류가 최초로 동물의 젖을 짠 것은 기원전 6000년경 염소와 양으로 추정된다.

치즈의 기원

치즈는 염소와 양의 젖을 발효해서 만든다. 염소와 양의 위에 젖을 담아서 보관하다가 우연히 치즈가 만들어진 것을 발견했다. 기원전 3500년 무렵 서아시아 지역에서 처음으로 치즈를 만든 것으로 알려져 있다. 현존하는 가장 오래된 염소와 양의 치즈는 그리스의 페타 치즈다.

Day 330 포유류 | 작은 포유류

두더지는 12시간 동안 아무것도 먹지 않으면 죽는다고?

| 두더지의 식사 이야기 |

두더지는 기초대사량이 높아
24시간 동안 먹지 않으면 굶어 죽는다.

세 가지만 알면 나도 동물학자!

기초대사량이란?

체온을 유지하거나 심장을 움직이는 데 사용되는 에너지를 '기초대사량'이라고 한다. 두더지는 기초대사량이 높아 24시간 동안 먹지 않으면 굶어 죽는다고 알려져 있다. 그런데 12시간 동안 먹지 않으면 굶어 죽는다는 설도 있다. 두더지와 가까운 땃쥐도 기초대사량이 높아 3~5시간 동안 먹지 않으면 죽는다.

두더지는 겨울잠을 자지 않는다

비교적 추운 지역에 사는 두더지도 겨울잠을 자지 않는다. 피하지방이 적어 겨울잠을 자면 죽을 위험성이 있기 때문이다. 몸에 지방을 저장하는 겨울잠쥐도 겨울잠을 자는 도중에 지방을 모두 소모해 죽을 수 있다.

【두더지 굴】

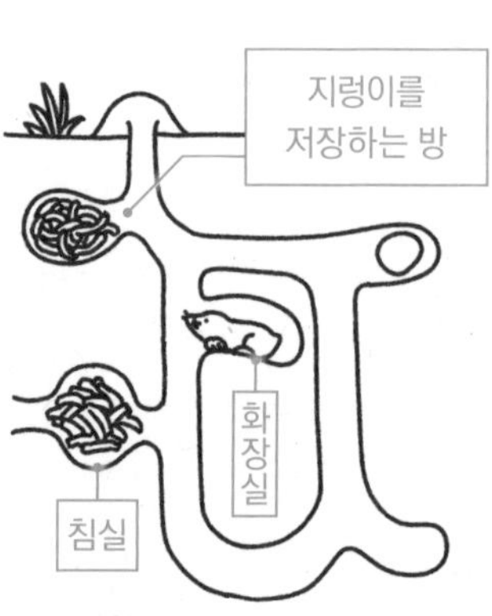

먹이 저장고

두더지는 배가 부를 때 지렁이를 만나면 지렁이의 머리를 씹어서 제압한 뒤 움직일 수 없게 만들어 먹이 저장고로 옮긴다. 지렁이는 머리가 뜯기고 몸만 남아도 1~2개월 정도 살 수 있다.

Day **331** 포유류 | 작은 포유류

스컹크의 방귀는 왜 냄새가 지독할까?

|스컹크 이야기|

스컹크는 적을 퇴치하기 위해 지독한 냄새를 풍긴다.

세 가지만 알면 나도 동물학자!

사람의 방귀와 다른 점

사람의 방귀는 장내에서 발생한 가스가 항문으로 나온다. 그런데 스컹크가 방귀 뀔 때 나오는 물질은 항문 양옆에 있는 항문낭 개구부에서 방출되는 액체다. 스컹크는 3미터 떨어진 상대에게도 이 액체를 명중시킬 수 있다. 스컹크는 위험을 느끼면 적에게 항문을 보여주거나 물구나무서서 경계한다.

방귀의 성분

사람 방귀 성분의 약 99퍼센트는 질소, 수소, 이산화탄소, 메탄으로 냄새가 없다. 냄새가 나는 원인은 황화수소, 암모니아, 스카톨 등 1퍼센트 정도 되는 성분 때문이다. 그런데 푸르푸릴메르캅탄이 주성분인 스컹크가 내뿜는 액체에서는 마늘과 썩은 양파, 고무 타는 냄새가 섞인 듯한 지독한 냄새가 난다.

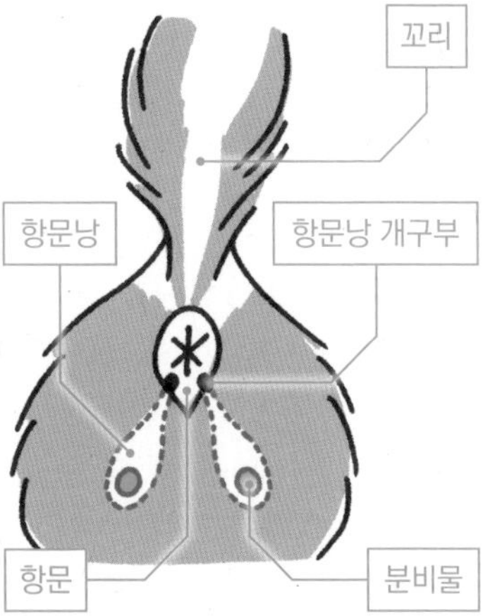

교미 기간에는 이성에게 유혹적인 향기

교미 기간이 되면 스컹크는 서로 이 액체를 교환한다. 교미기 스컹크에게는 이 냄새가 참을 수 없을 정도로 유혹적인 향기다.

Day 332

포유류 | 작은 포유류

벌거숭이두더지쥐는 여왕 한 마리만 새끼를 낳는다는데?

| 벌거숭이두더지쥐 이야기 |

포유류 중에서 벌거숭이두더지쥐와
다마랄랜드두더지쥐는 역할이 정해져 있다.

세 가지만 알면 나도 동물학자!

서식지는 아프리카 사바나 지하

벌거숭이두더지쥐는 아프리카 동부에, 다마랄랜드두더지쥐는 아프리카 남부에 산다. 지하에 굴을 파고 무리를 형성해서 생활한다. 여왕 한 마리만 새끼를 낳는다. 왕은 1~3마리이며, 나머지는 굴 파기와 먹이 조달, 육아 등 잡무 담당과 둥지 방어 역할을 한다. 꿀벌처럼 집단을 이루어 살며 역할이 정해져 있다.

엄격한 계급사회

벌거숭이두더지쥐의 여왕은 둥지 중앙에 자리 잡고 잡무 담당 시종이 가져다주는 먹이를 먹으며 새끼를 낳고 젖을 먹인다. 둥지 안을 순시하며 시종들이 게으름을 피우지 않는지 감시하기도 한다.

잡무 담당 시종 중에는 '화장실 담당'도 있다

포유류이지만 변온동물이라서 기온이 내려가면 여왕이 낳은 새끼를 이불처럼 몸에 올려놓고 따뜻하게 해주기도 한다. 호위 담당은 뱀 등의 침입자가 들어오면 막아서지 않고 스스로 몸을 던져 희생하며 무리를 지킨다.

다람쥐는 왜 입안에 먹이를 저장할까?

|다람쥐의 볼주머니 이야기|

다람쥐는 입안에 먹이를 저장하는 볼주머니를 가지고 있다.

세 가지만 알면 나도 동물학자!

볼주머니의 역할

다람쥐는 먹이를 발견하면 바로 먹지 않고 입안의 볼주머니에 채워 안전한 곳으로 옮겨가서 먹는다. 매나 족제비 같은 천적에게서 몸을 지키기 위해서다. 야생동물은 언제나 굶주림과 천적의 위험에 노출되어 있다.

볼주머니는 입안에 좌우 한 개씩

다람쥐의 볼주머니는 탄력이 엄청나 한쪽 주머니에 도토리가 3개 정도 들어간다. 볼주머니 안에 침샘이 없어 먹이가 축축해지지 않는다. 다람쥐는 먹이를 발견하면 볼주머니에 저장한 뒤 둥지로 나르거나 땅에 묻어 보관한다. 겨울잠을 자기 전까지 땅속이나 나무의 옹이구멍 같은 곳에 먹이를 보관해둔다.

볼주머니를 가진 동물

햄스터가 잘 알려져 있는데, 일본원숭이, 코알라, 오리너구리도 볼주머니가 있다. 암컷 햄스터는 위험이 닥치면 새끼를 볼주머니에 넣어 옮기기도 한다.

레밍은 정말 집단으로 자살할까?

|동물의 자살 이야기|

레밍이 집단으로 대이동할 때 실수로
바다에 뛰어들기도 하지만 집단 자살은 아니다.

세 가지만 알면 나도 동물학자!

몇 년 단위로 대번식

레밍은 핀란드와 스칸디나비아반도에 서식하는 초식성 쥐의 한 종류다. 몇 년마다 크게 증식해 먹이를 찾아 장거리 이동하는 습성이 있어 '나그네쥐'라고 부르기도 한다. 1년에 두 번 출산하며, 임신 기간은 20일, 한 번에 2~8마리를 낳는다.

수영이 특기

레밍은 3~4년마다 집단으로 이동해 종종 강을 건너기도 한다. 수영이 특기다. 그런데 근시라서 멀리 있는 사물을 잘 분간하지 못해 낭떠러지에서 집단으로 떨어지거나 바다를 강으로 착각해 뛰어들었다가 죽기도 한다.

오해를 낳은 디즈니 영화

레밍은 주기적인 대번식과 격감을 반복해 오랫동안 '집단 자살하는 동물'로 여겨져왔다. 1958년에 제작된 다큐멘터리 영화 〈화이트 와일드니스(White Wilderness)〉 때문이다. 그러나 1983년에 실시한 조사에서 이 영화에 나온 레밍의 행동은 조작으로 판명되었다.

전 세계 포유동물 중 기린의 수면 시간이 가장 짧다고?

|기린의 잠 이야기|

기린은 잠잘 때 다리를 접어서 털썩 주저앉은 다음
목을 둘둘 말아 얼굴을 엉덩이 위에 얹는다.

세 가지만 알면 나도 동물학자!

기린은 짧게, 조금 잔다

기린이 잠자는 모습은 동물원 사육사도 보기 힘들 정도다. 다 큰 기린은 앉아서 한 번에 평균 3~4분 푹 잔다. 하룻밤을 다 합쳐도 20분 정도만 깊은 잠을 잔다. 새끼 기린도 하룻밤에 총 1시간 정도 숙면한다. 기린은 전 세계 포유동물 중에서 수면 시간이 가장 짧다.

선 채로 잘 때가 많다

야생 기린은 경계심이 강하다. 아프리카 대초원에는 사자, 치타, 하이에나 등 육식동물이 많아 기린은 대부분 선 채로 짧게 토막잠을 잔다. 기린은 목이 길어 누우면 일어나기 어렵기 때문에 진화 과정에서 자연스럽게 수면 시간이 줄었다고 주장하는 이론도 있다.

사자는 언제나 빈둥빈둥

생태계 맨 꼭대기에 군림하는 사자는 주위에 적이 없다. 자연계에서도 배를 보이고 누워서 다리를 쭉 뻗은 채 세상 편하게 자는 모습이 관찰된다. 수면 시간도 평균 15시간이나 된다.

라쿤은 정말로 먹이를 씻어 먹을까?

|라쿤 이야기|

라쿤이 먹이를 물에 씻어 먹는 것은 사냥감을
일부러 물에 떨어뜨려 다시 잡아먹는 행동이다.

세 가지만 알면 나도 동물학자!

사육 중에 일어나는 이상 행동

야생 라쿤은 강 등에서 바닥의 모래와 진흙을 뒤져 게 등의 수생동물을 잡아먹는다. 그런데 사육 라쿤은 먹이를 일부러 물에 떨어뜨려 손으로 잡아서 먹는 행동을 보인다. 이는 먹이를 물에 씻어 먹기 위해서가 아니라 물속에서 먹이를 잡아먹는 라쿤의 야생 습성 때문이다.

잡식성이라서 가리지 않는다

라쿤은 개구리, 도마뱀, 물고기, 곤충부터 가재, 게, 새의 알, 과일까지 가리지 않고 잘 먹는다. 인간의 거주지 근처에서는 버려진 음식물 쓰레기를 뒤지는 라쿤도 볼 수 있다. 라쿤의 배설물을 만지면 세균이나 기생충에 감염될 수 있어 주의해야 한다.

'아메리카너구리'라고 부르기도 하지만

아메리카너구리라고 부르기도 하지만, 너구리는 아니다. 또 곰과 같은 식육목에 속하지만 식육목 안에서 곰과와 라쿤과는 분류가 다르다(Day 063 참고).

Day 337

대멸종기에 강자가 멸종하고 약자가 살아남았다?

|생존 이야기|

몇 차례에 걸친 대멸종기를 겪고 소수의 동물만 살아남았다.

세 가지만 알면 나도 동물학자!

독립 섬에서 살아남았다

지각 변동으로 대륙에서 떨어져 독립한 섬에서는 태곳적 동물이 살아남기 쉬웠다. 대륙에서 진화한 종의 침입이 없고 육식동물 종이 적었기 때문이다. 아프리카의 마다가스카르섬과 일본의 난세이 제도(南西諸島) 등이 이런 조건이었다.

심해에서 사부작사부작

심해는 빛이 없고 서늘하며 먹이도 적어 서식하는 생물도 적고 천적도 적다. 심해는 지표의 기상 영향을 적게 받아 가혹한 환경이지만 안전하다. 이러한 환경에서 진화 단계의 영향을 덜 받은 태곳적 모습이 그대로 남아 있다.

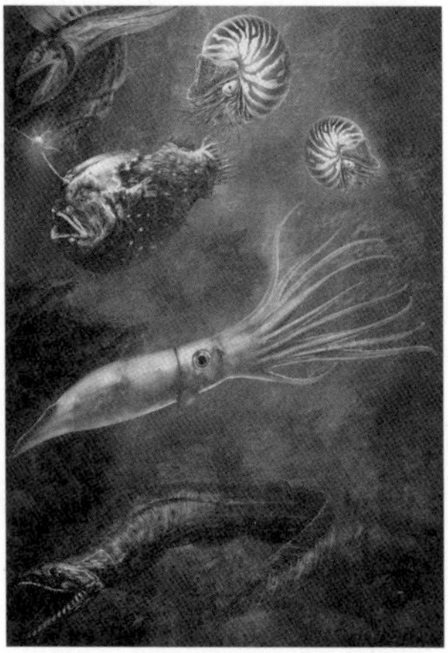

강자가 멸종하고 약자가 생존

데본기 대형 어류, 석탄기 거대 곤충, 쥐라기 공룡과 암모나이트는 그 시대의 강자였다. 그러나 다섯 차례의 대멸종, 한랭화와 대규모 화산 활동 등 환경 변화로 강자가 멸망하고 약자가 살아남았다. 기후 변동에 약한 동식물이 영향을 받으면 먹이사슬의 균형이 무너진다.

암모나이트는 운석 충돌로 멸종했는데, 앵무조개는 어떻게 살아남았을까?

|앵무조개 이야기|

고생대 최강의 육식동물이었던 앵무조개는
더욱 심해에서 살아갈 수 있게 진화했다.

세 가지만 알면 나도 동물학자!

오징어와 문어 종류인 두족류

5억 년 전 고생대 오르도비스기에 등장해 중생대에 번성한 앵무조개는 고둥처럼 보여도 오징어·문어와 같은 종류다. 현재 남태평양과 호주 근해의 비교적 깊은 심해에 서식하며, 6종류가 살아남았다.

기후 변동으로 자취를 감춘 암모나이트

앵무조개에서 갈라져 나와 진화한 암모나이트는 멸종했다. 그 원인으로는 얕은 바다에 서식하던 암모나이트가 운석 충돌로 멸종했고, 앵무조개는 심해에서도 적응할 수 있도록 진화했다는 설 등이 있다.

어둡고 서늘한 심해에서 살아남았다

앵무조개는 생명체가 적고 먹이도 적은 심해에서 죽은 물고기와 탈피한 허물 등을 먹으며 살아남았다. 육식성인 암모나이트는 새우, 게, 해파리 등 먹이가 격감해 멸종했다고 추정된다. 90개나 되는 다리는 먹잇감을 잡고 바위에 달라붙어 식사할 때 도움이 되었다.

6,500만 년 전 멸종한 실러캔스가 20세기에 환생했다고?

|고대어 이야기|

실러캔스는 공룡 시대보다 더 옛날 네발 동물의 조상이며
연골로 이어진 등뼈를 가진 물고기다.

세 가지만 알면 나도 동물학자!

1938년 남아프리카 대륙 동쪽 연안에서 최초로 발견

그동안 본 적이 없는 엽기적인 물고기를 발견한 영국의 한 어부가 이스트런던 박물관의 학예 연구원 라티머에게 연락했다. 라티머는 이 물고기의 이름을 알 수 없어 미국 로도스 대학교의 스미스 박사에게 확인을 의뢰했고, 3개월 뒤 고대어인 '실러캔스'임이 판명되었다.

다리처럼 보이는 두꺼운 지느러미

몸길이는 1.5미터가량 되며, 단단한 비늘로 덮여 있고 네 개의 지느러미가 있다. 바위 무늬처럼 옅은 푸른색으로 무지갯빛 광택이 난다. 두 번째 개체는 14년 뒤 인도양의 코모로 제도에서 발견되었다.

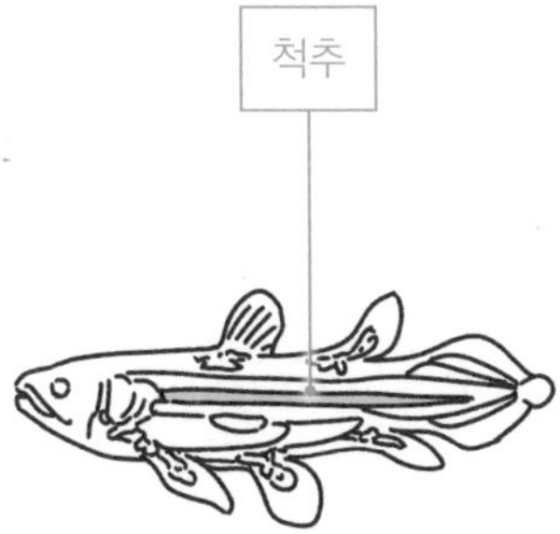

약 4억 년 전부터 서식

연구 결과 6,500만 년 전에 멸종했다고 여겨진 생물임이 밝혀졌다. 연골로 이루어진 관 형태의 등뼈가 덜 발달해서 꼬리지느러미에 힘이 들어가지 않았다. 늠름한 가슴지느러미와 배지느러미로 걷듯이 헤엄쳤다.

투구게는 게의 일종이 아니라는데?

|투구게 이야기|

투구게는 삼엽충과 공통 조상에서 갈라져 나왔지만
건조한 기후와 저온을 견디고 살아남았다.

세 가지만 알면 나도 동물학자!

투구게의 기원

투구게의 조상은 고생대 캄브리아기에 번성한 삼엽충으로 거슬러 올라간다. 그러나 그 직전 삼엽충에서 진화한 아글라스피디다라는 조상이 있었고, 아글라스피디다에서 투구게, 전갈, 거미의 조상이 탄생했다고 추정된다.

투구게는 게가 아니다

거미와 전갈에 가까운 동물로 턱 모양과 호흡기가 비슷하다. 몸은 머리처럼 보이는 두흉부와 오각형 복부, 길쭉한 꼬리 마디로 이루어져 있다. 두흉부의 등 가운데와 배에 다섯 개의 눈이 있다. 투구게의 혈액은 의학과 한의학 분야에서 이용된다.

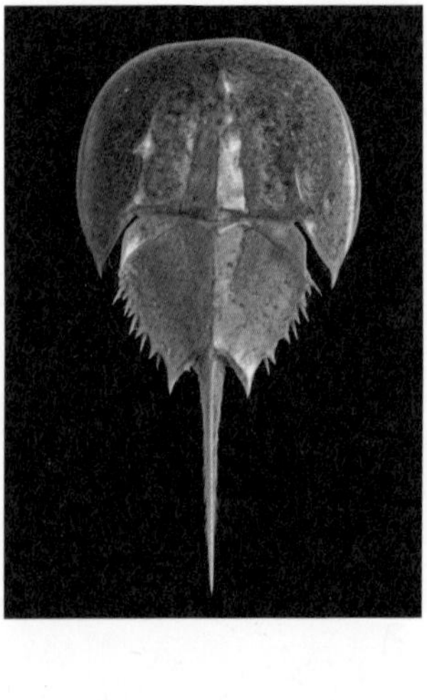

여름 대조기에 산란

만조 시 밤, 간조 시 조수가 빠져나가는 모래밭 등으로 장소를 바꿔 알을 낳는다. 어느 정도 건조한 환경에 견딜 수 있으며, 유생과 성체는 특수한 아가미가 있다. 바다 바깥에서도 물기가 약간만 있으면 며칠 간은 살 수 있다.

철갑상어는 강과 호수에 사는 민물고기다?

| 철갑상어 이야기 |

철갑상어는 상어와 관련 없는 종류이며
몸 생김새가 고대어와 닮았다.

세 가지만 알면 나도 동물학자!

상어와 전혀 다른 생물

겉모습과 움직임은 상어와 비슷하다. 그러나 상어는 골격이 탄력성이 뛰어난 연골로 이루어진 반면, 철갑상어는 칼슘이 많은 경골과 연골로 이루어져 있다. 또 부레가 있고 날카로운 이빨은 없다.

철갑상어는 바다에서 살 수 없다

철갑상어는 강과 호수에 서식하는 민물고기다. 주로 카스피해와 흑해 등지에 서식한다. 현재 30종류가 있으며, 지역에 따라 생김새에 차이가 있다.

실러캔스와 같은 세대

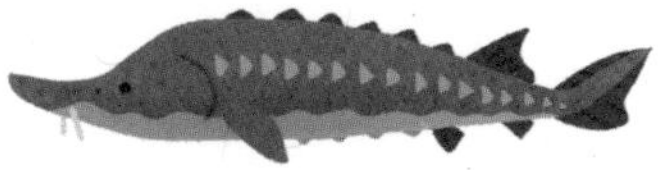

철갑상어는 약 3억 년 전에 나타나 1억 2,500만 년 전에 현재와 같은 모습이 되었다고 추정된다. 꼬리지느러미가 고생대 경골어의 특징과 닮았다. 철갑상어알을 소금에 절인 '캐비어'가 고급 식품으로 여겨져 남획과 밀렵이 이루어진 결과 철갑상어는 현재 멸종 직전 상황이다.

고대에 흔하던 바다나리가 현재 좀처럼 눈에 띄지 않는 뜻밖의 이유는?

|성게와 같은 동물 이야기|

바다나리는 식물이 아니라
성게와 불가사리 등의 극피동물로 분류된다.

세 가지만 알면 나도 동물학자!

해조류와 비슷한 모양

바다나리는 뿌리, 줄기 모양의 지지체, 꽃잎 모양의 팔을 가지고 있다. 몸 색깔도 선명한 개체가 많다. 유체 기간에는 자유롭게 헤엄쳐 다니지만, 성체가 되면 바위 등에 달라붙어 생활한다. 간혹 바위를 떠나 바닷속을 떠다니는 개체도 있다.

2억 5,000만 년 전 지층에서 화석 발견

현재도 심해에 서식하는 바다나리는 약 2억 5,000만 년 전 지층 안에서 화석으로 발견되었다. 몸은 골격이 작은 마디로 나뉘어 있고 물렁물렁해서 마디가 있는 팔만 석회암 화석으로 발견되는 경우가 많다.

바닷속 플랑크톤 등이 먹이

고대에는 얕은 바다에서도 살았으나, 현재는 수질 변화가 적은 심해에만 살아 모습을 보기 어렵다. 바닷속을 떠다니는 플랑크톤과 위에서 떨어져 내린 미생물 등을 팔로 잡아서 먹는다. 몸길이는 35~50센티미터다. 심해에서 조용히 5억 년이나 살아남았다.

바퀴벌레는 어떻게 3억 년이 넘게 멸종하지 않고 살아남았을까?

|바퀴벌레 이야기|

바퀴벌레는 3억 년 이상 거의 모습이 변하지 않은 채 생존할 정도로 생명력이 엄청나다.

세 가지만 알면 나도 동물학자!

고생대 석탄기는 곤충 번성기

석탄기에는 바다에서 진화한 생물이 상륙하고 양서류와 파충류가 번성했다. 고온다습한 기후로 덩굴 식물이 증식해 삼림을 이루었다. 이 시기에 바퀴벌레는 식물과 작은 곤충의 사체를 먹이로 삼아 번성했다.

중생대에 많은 곤충 멸종

한 시대를 풍미한 곤충도 중생대에 들어서자 파충류가 번성하며 많은 수가 멸종했다. 바퀴벌레와 메뚜기 등 신시류의 조상만 살아남았다. 지금은 전 세계에 4,000종가량 존재한다. 뛰어난 성능을 보유한 생명력이 강인한 곤충이다.

바퀴벌레는 어떻게 살아남았을까?

바퀴벌레는 주로 야외 마른 나무껍질과 낙엽 아래에서 생활한다. 잡식성에다 야행성으로 도피 능력이 뛰어나고 적응성도 높다. 바퀴벌레 자체에는 해가 없지만, 음식물 쓰레기와 분변을 먹어 불결한 곤충으로 여겨진다.

※바퀴벌레 화석

네스호에는 정말로 괴물 네시가 살까?

| 네스호의 네시 이야기 |

영국 북부 스코틀랜드의 네스호에서
네시를 보았다는 목격담이 나왔다.

세 가지만 알면 나도 동물학자!

많은 목격담과 사진·영상이 공표된 미확인 동물 네시

공룡 시대에 번성했던 대형 수생 파충류인 수장룡이 살아남았거나 진화한 모습이라는 설, 물놀이 중인 코끼리의 코였다는 설, 고대 고래라는 설 등 다양한 설이 제기되었다. 목격담, 사진, 영상이 다양하게 존재한다.

동물학적으로는 대형 동물의 생존 가능성 희박

목격자의 증언과 사진 등은 미지의 동물과 선박, 유목, 배의 잔해물, 또는 자연현상을 오인했거나 날조된 것이었다. 1934년의 유명한 영상도 조작이었다. 수중 탐사 결과 등으로 볼 때 수장룡 등이 존재할 가능성은 매우 희박하다.

어쩌면 거대한 장어일 수도

2019년 뉴질랜드 오타고 대학교 연구 팀이 네스호의 약 250개 지점에서 샘플을 채취해 물속에 존재하는 방대한 양의 생물 유래 DNA를 조사·분석했다. 네시가 있다면 그 DNA가 발견되어야 하는데, 수장룡 등 파충류의 DNA는 없고 대량의 장어 DNA만 발견되었다.

전 세계에 양서류는 몇 종이나 서식할까?

|양서류의 종류 이야기|

양서류는 개구리, 두꺼비, 도롱뇽 등을 포함하는데,
개구리 종류가 가장 많다.

세 가지만 알면 나도 동물학자!

새끼는 아가미 호흡

양서류는 땅 위와 물속 생활 둘 다 가능한 동물을 말한다. 알에서 태어났을 때는 어느 종류든 아가미가 있는데, 성장하면서 작아져 성체가 될 무렵에는 아가미가 없어진다. 지저분한 물가에서는 아가미에 낀 찌꺼기로 인해 호흡이 불가능해 살아갈 수 없다.

개구리 종류

꼬리가 없고 다리가 긴 개구리는 뜀뛰기에 특화된 뒷다리를 가지고 있다. 종류에 따라 물속, 육상, 나무 위 등에서 서식한다. 세계적으로 7,000종이 있다. 개구리는 생후 2~3일 만에 몸 밖으로 아가미가 나온다.

영원아목·도롱뇽아목 종류

영원아목과 도롱뇽아목은 크게 같은 분류에 속한다. 긴 꼬리와 짧고 연골이 많은 다리가 특징이다. 육상에서 생활하는 종류가 많은데, 산란기에는 물속으로 이동한다. 줄곧 물속에서 생활하는 종류는 많지 않다.

나무 위에 알을 낳는 개구리가 있다고?

|산청개구리 이야기|

산청개구리는 5~7월 무렵
물가에 뻗은 나뭇가지와 잎에 알을 낳는다.

세 가지만 알면 나도 동물학자!

나무 위에서 생활하는 산청개구리

산청개구리는 일본 고유종으로, '슐레겔청개구리'라고도 한다. 몸길이는 암컷 6~9센티미터, 수컷 5~7센티미터로 대형이다. 초록색을 띠고, 등에 갈색 반점 무늬가 있는 개체도 있다. 산간 지역에 살며, 주로 나무 위에서 생활한다.

거품 형태의 덩어리 안에 수많은 알

산청개구리는 번식기가 되면 수컷이 물가의 나무 위나 수면에서 암컷을 부른다. 수컷을 등에 업은 암컷이 지름 10여 센티미터의 하얀 젤리 형태의 알 덩어리를 나뭇가지 등에 부착시키듯 낳으면 여러 마리의 수컷이 뒷다리로 휘저어 거품 상태가 된다. 한 번에 300~500개의 알을 낳는다. 논밭 등의 이랑과 물 사이에 거품 형태의 알 덩어리를 낳기도 한다.

올챙이는 아래 물속으로 낙하

부화한 올챙이는 물속으로 낙하한다. 여름이 끝날 무렵 변태해 주로 작은 곤충류를 잡아먹는다. 겨울에는 땅속에서 겨울잠을 잔다.

개구리의 피부는 왜 축축할까?

| 개구리 피부 이야기 |

개구리는 피부 호흡으로 물에 녹은 산소를
흡수하기 때문에 피부가 항상 축축하다.

세 가지만 알면 나도 동물학자!

산소를 물에 녹아 있는 형태로 흡수한다

개구리는 피부 호흡을 해 산소가 점막의 수분을 통해 몸 안으로 들어온다. 그래서 개구리는 기본적으로 점막이 덮인 피부를 가지고 있다. 폐도 마찬가지로 습기가 없으면 산소를 받아들이지 못한다. 그래서 폐 호흡하는 생물은 전부 폐 안이 촉촉하다.

수분을 머금기 쉬운 피부

개구리의 피부가 건조할 때 수분에 닿으면 스며들듯 수분이 피부에 저절로 침투한다. 외부에서 들어온 수분을 잘 머금는 대신 쉽게 건조해진다. 피부의 건조 정도에 따라 개구리의 원래 색깔과 다른 색으로 보이기도 한다.

개구리의 분비물

피부 호흡에 사용하는 점액은 몸속에 있는 전용 점액샘에서 분비된다. 그 밖에 두꺼비와 독화살개구리 등은 독을 분비하는 독샘을 가지고 있다. 독화살개구리는 온몸에 독샘이 있고, 두꺼비는 귀 안에만 있다.

독개구리는 왜 대부분 색깔이 선명할까?

|독개구리 이야기|

눈에 띄는 경계색을 가진 개구리는 독성이 강한 종류가 많다.

세 가지만 알면 나도 동물학자!

몸을 지키는 경계색

외부의 적은 화려한 색에 독이 있다는 사실을 알아 화려한 색 개구리를 선불리 잡아먹지 않는다. 그래서 지금 존재하는 독개구리는 몸 색깔이 선명한 종류가 많다. 금색, 빨간색, 녹색, 파란색 등 동물 중에서 드문 색깔이 많다.

코끼리를 죽일 정도의 강력한 독

황금독화살개구리는 지구상에서 가장 강력한 독을 지닌 동물이다. 이 개구리의 독은 몸 안에서 만들어진 것이 아니라 개미와 흰개미를 잡아먹고 저장한 독으로 추정된다. 먹이가 야생과 다른 반려동물과 수족관에 있는 개체는 독을 지니고 있지 않다.

의학에 응용 가능성이 있는 독

황금독화살개구리의 독에는 중독성 없는 강력한 진통 효과 성분이 들어 있음이 판명되었다. 남미 선주민(先住民)이 화살촉에 이 개구리의 독을 묻혀 사용해 '황금독화살개구리'라는 이름이 붙었다.

Day 349 별난 동물 | 양서류

항아리곰팡이는 왜 양서류에 치명적일까?

|개구리의 피부병 이야기|

항아리곰팡이가 원인인 피부 질환이
전 세계적으로 퍼지고 있다.

세 가지만 알면 나도 동물학자!

항아리곰팡이병에 걸리면

항아리곰팡이(양서류 호상균)는 홀씨를 담은 포자가 항아리 모양으로 생긴 곰팡이다. 항아리곰팡이병에 감염된 개구리는 피부가 딱딱하게 굳어 피부 호흡을 할 수 없다. 또 종양이 생겨 움직임이 둔해지거나 쪼그라들어 결국 폐사한다.

항아리곰팡이병의 기원

1993년 호주에서 시작된 항아리곰팡이병은 이후 아시아, 미국, 유럽, 중남미를 휩쓸었다. 2018년에는 브라질, 아프리카, 한국의 무당개구리 등 전 세계에서 수집한 항아리곰팡이의 시료를 분석한 결과 발원지가 한국임이 밝혀졌다. 한반도에 서식하는 무당개구리는 오래전부터 항아리곰팡이에 감염되었던 것이다.

양서류에 치명적인 피부병

항아리곰팡이는 양서류의 피부에 기생해 케라틴을 먹고 산다. 피부 호흡을 하는 양서류는 케라틴을 빼앗기면 치명적이어서 감염되면 90퍼센트 이상 질식사한다.

영원아목 양서류는 수초 잎에 한 알씩 알을 감싸듯 낳는다는데?

| 꼬리가 있는 양서류 이야기 |

영원아목 양서류와 도롱뇽아목 양서류는
산란 방법, 형태, 생태에 차이가 있다.

세 가지만 알면 나도 동물학자!

알을 낳는 방식의 차이

영원아목 양서류는 한 알씩, 수초 잎에 감싸듯이 알을 낳는다. 도롱뇽아목 양서류는 10개가량의 알이 든 주머니를 물속에 있는 나뭇가지 등에 부착시켜 낳는다. 연못이나 유속이 완만한 개울 등에 산란한다.

새끼(유생)의 차이

영원아목 양서류는 몸 옆에 물고기처럼 측선(側線)이 있다. 이 측선은 물의 움직임과 수압 변화를 감지하는 중요한 기관이다. 영원아목 양서류는 검은 몸통에 하얀 측선이 있어 눈에 잘 띈다.

성체의 차이

영원아목 양서류는 피부가 울퉁불퉁하고 줄곧 물속에서 생활한다. 반면에 도롱뇽아목 양서류는 피부가 미끈미끈하고 육지에서 생활한다. 손으로 잡는 등 자극을 주면 비릿한 냄새를 풍긴다. 독성이 있어 만지면 바로 손을 씻어야 한다.

일본장수도롱뇽은 왜 아가미가 없어질 무렵 서식지에서 모습을 감출까?

| 일본장수도롱뇽 이야기 |

일본장수도롱뇽은 야행성이어서 어둑해진 뒤 물이 흐르는 장소로 이동해 움직이는 대상을 덥석 물어 잡아먹는다.

세 가지만 알면 나도 동물학자!

야행성이며 뭐든지 먹어치운다

낮에는 강 옆 수풀 등에 숨어 있을 때가 많다. 밤이 되면 은신처에서 나와 물이 흐르는 장소에서 움직이는 물체를 입으로 물어 포식한다. 작은 물고기나 쥐뿐 아니라 동족을 잡아먹기도 한다. 입을 쩍 벌리면 안에 자잘한 이빨이 잔뜩 돋아 있다. 각각 자기 영역 안에서 생활한다고 추정된다.

여름이 끝날 무렵 산란

수온이 섭씨 20도 이하로 내려가는 9월경이 산란기다. 강기슭 근처에 판 굴을 좋아해, 매년 같은 장소에 산란하는 개체가 많다. 수컷은 굴을 청소해놓고 암컷이 오기를 기다린다. 암컷은 한 번에 300~500개의 알을 낳는다.

새끼(유생) 시절은 수수께끼투성이

부화하고 3년 정도 지나 바깥에 아가미가 없어질 무렵이 되면 서식지에서 모습을 감춰 그 후로는 상세한 생태를 알 수 없다. 새로운 연구 장비가 나오면 앞으로 새로운 사실이 발견될 수도 있다.

세계 최대 등각목 바티노무스 기간테우스가 50년 가까이 산다고?

|바티노무스 기간테우스 이야기|

먹이를 조금 먹고 장수하는, 마치 바다의 신선 같은 동물이다.

세 가지만 알면 나도 동물학자!

바티노무스 기간테우스란?

바티노무스 기간테우스는 등각목(等脚目) 모래무지벌레과의 생물이다. 몸 전체 길이가 50센티미터가량 성장하는 세계 최대 등각목으로 심해에서 생활한다. 쥐며느리, 어항에서 발견되는 갯강구와 친척이다.

입이 짧은 심해 생물

바티노무스 기간테우스는 차가운 해수와 먹이가 적은 환경에 적응해 50년 가까운 수명을 자랑한다. 일본 가나가와현(神奈川県)에 있는 에노시마(江之島) 수족관에서는 3개월에 한 번씩 먹이를 준다.

절식 기록은 무려 5년

일본의 미에현(三重県) 도바(鳥羽) 수족관에서 사육하는 개체는 무려 5년 이상 절식했다고 알려져 있다. 그런데도 사망 후 체중이 변하지 않았고 영향 부족 증상도 보이지 않았다. 그래서 체내 세균으로 영양을 합성해서 살 것이라는 가능성이 제기되었다.

문어는 뇌 한가운데로 식도가 지나간다는데?

|문어·오징어·조개의 공통점 이야기|

오징어와 문어는 조개와 친척이며,
조상은 쭉 곧은 껍데기를 가지고 있었다.

세 가지만 알면 나도 동물학자!

조개와 문어는 '연체동물'

조개류와 문어는 생김새가 딴판이지만 알에서 발생하는 생태나 몸 구조에서 공통점이 있다. 분류상으로는 같은 '연체동물'이다. 문어와 오징어는 연체동물 중에서 두족류로 분류된다. 몸통 위, 머리 부분에 다리가 달려 있다.

껍데기를 가지고 있던 문어와 오징어의 조상

문어와 오징어의 조상은 쭉 곧은 껍데기를 가진 오르토세리다라는 두족류에서 진화했다. 진화 과정에서 껍데기를 버리고 빠르게 헤엄칠 수 있도록 변했다. 뇌도 크게 발달했다고 추정되며 지능도 높다. 문어는 특이하게 뇌 한가운데로 식도가 지난다.

조개낙지

껍데기를 가지고 있는 암모나이트와 앵무조개

암모나이트는 다리가 많고 껍데기를 가진 두족류다. 현생 두족류로는 앵무조개와 조개껍데기를 가진 조개낙지(집낙지과)가 있다. 오징어 종류인 황금오징어는 몸속에 조개껍데기의 흔적인 뼈를 가지고 있다.

Day 354

새우와 게 중 더 원시적인 동물은?

| 새우에서 게로 진화한 이야기 |

새우가 더 원시적인 생물이고, 게는 마지막에 등장했다고 추정된다.

세 가지만 알면 나도 동물학자!

새우와 게는 십각목

새우와 게, 소라게 종류는 절지동물 중에서 십각목(十脚目)에 속한다. 흔히 볼 수 있는 집게 외에 다리가 8개 있는 게 그림을 상상하면 이해하기 쉽다.

새우 종류가 오래된 생물

이 종류에서는 보리새우처럼 헤엄치는 새우 종류, 닭새우처럼 걷는 새우 종류가 마지막으로 게와 소라게로 갈라져 나왔다는 설이 유력하다. 추운 바다까지 널리 새우가 분포한다는 사실로도 추론할 수 있다.

게는 새로 갈라져 나온 그룹

게 종류는 단미하목으로, '배딱지' 부분은 꼬리를 접어 넣은 것이다. 보행이 자유로워 분포 지역이 넓고 민물에서 사는 종과 육상에서 살다가 산란기에만 바다로 가는 종이 있다. 소라게와 친척인 왕게는 집게발을 제외한 다리가 6개다.

홍해파리는 성장 과정을 거꾸로 해서 폴립 형태로 돌아가 회춘하며 불로불사한다?

| 회춘하는 해파리 이야기 |

홍해파리는 회춘해서 다시 살아갈 수 있다.

세 가지만 알면 나도 동물학자!

회춘해서 다시 살아갈 수 있는 홍해파리는 말미잘처럼 폴립 형태로 생활하다가 해파리 형태로 변신한다. 해파리 형태가 되면 암수로 성별이 나뉘는데, 알을 낳으면 일반적으로 죽는다.

회춘하는 홍해파리

홍해파리 종류는 환경이 열악하면 촉수를 없애 점점 짧아지다가 마치 성장 과정을 거꾸로 돌릴 듯이 폴립 형태로 돌아간다. 이를 '회춘'이라고 일컫는다.

불로불사 홍해파리

홍해파리의 '회춘' 최고 기록은 현재 10회다. 회춘할 때는 크기가 작아질 뿐 아니라 세포의 수명도 원래대로 돌아와 정말 회춘한다는 사실이 밝혀졌다. 무엇이 회춘할 수 있게 해주는지 알면 다른 생물도 회춘 가능성을 찾을 수 있을 것이다. 회춘하는 홍해파리는 지중해와 일본 수역에서 발견된다.

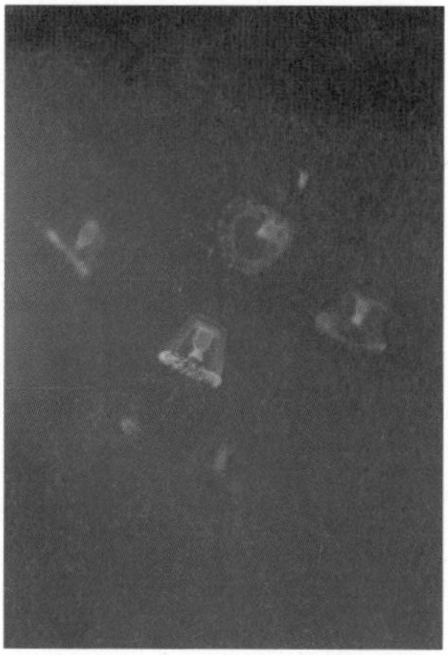

불가사리가 별 모양이 아니라 별 모양을 불가사리에서 따왔다고?

| 불가사리와 별의 관계 이야기 |

불가사리가 별 모양이 아니라 별 모양을 불가사리에서 따왔다.

세 가지만 알면 나도 동물학자!

별 모양은 불가사리에서 유래

별(五芒星) 모양은 고대 이집트에서 별을 불가사리 형태로 묘사한 데서 유래했다는 설이 있다. 불가사리가 별 모양을 닮은 것이 아니라 별 모양을 불가사리에서 따온 것이다. 많은 불가사리가 다섯 개의 다리를 가진 이유는 밝혀지지 않았는데, 물속에서 잘 흘러가기 위해서라는 설이 있다.

대부분의 불가사리는 다리가 5개

불가사리라는 이름은 몸을 잘라도 재생해 죽지 않는다는 의미의 한자 불가살이(不可殺伊)에서 왔다. 대부분의 불가사리는 다리가 5개다. 그러나 다리가 5개인 불가사리 종류 중에서 다리가 4개 또는 6개인 개체도 있다.

다리를 20개 이상 가진 문어다리불가사리

문어다리불가사리 중에는 다리가 20개가 넘는 종류도 있다. 거미불가사리류는 다리가 나뭇가지처럼 갈라져 있다. 갈라져 나온 다리가 무수한 촉수로 이루어진 '삼천발'이라는 불가사리도 있다.

채소를 먹는 성게가 있다는데?

|성게의 먹이 이야기|

성게는 주로 해조류와 생물의 파편, 부식물 등을 먹는데
양배추도 먹는다.

세 가지만 알면 나도 동물학자!

바다의 사막화란

해조류가 무성하게 우거진 바다목장에서 해조류가 사라지고 사막처럼 살풍경하게 변하는 '바다 사막화' 현상이 증가하고 있다. 마치 사막처럼 보인다고 해서 이런 이름이 붙었다.

바다 사막화의 원인

삼림에서 유래한 미네랄 감소와 온난화 등의 요인이 복합적으로 작용했기 때문이라는 설이 유력하다. 해저에서 먹을 것이 없어 수척해진 성게가 작은 해조류를 먹어치우는 것도 원인 중 하나다. 성게의 천적인 불가사리의 감소도 사막화의 원인이라는 주장이 있다.

폐기 채소를 이용한 성게 재생

일본의 가나가와현 등지에서는 살이 빠진 성게를 포획해서 폐기된 양배추 등의 잎채소를 먹여 상품성을 높여 출하하는 제도를 개발했다. 바다 사막화 방지를 위한 성게 포획과 음식물 쓰레기 줄이기를 결합한 좋은 제도다.

따개비를 먹을 수 있다고?

|따개비 이야기|

커다란 따개비는 먹을 수 있지만 살이 적다.

세 가지만 알면 나도 동물학자!

따개비는 새우와 게의 친척

부두나 해안가 바위에 다닥다닥 붙어 있는 따개비는 산처럼 끝이 뾰족하고 단단한 껍데기로 덮여 있다. 조개와 비슷하게 생겼지만 따개비는 조개가 아니라 새우와 게의 친척인 갑각아문이다. 그래서 따개비를 요리하면 가재나 게와 비슷한 맛이 난다.

식사할 때는 다리를 내민다

수족관 등에서 따개비가 식사하는 모습을 구경할 수 있다. 따개비는 물속에서 중앙의 껍데기를 열고 '만각'이라는 다리를 뻗어 먹이를 모은다.

거북손도 먹을 수 있다

거북손도 따개비의 종류에 들어간다. 글자 그대로 거북의 손처럼 생겼다. 거북손도 따개비와 마찬가지로 먹을 수 있는데, 바닷가 마을에서는 된장국 등 주로 국물 요리에 넣어서 먹는다.

북극곰은 왜 추위를 타지 않을까?

| 북극곰 이야기 |

북극곰은 커다란 발과 투명한 털 등으로,
가혹한 북극의 환경에 적응하면서 진화했다.

세 가지만 알면 나도 동물학자!

얼음 바다에서 몇 시간씩 헤엄칠 수 있다

북극곰은 환경이 가혹한 북극권에서 생활하며 유수 사이를 몇 시간씩 쉬지 않고 헤엄칠 수 있도록 진화했다. 곰은 대부분 육상에서만 생활하는 반면, 북극곰은 얼음 위와 바닷속에서 활동하며 북극권을 벗어나지 않는다.

인내심 강하고 조심성 많은 육식 사냥꾼

북극곰은 고단백질과 고지방이 필요한 육식 동물이다. 주로 바다표범, 바다코끼리, 순록 등을 잡아먹는다. 길쭉한 머리와 목, 물갈퀴처럼 쓸 수 있는 커다란 발로 잽싸게 돌진하고 3분 동안 잠수할 수 있다. 인내심이 강하고 조심성도 많은 사냥꾼이다.

모피도 훌륭하다

털은 무색투명하고 안이 비어 있다. 피부색이 거무스름해 햇볕이 피부에 닿으면 빠르게 몸을 데워 극한의 북극에서도 체온을 유지할 수 있다. 모피가 공기를 머금어 물에 뜰 수 있다.

Day 360

큰바다사자는 지혜롭게 개체 수를 조절한다는데?

| 큰바다사자 이야기 |

기온 변동과 남획으로 먹이가 줄어들어 어망을 찢는 등 큰바다사자로 인해 심각한 어업 피해가 발생하고 있다.

세 가지만 알면 나도 동물학자!

겨울이 되면 어민에게 피해를 준다

큰바다사자는 몸무게가 1톤이나 나가는 바다사자아과 중에서 덩치가 가장 크다. 오호츠크해, 베링해, 알래스카, 캘리포니아 중부 등 북태평양 연안에 서식한다. 겨울에는 대구, 문어, 가자미 등 먹이를 찾아 일본 홋카이도와 아오모리현(青森県) 연안으로 몰려온다. 한국의 동해에서도 간혹 목격된다. 기후 변화와 남획으로 먹이가 줄어들어 어망을 찢어발기는 등 어민들의 피해가 발생하고 있다.

보호와 개체 수 조절의 딜레마

미국과 러시아에서는 큰바다사자를 멸종위기종으로 지정해 보호한다. 그러나 어업 피해가 심각한 일본에서는 바다사자의 포획을 허가해 사냥으로 개체 수를 조절하면서 상황을 지켜보고 있다.

공존을 위한 노력

어민과 큰바다사자가 공존하려면 큰바다사자가 어망에 접근하지 않아야 한다. 바닷속에서 큰바다사자가 싫어하는 소리를 내는 장치나 굉음을 내는 전용 폭죽으로 쫓아내기도 한다.

바다표범과 바다사자는 어떻게 다를까?

|수족관의 인기 동물 이야기|

바다표범은 털이 복슬복슬하고 바다사자는 미끈미끈하다.

세 가지만 알면 나도 동물학자!

바다표범은 복슬복슬

바다표범은 추운 지역에서 체온을 유지할 수 있도록 털이 복슬복슬하다. 뒷지느러미를 사용해 빠르게 헤엄치고, 육지에서는 미끄러지듯 굴러다니며 움직인다. 갈퀴 발에는 튼실한 발톱이 있어 몸을 긁기도 하고, 눈이나 얼음에 발톱을 찍어 이동하기도 하며, 싸움 상대를 할퀴기도 한다.

바다사자는 미끈미끈

바다사자는 따뜻한 지역에 서식해 모피가 미끈미끈해 보인다. 앞지느러미를 사용해 헤엄치고 뒷지느러미로 균형을 잡는다. 뒷지느러미 끄트머리를 앞으로 향해 서서 상체를 높이 일으켜 걸을 수 있다. 바다표범과에 없는 귓바퀴(귓불)가 있는 것이 특징이다.

바다표범

바다사자

물개는 수염이 덥수룩

물개는 수염이 길고 귓바퀴가 큼직해 눈에 띈다. 털은 부드러운 밑털이 많아 덥수룩하고, 피지샘에서 분비되는 바닷물을 튕겨내는 기름을 둘러 털 고르기를 한다.

물개

듀공이 인어의 모델이 되었다고?

|듀공과 매너티 이야기|

듀공과 매너티는 코끼리의 조상이 진화한 동물로,
수중생활하는 바다소목 포유류다.

세 가지만 알면 나도 동물학자!

코끼리와 조상이 같고 인어의 모델

듀공과 매너티는 코끼리의 조상인 모에리테리움(*Moeritherium*)이 진화하는 과정에서 생겨났다고 추정된다. 우아한 꼬리지느러미를 사용해 헤엄치는 모습과 새끼를 안은 모습이 신비로워 인어의 모델이 되었다고 알려져 있다. 해적들이 듀공을 보고 진짜 인어라고 믿었다는 설이 가장 유력하다.

서식지와 꼬리지느러미 모양에서 차이

듀공은 바다에 살며 해초를 먹고, 꼬리지느러미가 돌고래처럼 삼각형이다. 매너티는 강 등의 민물과 바닷물이 섞인 기수역에 살며 수면의 수초를 먹고, 꼬리지느러미는 앞이 둥글고 둥근 부채 모양에 가까운 타원형이다.

수중 생활에 적응한 몸의 구조

듀공과 매너티 모두 몸길이가 3미터나 되는 거구다. 물에서는 에너지 절약 차원에서 등에 있는 폐를 부레 대신 사용한다. 뼈가 무거워 가라앉기 쉬운 구조라서 숨을 뱉어 폐의 공기를 뽑아내 물밑으로 편하게 이동할 수 있다.

해달의 주머니에는 무엇이 들어 있을까?

|해달의 주머니 이야기|

해달은 겨드랑이의 모피가 처진 부분에
조개와 조개를 깰 때 사용하는 돌멩이를 넣어둔다.

세 가지만 알면 나도 동물학자!

모피의 늘어진 부분이 주머니 역할

해달은 주로 북태평양에 서식하며 일본의 홋카이도 동부에서도 볼 수 있다. 모피를 얻으려는 밀렵꾼 때문에 그 수가 현저히 줄었으나 국제적으로 보호하려고 노력해 개체 수가 다소 회복되고 있다. 조개, 게, 성게, 오징어, 문어 등을 먹는 육식동물이다. 조개와 게를 배에 얹어놓고 납작한 돌멩이로 깨뜨려서 먹는다. 겨드랑이 아래의 모피 주머니에 조개와 돌멩이를 넣고 다닌다.

마음에 드는 돌멩이를 반복해서 사용하기도

사용한 돌멩이는 곧바로 버리지 않고 마음에 들면 주머니에 넣어두기도 한다. 돌멩이는 바닷속에 잠수할 때나 전복 등을 바위에서 떼어낼 때도 사용한다. 오징어와 문어가 풍부한 지역에서는 돌멩이를 전혀 사용하지 않는다.

유대류의 새끼주머니와는 다르다

캥거루와 달리 해달은 수컷도 주머니가 있다. 유대류의 주머니는 암컷이 새끼를 키우는 용도인데, 해달은 단순히 물건을 넣어두는 용도로 사용한다.

새끼 하마는 물속에서 젖을 빤다?

|새끼 하마 이야기|

야생에서 살아가는 새끼 하마는 물속에서 젖을 먹는데,
동물원에서는 땅에서 먹기도 한다.

세 가지만 알면 나도 동물학자!

사바나 물가에서 수륙 양용 생활

야생 하마의 서식지는 아프리카 대륙의 사하라 사막보다 남쪽 지역이다. 사바나 평원의 물가와 습지대 등지에서 육지와 물속 양쪽 생활을 한다. 새끼는 천적인 사자와 강력한 햇살, 건조를 피해 우기에 물속에서 낳을 때가 많다.

수면에서 숨을 고르고 물속에서 젖을 먹는다

하마는 한 번에 새끼를 한 마리만 낳아 약 3개월 동안 모유를 먹여 기른다. 성체는 장시간 잠수할 수 있지만, 새끼는 젖 먹을 때도 숨을 골라야 해서 눈과 코를 수면에 내놓고 호흡한다.

동물원의 하마는 태평하게 낮잠을 즐긴다

하마는 피부에 땀샘과 피지샘이 없어 햇살과 건조한 기후에 약하다. 점액샘에서 분비되는 '분홍색 땀'이라는 체액으로 피부를 지키고, 저녁나절에 활발하게 활동한다. 동물원에서는 낮에 태평하게 늘어져 있는 모습을 주로 볼 수 있는데, 동물원의 하마는 사육사의 도움으로 헤엄치는 법을 배운다.

카피바라, 뉴트리아, 사향쥐는 어떤 동물일까?

|카피바라, 뉴트리아, 사향쥐 이야기|

호수나 강, 연못 등지에서 생활하는 대표적 외래종으로 카피바라는 설치목, 뉴트리아와 사향쥐는 쥐목이다.

세 가지만 알면 나도 동물학자!

설치류 중에서 몸집이 가장 큰 카피바라

설치류 중에서 몸집이 가장 큰 카피바라는 물과 육지를 자유로이 오가며 잠수와 수영을 매우 잘한다. 풀을 뜯어 먹거나 수생식물, 곡물 등도 먹는다. 몸길이는 100~130센티미터, 몸무게는 27~29킬로그램이다. 주로 남아메리카의 파라과이와 브라질 남부에 서식한다.

군집생활을 하는 뉴트리아

하천이나 연못의 둑에 구멍을 파고 군집생활을 하며 헤엄을 잘 친다. 수중식물의 잎과 뿌리, 작은 곤충 등을 먹는다. 몸길이는 43~63센티미터, 꼬리 길이는 22~42센티미터다. 아르헨티나, 우루과이, 칠레 등지에 서식한다.

털이 길고 광택이 나는 사향쥐

뒷발의 발가락에 있는 굳은 털의 줄을 물갈퀴처럼 사용하고 좌우로 납작하며 긴 꼬리는 헤엄칠 때 노 역할을 한다. 몸길이는 23~33센티미터, 꼬리 길이는 18~30센티미터다. 주로 북아메리카에 서식한다.

찾아보기

■ 사진·일러스트 (※ 숫자는 쪽수 표시)

123RF 63
가나가와현 홈페이지 381
구라모치 히로코(倉持寛子) 107, 117, 155, 222, 255, 272, 327, 332, 334-336, 339, 354-355, 363
구메 무네오(久米宗男) 60, 270, 273
기타무라 가즈아키(北村和明) 225
나카가와 리쓰코(中川律子)·히엔진(鼻炎人) 136, 200-202, 204-206, 388-389
니가타 현립 자연과학관 367
무라야마 히데노부(村山一将) 44
실루엣AC 93, 187, 203, 276
아오노 히로유키(青野裕幸) 90, 175, 177, 244, 291
아자부(麻布)대학 이노치노박물관 홈페이지 219
오시마 오사무(大島修) 257, 259
요코우치 다다시(横内正) 28
이라스토야(いらすとや) 42, 45, 47, 66, 71, 78, 87, 89, 91, 95, 97, 102, 105-106, 109, 128, 133, 149, 171-172, 174, 176, 178, 181, 188-189, 220, 238-239, 250, 254, 258, 261, 265, 266, 269, 271, 279, 285-286, 300-302, 308-311, 316, 333, 337-338, 340, 344-345, 353, 356, 360, 362, 365, 370, 386
일러스트AC 25-26, 40, 46, 64, 67, 70, 73-74, 76, 79-80, 83, 88, 92, 94, 98, 100-101, 104, 114, 118-119, 137, 141, 145, 157-158, 160, 162-163, 168-170, 179, 184-187, 189-193, 198-199, 203, 211, 216, 229, 231, 235, 238, 246-247, 249, 251, 256, 265, 277-278, 281-282, 288, 293, 295, 297-298, 317-319, 321-322, 328-329, 331, 342, 347-348, 351, 359, 361, 366, 369, 371
일본과학협회 253
일본 환경성 홈페이지 81, 84-86, 132, 153-154, 156
『캄브리아 몬스터 도감 제2판』(カンブリアンモンスター図鑑, 秀和システム) 69
포토AC 39, 43, 50, 61-62, 65, 99, 121-122, 124, 127, 135, 142, 144, 152, 165-166, 180, 209-210, 213-214, 217, 221, 224, 241-243, 245, 248, 252, 290, 292, 305-307, 349, 352, 364, 368, 372-376, 379
『GENERAL ZOOLOGY or SYSTEMATIC NATURAL HISTORY』 143
o-den 131, 134, 223, 289, 314, 331, 382, 385
pexels 146-147, 150, 192, 212, 226-227, 240, 264, 267-268, 294, 296, 303, 313, 329-330, 357, 383, 385, 387
shutterstock 33, 38, 41, 49, 52-54, 56-59, 68, 72, 75, 77, 82, 103, 112, 138, 140, 148, 159, 167, 173, 185, 196-197, 207-208, 215, 218, 228, 230, 232-233, 263, 280, 287, 289, 304, 312, 320, 322-324, 326, 341, 343, 350
Wikipedia Commons 29, 32, 34, 48, 52, 55, 110-111, 113, 115, 117, 123, 125-126, 129-130, 151, 161, 164, 234, 275, 299, 315, 346, 358, 377-378, 380, 384

메인 일러스트 지카라이시 아리카(力石ありか)
도판 제작·DTP 쓰치야 에이치로(土谷英一朗) 【Studio BOZZ】 / 다카하시 유미(高橋祐美)
집필진 구메 무네오(久米宗男) 나카가와 리쓰코(中川律子) 다나카 이쓰키(田中一樹) 다마노 신지(玉野真地) 마스모토 데루키(桝本輝樹) 무라야마 히데노부(村山一将) 사마키 다케오(左巻健男) 사마키 에미코(左巻恵美子) 아오노 히로유키(青野裕幸) 오니시 히로코(大西裕子) 오시마 오사무(大島修) 요코우치 다다시(横内正) 이노우에 간지(井上貫之) 이노우에 마유(井上茉優) 후지모토 마사히로(藤本将宏)

옮긴이 **서수지**

대학에서 철학을 전공했지만 직장생활에서 접한 일본어에 빠져들어 회사를 그만두고 본격적으로 일본어를 공부해 출판 번역의 길로 들어섰다. 옮긴 책에 『과학잡학사전 통조림 - 일반과학편』『과학잡학사전 통조림 - 인체편』『과학잡학사전 통조림 - 우주편』『세계사를 바꾼 10가지 약』『세계사를 바꾼 13가지 식물』『세계사를 바꾼 37가지 물고기 이야기』『세계사를 바꾼 21인의 위험한 뇌』『세계사를 바꾼 10가지 감염병』『세상에서 가장 재미있는 63가지 심리실험 - 뇌과학편』『세상에서 가장 재미있는 61가지 심리실험 - 인간관계편』『세상에서 가장 재미있는 88가지 심리실험 - 자기계발편』『세상에서 가장 재미있는 물리 이야기』『소수는 어떻게 사람을 매혹하는가?』『세상에서 가장 재미있는 32가지 생물학 이야기』 등이 있다.

과학잡학사전 통조림 – 동물편

1판 1쇄 발행 2024년 8월 25일
1판 3쇄 발행 2025년 1월 15일

지은이 사마키 다케오 외
옮긴이 서수지
펴낸이 이재두
펴낸곳 사람과나무사이
등록번호 2014년 9월 23일(제2014-000177호)
주소 경기도 파주시 회동길 508(문발동), 스크린 405호
전화 (031)815-7176 **팩스** (031)601-6181
이메일 saram_namu@naver.com
표지디자인 박대성

ISBN 979-11-94096-02-3 03490